21世纪高等学校计算机基础实用规划教材

数据结构（C语言版）

肖宏启 编著

清华大学出版社
北京

内 容 简 介

本书对常用的数据结构做了系统介绍，既注重原理又强调实践，配有大量的图表和习题，概念讲解清晰、逻辑性强、可读性好。主要内容包括：数据结构的基本概念；算法描述和算法分析初步；线性表、堆栈、队列、串、数组、树、图等结构；排序和查找的各种方法；另外还用一章的篇幅详细介绍了链式存储结构以加深读者的理解。每一章均列举了典型应用实例，并配有算法和程序以供教学和实践使用。

本书可作为高等院校应用型本科、专科及高等职业院校计算机类专业数据结构课程的教材，也可以作为大学非计算机专业学生的选修课教材和计算机应用技术人员的自学参考书。

图书在版编目(CIP)数据

数据结构：C语言版/肖宏启编著.--北京：清华大学出版社，2016（2024.8重印）

21世纪高等学校计算机基础实用规划教材

ISBN 978-7-302-43352-1

Ⅰ．①数… Ⅱ．①肖… Ⅲ．①数据结构 ②C语言－程序设计 Ⅳ．①TP311.12 ②TP312

中国版本图书馆 CIP 数据核字(2016)第 062795 号

责任编辑：黄　芝　李　晔
封面设计：何凤霞
责任校对：李建庄
责任印制：宋　林

出版发行：清华大学出版社

网　　　址：https://www.tup.com.cn，https://www.wqxuetang.com
地　　　址：北京清华大学学研大厦 A 座　　　　邮　　编：100084
社 总 机：010-83470000　　　　　　　　　　　邮　　购：010-62786544
投稿与读者服务：010-62776969，c-service@tup.tsinghua.edu.cn
质量反馈：010-62772015，zhiliang@tup.tsinghua.edu.cn
课件下载：https://www.tup.com.cn ,010-83470236

印 装 者：天津鑫丰华印务有限公司
经　　销：全国新华书店
开　　本：185mm×260mm　　印　张：20　　　　　　字　　数：498 千字
版　　次：2016 年 9 月第 1 版　　　　　　　　　　　印　　次：2024 年 8 月第 7 次印刷
印　　数：5001～5100
定　　价：59.80 元

产品编号：068188-02

出 版 说 明

随着我国改革开放的进一步深化,高等教育也得到了快速发展,各地高校紧密结合地方经济建设发展需要,科学运用市场调节机制,加大了使用信息科学等现代科学技术提升、改造传统学科专业的投入力度,通过教育改革合理调整和配置了教育资源,优化了传统学科专业,积极为地方经济建设输送人才,为我国经济社会的快速、健康和可持续发展以及高等教育自身的改革发展做出了巨大贡献。但是,高等教育质量还需要进一步提高以适应经济社会发展的需要,不少高校的专业设置和结构不尽合理,教师队伍整体素质亟待提高,人才培养模式、教学内容和方法需要进一步转变,学生的实践能力和创新精神亟待加强。

教育部一直十分重视高等教育质量工作。2007 年 1 月,教育部下发了《关于实施高等学校本科教学质量与教学改革工程的意见》,计划实施"高等学校本科教学质量与教学改革工程(简称'质量工程')",通过专业结构调整、课程教材建设、实践教学改革、教学团队建设等多项内容,进一步深化高等学校教学改革,提高人才培养的能力和水平,更好地满足经济社会发展对高素质人才的需要。在贯彻和落实教育部"质量工程"的过程中,各地高校发挥师资力量强、办学经验丰富、教学资源充裕等优势,对其特色专业及特色课程(群)加以规划、整理和总结,更新教学内容、改革课程体系,建设了一大批内容新、体系新、方法新、手段新的特色课程。在此基础上,经教育部相关教学指导委员会专家的指导和建议,清华大学出版社在多个领域精选各高校的特色课程,分别规划出版系列教材,以配合"质量工程"的实施,满足各高校教学质量和教学改革的需要。

本系列教材立足于计算机公共课程领域,以公共基础课为主、专业基础课为辅,横向满足高校多层次教学的需要。在规划过程中体现了如下一些基本原则和特点。

(1)面向多层次、多学科专业,强调计算机在各专业中的应用。教材内容坚持基本理论适度,反映各层次对基本理论和原理的需求,同时加强实践和应用环节。

(2)反映教学需要,促进教学发展。教材要适应多样化的教学需要,正确把握教学内容和课程体系的改革方向,在选择教材内容和编写体系时注意体现素质教育、创新能力与实践能力的培养,为学生的知识、能力、素质协调发展创造条件。

(3)实施精品战略,突出重点,保证质量。规划教材把重点放在公共基础课和专业基础课的教材建设上;特别注意选择并安排一部分原来基础比较好的优秀教材或讲义修订再版,逐步形成精品教材;提倡并鼓励编写体现教学质量和教学改革成果的教材。

(4)主张一纲多本,合理配套。基础课和专业基础课教材配套,同一门课程可以有针对不同层次、面向不同专业的多本具有各自内容特点的教材。处理好教材统一性与多样化,基本教材与辅助教材、教学参考书,文字教材与软件教材的关系,实现教材系列资源配套。

　　(5) 依靠专家,择优选用。在制定教材规划时依靠各课程专家在调查研究本课程教材建设现状的基础上提出规划选题。在落实主编人选时,要引入竞争机制,通过申报、评审确定主题。书稿完成后要认真实行审稿程序,确保出书质量。

　　繁荣教材出版事业,提高教材质量的关键是教师。建立一支高水平教材编写梯队才能保证教材的编写质量和建设力度,希望有志于教材建设的教师能够加入到我们的编写队伍中来。

21 世纪高等学校计算机基础实用规划教材

联系人:魏江江 weijj@tup. tsinghua. edu. cn

前　言

　　随着社会经济的高速发展,我国的高等教育已步入从精英教育走向大众化教育的发展阶段。国际高等教育的历史说明高等职业教育必将成为教育发展的一种趋势。对于我国这种从专科转型的高等职业教育,现今还处于探索阶段,如何做好教材建设更是需要研究的重要方面。

　　高等职业教育是高等教育的一个新的类型,它与传统的普通高等教育既有紧密的联系,又有本质的区别,高等职业教育强调面向社会、生产、管理、服务第一线,培养技术应用型人才,大学生毕业后,即可发挥其所学专长。因此,根据我国教育部规定,高等职业教育需根据其自身的特点,建立自己的教材体系。

　　本书列入"21世纪高等学校计算机基础实用规划教材",主要面向应用型本科及高等职业院校计算机类专业的学生,教材内容的构造力求体现"以应用为主体",强调理论知识的理解和运用,实现高校应用型本科及高等职业教育教学以实践体系为主及以技术应用能力培养为主的目标,符合现代高等职业教育对教材的需求。

　　"数据结构"是计算机程序设计的重要理论基础,是计算机及其应用专业的一门重要基础课程和核心课程。它不仅是学习后继软件专业课程的先导,而且已成为其他工科类专业的热门选修课程。

　　本书共分9章。第1章阐述数据、数据结构和算法等基本概念。第2～7章分别讨论了线性表、链表、栈和队列、串和广义表、树和二叉树以及图等基本数据结构及其应用,其中,第3章专门总结了链式存储结构的基本概念和应用,为学好后面各类数据结构打好扎实的基础。第8～9章讨论查找和排序的各种实现方法和实用分析。

　　本书对大量抽象、难懂的概念进行了深入浅出的分析和讲解。

　　长期以来,由于数据结构课程自身的抽象性和严密性,教师大都感觉数据结构课程难教,学生普遍反映数据结构课程难学,学生很难独立完成算法的实现。基于上述问题,我们在编写本教材时充分考虑了学生的知识结构和教师的教学方法,既注重原理又注重实践,既注重抽象思维又注重形象思维,既方便自学又方便教学。

　　本教材的特点有:

　　(1)对基础理论知识的阐述由浅入深、通俗易懂。内容组织和编排以应用为主线,略去了一些理论推导和数学证明的过程,淡化算法的设计分析和复杂的时空分析。

　　(2)各章都列举并分析了很多实用的例子,这有助于学生加深对基础理论知识的理解和实际应用的能力培养。

　　(3)考虑到此课程的先导课程是"C语言程序设计",书中算法均采用可在计算机上运行的C语言程序来描述。这样,降低了算法设计的难度,使学生能更直观形象地理解这些算法。鉴于微软对于 VC++ 6.0 早已停止维护升级,对于出现的不兼容问题已不再解决,本书中提供的实现代码均在简单易用的 Dev-C++平台上编译通过,并给出了所有程序的运行结果。若教师教学采用 TC 环境,只需在相应实现代码中加上相关头文件即可(Dev-C++平台安装包及使用说明书在教学资源包中下载)。

(4) 为配合本教材的使用,还编制了多媒体课件,对加深理解基本概念具有更直观的效果。多媒体课件、书中所有算法及上机实训源代码和习题答案可在清华大学出版社网站下载,或通过 E-mail 向肖宏启老师索取: xiaohongqi2000@163.com。

(5) 在教材中使用"▲思考"标志,提出问题拓展学生思维。在教学中恰到好处地启发学生的思维。

(6) 为避免 C 语言中数组的第一个元素的下标为 0 给学习和讲授带来的不便,本书在没有特别申明的地方均不使用 C 语言中数组下标为 0 的元素。

本书由肖宏启整体构思,在多位教师长期从事数据结构课程教学的经验基础上,经多次反复磋商和共同讨论定稿,是多位作者共同合作的产物。魏怀明副教授编写了第 5 章并详细审阅了全书,陈美成副教授、韦军博士审阅了该书并提供了许多宝贵的意见,陈元春副教授提供了本书的大部分习题。本书的第 2 章和第 4 章由陈锐编写,第 6 章由廖银花编写,第 7 章及附录部分由刘昌明编写,其余章节均由肖宏启编写。全书由肖宏启统稿、修改。本书编写过程中参考了许多作者的大量文献资料和国内外优秀教材,清华大学出版社的编辑对本书的出版给予了大力支持和帮助,作者谨此一并致以诚挚的谢意。

本教材讲课时数可为 60～72 学时。上机时数可灵活安排。教师可根据学时数、专业和学生的实际情况选讲应用举例及分析一些较难的例子。

由于编写教材的时间紧张,难免存在疏漏,敬请读者批评指正。

作者

2016 年 3 月

目 录

第1章 绪 论

本章内容概要:

计算机科学是一门研究数据表示和数据处理的科学。计算机在发展初期,其应用范围是数值计算,所处理的数据都是整型、实型、布尔型等简单数据,并以此为加工对象进行数值型程序的设计。后来,随着电子技术的发展,计算机逐渐进入到商业、制造业等其他领域,从而广泛地应用于数据处理和过程控制。与此相对应,计算机处理的数据也不再是简单的数值,而是字符串、图像、图形、声音、视频等复杂的数据。数据是计算机化的信息,它是计算机可以直接处理的最基本和最重要的对象。无论是进行科学计算或数据处理、过程控制以及对文件的存储和检索及数据库技术等计算机应用领域中,都是对数据进行加工处理的过程。因此,要设计出一个结构好效率高的程序,必须研究数据的特性及数据间的相互关系及其对应的存储表示,数据结构就是一门研究这些问题的课程,并利用这些特性和关系设计出相应的算法和程序。本章将介绍数据结构和算法分析的基本概念。

1.1 什么是数据结构

1.1.1 数据结构起源

首先,我们用两个简单的 C 语言程序范例来说明数据结构与程序设计的关联性,表 1.1 是 10 次 C 语言课程的测验成绩,请读者先思考一下,然后设计一个小程序计算这 10 次测验的总分和平均分。

表 1.1 测验成绩

测　　验	成　　绩
1	81
2	90
3	80
4	59
5	70
6	85
7	92
8	84
9	100
10	78

【程序 1-1】

```
/* ========================================= */
/*     程序: 1-1.c                           */
/*     计算总分和平均分                        */
/* ========================================= */

void  main()
{
    int t1,t2,t3,t4,t5;                                    /* 各次的成绩 */
    int t6,t7,t8,t9,t10;
    int sum;                                               /* 总分      */
    int average;                                           /* 平均分    */

    t1 = 81; t2 = 90; t3 = 80; t4 = 59; t5 = 70;
    t6 = 85; t7 = 92; t8 = 84; t9 = 100; t10 = 78;
    sum = t1 + t2 + t3 + t4 +t5 + t6 + t7 + t8 + t9 + t10;   /* 计算总分 */
    average = sum / 10;                                    /* 计算平均分 */
    printf("输出总分:%d\n",sum);                            /* 输出总分 */
    printf("输出平均:%d\n",average);                        /* 输出平均分 */
}
```

程序运行结果:

```
输出总分:819
输出平均:81
```

这是一个很简单的 C 语言程序,相信并不需要多费笔墨来解释。如果读者想到的方法是程序 1-1,必须很抱歉地建议您,需要先加强一下 C 语言的程序设计功力。不过也不必因此而感到难过或自责,因为大多数人都要经历这么一段学习程序设计的过程。

程序 1-1 使用数个内存变量存储考试成绩。这种方法的扩充性不是很好,因为如果考试的次数改变了,增加成为 15 次或减少成为 8 次,整个程序就需要很大的修改。事实上,从测验次数和成绩的关系可得知,用数组结构保存测验的成绩是一种更好的方法。程序 1-2 中正是使用这种方法。

【程序 1-2】

```
/* ========================================= */
/*     程序: 1-2.c                           */
/*     计算总分和平均分                        */
/* ========================================= */

void main()
{
    int t[10] = { 81,90,80,59,70,85,92,84,100,78 };
    int sum;                                 /* 总分          */
    int average;                             /* 平均分        */
```

```
    int i;

    sum = 0;                            /* 设置总分初值 */
    for ( i = 0; i < 10; i++)
        sum += t[i];                    /* 计算总分      */
    average = sum / 10;                 /* 计算平均分    */
    printf("输出总分:%d\n",sum);         /* 输出总分      */
    printf("输出平均:%d\n",average);     /* 输出平均分    */
}
```

程序运行结果：

```
输出总分:819
输出平均:81
```

相信读者在比较程序 1-1 和程序 1-2 后，一定可以发现程序 1-2 使用的方法比较好。可是为什么读者会认为程序 1-2 比较好？是经验吗？事实上，这是因为程序 1-2 使用了比较好的数据结构来解决问题。虽然这两个程序都可以正确地解决问题。但是采用不同的方式保存成绩数据，进而形成不同的程序设计方式。所以如何选择最佳的数据结构来解决程序问题，这就是为何需要学习数据结构的重要原因。

数据结构这门课程的起源是程序设计的经验累积，自从计算机（电脑）发明以来，科技发展一日千里，计算机知识随处可得，目前的一般读者根本无法理解早期程序设计师的辛酸。程序设计对于早期的程序设计师来说，是一种艺术而不是技术。因为参考的数据难得，每一位程序设计师在追求计算机知识的过程中，都曾经经历过一段非常艰苦的时光。逐渐地，由这些先辈所留下来宝贵的程序设计经验能够确实有效地解决一些程序问题，而这些方法便成为了一门学问，这就是"数据结构（Data Structure）"这门课程的起源。

1.1.2 数据结构研究的内容

早期人们都把计算机理解为数值计算工具，使用计算机的目的主要是处理数值计算问题。当我们使用计算机来解决一个具体问题时，一般需要经过下列几个步骤：首先要从该具体问题抽象出一个适当的数学模型，然后设计或选择一个解此数学模型的算法，最后编制程序、运行并调试程序，直到实际问题被解决。

由于当时所涉及的运算对象是简单的整型、实型或布尔类型数据，所以程序设计者的主要精力是集中于程序设计的技巧上，而无须重视数据结构。随着计算机软、硬件的发展和应用领域的不断扩大，计算机处理的对象更多地是非数值计算问题，这类问题涉及的数据结构更为复杂，数据元素之间的相互关系一般无法用数学方程式加以描述，此时解决这类问题的关键不再是数学分析和计算方法，而是必须建立相应的数据结构来进行描述，分析问题中所用到的数据是如何组织的，研究数据之间的关系如何，进而设计出合适的数据结构，才能有效地解决问题。下面所列举的就是属于这一类的具体问题，用以说明什么是数据结构和数据结构所研究的内容。

例 1.1 某班级学生学籍档案的管理,如表 1.2 所示。

表 1.2 某班级学生学籍档案信息

学　号	姓　名	性　别	年　龄	入 学 成 绩
2009001	张　三	男	21	80
2009002	刘薇薇	女	23	90
2009003	马　琳	男	22	78
⋮	⋮	⋮	⋮	⋮
2009050	李　明	男	22	85

在这个班级学生学籍档案信息表中,共有 50 个学生。我们可以把表中每个学生的信息看成一条记录并称之为一个节点,表中的每个节点由 5 个数据项组成。该学生学籍档案信息表由 50 个节点组成,每个节点排列有先后次序,形成一种线性关系。这是一种典型的数据结构,我们称这种数据结构为线性表。

对该表的主要操作有:在给出学号时,如何在表中快速查找到所对应的学生的信息;若有学生退学,如何删除该学生的记录;若有新生入学该班级时,如何在该表中插入一条新记录。这些都是数据结构要研究的内容。

例 1.2 航天学院教学行政机构示意图,如图 1.1 所示。

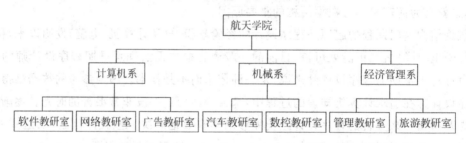

图 1.1 航天学院教学行政机构示意图

对于航天学院的教学行政机构,可以把该学院的名称看成树根,把下设的若干个系看成它的树枝中间节点,把每个系的教研室看成树叶。树中的每个节点可以包含较多的信息,节点之间的关系不再是顺序的,而是分层、分叉的一对多的非线性结构。这也是常用的一种数据结构,我们称之为树形结构,如图 1.1 所示。树形结构的主要操作有遍历、查找、插入和删除等。

例 1.3 城市之间建立通信网络的问题,如图 1.2 所示。

在 n 个城市之间建立通信网络,要求在其中任意两个城市之间都有直接或间接的通信线路;在已知某些城市之间直接通信线路预算造价的情况下,使网络造价最低。

当 n 很大时,这样的问题只能用计算机来求解。我们用图 1.2(a)中描述的关系来说明:图中的每个小圆圈表示一个城市,两个圆圈之间的连线表示对应城市之间的通信线路,连线上的数值表示该通信线路的造价。这一描述结构为图状结构,利用计算机可以求出满足要求的最小造价通信网络,如图 1.2(b)所示。在如图 1.2(a)所示这种数据结构中,数据之间的关系是多对多的非线性关系,我们称这种数据结构为图形结构。

由以上三个例子可见,描述这类非数值计算问题的数学模型不再是数学方程,而是诸如

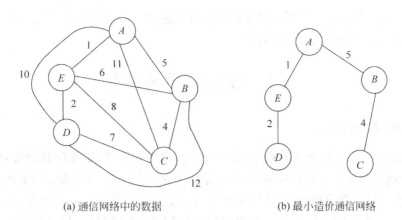

(a) 通信网络中的数据　　　　　　　　　(b) 最小造价通信网络

图 1.2　用图描述通信网络问题

表、树、图之类的数据结构。因此,可以说数据结构课程主要是研究非数值计算的程序设计问题中所出现的计算机操作对象以及它们之间的关系和操作的学科。

学习数据结构的目的是为了了解计算机处理对象的特性,将实际问题中所涉及的处理对象在计算机中表示出来并对它们进行处理。与此同时,通过算法训练来提高我们的思维能力,通过程序设计的技能训练来促进我们的综合应用能力和专业素质的提高。

1.1.3　学习数据结构的必要性

随着计算机运行速度的加快和存储(内存)容量的不断加大,有的人可能认为程序的运行效率变得越来越不重要了。然而,计算机的功能越强大,人们就越想去尝试解决更加复杂的问题。而更复杂的问题需要更大的计算量,这使得对高效率的程序的需求更加明显,工作越复杂就越偏离人们的日常经验。因此,学习数据结构,掌握各种前人设计的算法的运行效率并自己设计高效率的算法是非常必要的。

数据结构不仅是计算机专业教学计划中的核心课程之一,而且已逐步成为非计算机专业的主要选修课程之一。数据结构与数学、计算机硬件和软件的关系十分密切,是介于数学、计算机硬件和计算机软件之间的一门核心课程。在计算机科学中,数据结构不仅是一般非数值计算程序设计的基础,而且是设计和实现汇编语言、编译程序、操作系统、数据库系统以及其他系统程序和大型应用程序的重要基础。打好数据结构课程的扎实基础,对于学习计算机专业其他课程,如编译原理、数据库系统原理、计算机网络基础等都十分有益。

1.1.4　如何学好数据结构

本课程(以本书为教材)的先导课程是“C 语言程序设计”。要想学好本课程,首先要求读者已经掌握了基本的 C 语言知识,掌握了模块化程序设计的基本思想,能够利用 C 语言熟练编写一些简单的程序。同时要求读者比较熟悉 C 语言编程环境,能够熟练地编辑、调试及运行 C 语言程序。

在学习本课程时,读者首先要掌握各种基本的数据结构,并对各种数据结构的逻辑特性和物理特性(存储结构)都要有足够的认识。对基于各种数据结构的常见操作及其算法要重点掌握,并要了解评价某个具体算法优劣的方法。

相对于其他课程而言,本课程涉及的知识比较抽象。读者要多思考、多做练习题、多上机实践,才能真正理解消化课程的内容。

1.2 数据的逻辑结构

1.2.1 基本概念

数据(Data):数据是信息的载体,是描述客观事物的符号,是能够被计算机识别、存储和加工处理的符号集合。计算机科学中,数据的含义相当广泛,是指能被计算机加工处理的所有对象,它可以是数值数据,也可以是非数值数据。数值数据是一些整数、实数或复数等数值类型,主要用于工程计算、科学计算和商务处理等;非数值数据包括字符、文字、图形、图像、语音等。

我们所说的数据,其实就是符号,但这些符号必须具备两个前提:

- 可以输入到计算机中。
- 能被计算机程序处理。

对于整型、实型等数值类型,可以进行数值计算。

对于字符数据类型,就需要进行非数值处理。而声音、图像、视频等其实是通过编码的手段变成字符数据来处理的。

数据元素(Data Element):数据元素是数据的基本单位,在计算机中通常作为一个整体进行考虑和处理。一个数据元素可以由若干个数据项组成,也可以只由一个数据项组成,例如,表 1.2"某班级学生学籍档案信息"中的一条记录、图 1.2"用图描述通信网络问题"中的一个城市都可称为一个数据元素。表 1.2 中每个学生的学籍信息作为一个数据元素,在表中占一行,每个数据元素由学号、姓名、性别、年龄和入学成绩 5 个数据项组成。数据元素又被称为元素、节点(node)、顶点、记录(record)等。

数据项(Data Item):数据项是数据不可分割的、具有独立意义的最小数据单位,是对数据元素属性的描述。数据项也称为域或字段(Field)。在表 1.2 中,每个数据元素由 5 个数据项组成。

数据项是数据不可分割的最小单位。例如人这样的数据元素,可以有眼、耳、鼻、嘴、手、脚这些数据项,但也可以有姓名、年龄、出生地址、联系电话等数据项,具体哪些数据项,要根据你做的系统决定。

数据类型(Data Type):数据类型是一组性质相同的值的集合以及定义在这个值的集合上的一组操作的总称。每个数据项属于某一确定的基本数据类型。如表 1.2 中,学号为数值型、姓名为字符型等。

数据对象(Data Object):数据对象是性质相同的数据元素的集合,是数据的一个子集。例如,整数数据对象是集合 $N=\{0,\pm1,\pm2,\cdots\}$,字母字符数据对象是集合 $C=\{'A','B',\cdots,'Z'\}$,如表 1.2 所示的学籍表也可看作一个数据对象。由此可看出,不论数据元素集合是无限集(如整数集)、有限集(如字符集),还是由多个数据项组成的复合数据元素(如表 1.2"某班级学生学籍档案信息"),只要性质相同,就都是同一个数据对象。

数据结构(Data Structure):数据结构的基本含义是指数据元素之间的关系,它是按照某种关系组织起来的一批数据,以一定的存储方式把它们存储到计算机存储器中,并在这些数据上定义了一个运算的集合。在任何问题中,数据元素都不是孤立存在的,而是在它们之间存在着某种关系,数据元素之间的这种相互关系就称为结构,带有结构的数据对象称为数据结构。

1.2.2 逻辑结构的描述

1. 数据逻辑结构的基本分类

在任何一个问题中,数据元素之间都不会是孤立的,在它们之间都存在着这样或那样的关系,这种数据元素之间的关系称为结构。根据数据元素间关系的不同特性,数据的逻辑结构通常划分成下面四种基本结构。

(1) 集合:在集合结构中,数据元素除了同属于一个集合外不存在任何关系,这是数据结构的一种特殊情况。集合是元素关系极为松散的一种结构,各个数据元素是"平等"的,它们的共同属性是"同属于一个集合"。数据结构中的集合关系类似于数学中的集合,不在本书的讨论范围之内。

(2) 线性结构:该数据结构中的数据元素之间存在着一对一的关系。

(3) 树形结构:该数据结构中的数据元素之间存在着一对多的关系。

(4) 图形结构:该数据结构中的数据元素之间存在着多对多的关系,图形结构也称做网状结构。

上述四种基本结构的关系如图 1.3 所示。

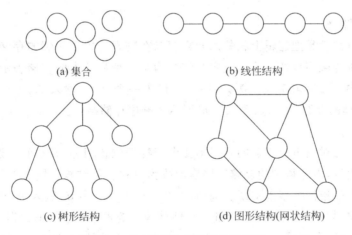

(a) 集合　　　　　　　　　　　　(b) 线性结构

(c) 树形结构　　　　　　　(d) 图形结构(网状结构)

图 1.3 四种基本逻辑结构示意图

2. 数据逻辑结构的数学定义方法

下面用数学方法给出数据的逻辑结构定义。从上面所介绍的数据结构的概念中可以知道,一个数据结构有两个要素:一个是数据元素的集合,另一个是关系的集合。在形式上,数据结构通常可以采用一个二元组 $S=(D,R)$ 的形式来表示。其中,D 是数据元素的有限集,R 是 D 上关系的有限集。

二元组 $S=(D,R)$ 中前驱和后继的关系可以描述如下:假设 a_1、a_2 是 D 中的两个元素,则在二元组 $<a_1,a_2>$ 中,a_1 是 a_2 的直接前驱,a_2 是 a_1 的直接后继。

例 1.4 用上面的数学方法给出一周 7 天的数据逻辑结构。设 a_1、a_2、a_3、a_4、a_5、a_6、a_7 分别表示星期一至星期日,这是线性结构。

$S = (D, R)$

$D = \{a_1, a_2, a_3, a_4, a_5, a_6, a_7\}$

$R = \{<a_1, a_2>, <a_2, a_3>, <a_3, a_4>, <a_4, a_5>, <a_5, a_6>, <a_6, a_7>\}$

该逻辑结构也可用图 1.4 表示。

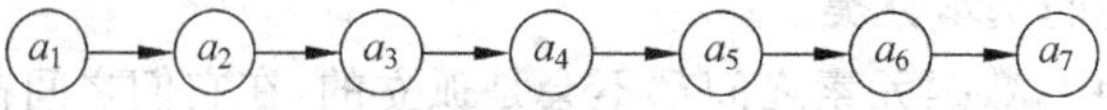

图 1.4　一周 7 天数据结构示意图

图中圆框表示一个节点,圆框内的符号是该节点的值,带箭头的线段表示前驱与后继的关系。

1.3　数据的存储结构

我们研究数据结构的目的是为了在计算机中实现对它的操作,为此还需要研究如何在计算机中表示一个数据结构。数据结构在计算机中的表示称为存储结构(很多书中也叫物理结构,只要在理解上把它们当成一回事就可以了),它所研究的是数据结构在计算机中的存储形式,应正确反映数据元素之间的逻辑关系,这是非常关键的。数据元素的存储结构有如下几种。

1. 顺序存储

顺序存储方法就是把逻辑上相邻的元素存储在物理位置也相邻的存储单元中,由此得到的存储表示称为顺序存储结构。顺序存储结构是一种最基本的存储表示方法,通常借助程序设计语言中的数组来实现。例如,一个字母占一个字节,输入 A、B、C、D、E 并存储在 1000 起始的连续的存储单元,如图 1.5(a)所示为顺序存储结构。

2. 链式存储

链式存储方法对逻辑上相邻的元素不要求其物理位置相邻,元素间的逻辑关系通过附设的指针域来表示,由此得到的存储结构表示称为链式存储结构。链式存储结构通常借助程序设计语言中的指针类型来实现。例如,一个字母占一个字节,输入 A、B、C、D 以链式存储结构进行存储,如图 1.5(b)所示为链式存储结构。链式存储结构把数据元素存放在任意的存储单元里,这组存储单元可以是连续的,也可以是不连续的,数据元素的存储关系并不能反映其逻辑关系,因此需要用一个指针存放数据元素的地址,这样通过地址就可以找到相关联数据元素的位置。

3. 索引存储

索引存储方法是指存放元素的同时,还建立附加的索引表,索引表中的每一项称为索引项,索引项的一般形式是(关键字,地址),其中的关键字是能唯一标识一个节点的那些数据项。

4. 散列存储

散列存储是通过构造散列函数来确定数据存储地址或查找地址的。

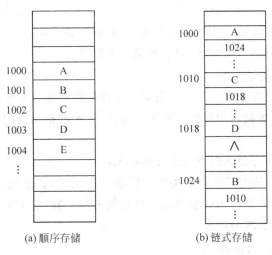

(a) 顺序存储　　　　　(b) 链式存储

图 1.5　顺序存储和链式存储结构示意图

1.4　算法和算法分析

1.4.1　算法特性

1. 算法

简单地说,算法(Algorithm)就是解决特定问题的方法。严格地说,算法是由若干条指令组成的有穷序列,其中每条指令表示计算机的一个或多个操作。例如,将一组给定的数据由小到大进行排序,解决的方法有若干种,而每一种排序方法就是一种算法。

2. 算法的特性

一个算法必须具有以下五个特性:

(1) 有穷性。一个算法必须在有穷步之后结束,即必须在有限时间内完成,不能形成无穷循环。现实中经常会写出死循环的代码,这就是不满足有穷性。

(2) 确定性。算法中每条指令必须有确切的含义,不会产生二义性。算法在一定条件下,只有一条执行路径,相同的输入只能有唯一的输出结果。算法的每个步骤被精确定义而无歧义。

(3) 可行性。算法中描述的操作都是可以通过已经实现的基本运算执行有限次来实现的。可行性意味着算法可以转换为程序上机运行,并得到正确的结果。

(4) 输入。一个算法有零个或多个的输入。尽管对于绝大多数算法来说,输入参数都是必要的,但对于个别情况,如打印"Hello world!"这样的程序,不需要任何参数输入,因此算法的输入可以是零个。

(5) 输出。一个算法有一个或多个结果输出。算法一定需要输出的,不需要输出,算法就没有存在的必要了,输出的形式可以是打印输出,也可以是返回一个或多个值等。

3. 算法与程序的区别

算法的含义与程序十分相似,但又有区别。一个程序不一定满足有穷性。例如,操作系统,只要整个系统不遭破坏,它将永远不会停止,即使没有作业需要处理,它仍处于动态等待中。因此,操作系统不是一个算法。另一方面,程序中的指令必须是机器可执行的,而算法中的指令则无此限制。算法代表了对问题的解,而程序则是算法在计算机上的特定的实现。一个算法若用程序设计语言来描述,则它就是一个程序。

4. 一个好算法应该达到的目标

算法与数据结构是相辅相成的。解决某一特定类型问题的算法可以选定不同的数据结构,而且选择恰当与否直接影响算法的效率。反之,一种数据结构的优劣由各种算法的执行来体现。

设计一个好的算法可以从以下几个方面考虑:

(1)正确性。算法是为了针对解决具体问题而提出的,算法的正确与否必须满足解决实际问题的需要,要经得起一切可能的输入数据的考验。算法的"正确"通常在用法上有很大的差别,大体分为以下四个层次。

- 算法程序没有语法错误。
- 算法程序对于合法的输入数据能够产生满足要求的输出结果。
- 算法程序对于非法的输入数据能够得出满足规格说明的结果。
- 算法程序对于精心选择的,甚至刁难的测试数据都有满足要求的输出结果。

对于这四层含义,"算法程序没有语法错误"是最低要求,但是仅仅没有语法错误实在谈不上是好算法。而"算法程序对于精心选择的,甚至刁难的测试数据都有满足要求的输出结果"是最困难的,我们几乎不可能逐一验证所有的输入都得到正确的结果。

(2)可读性。一个算法应当思路清晰、层次分明、简单明了、易读易懂。我们写代码的目的,一方面是为了让计算机执行,但还有一个重要的目的是为了便于他人阅读,让人理解和交流,自己将来也可能阅读,如果可读性不好,时间长了自己都不知道写了些什么。可读性是算法(也包括实现它的代码)好坏很重要的标志。

(3)健壮性。当输入数据非法时,算法应能适当地做出反应或进行处理,不致引起严重后果。

(4)高效率。要求算法的执行时间要尽可能地短,存储空间要尽可能地少,即做到既节省时间又节省空间。

1.4.2 影响算法效率的因素

一个算法的运行时间需要根据该算法编制的程序在计算机上的运行时间来确定,它可以认为是算法中每条语句的运行时间之和。每一条语句的运行时间是该语句的运行次数(频度)与该语句运行一次所需时间的乘积,而每条语句的运行时间取决于其对应机器指令的运行时间。当我们将一个算法转换成程序并在计算机上运行时,其运行所需要的时间取决于下列因素:

(1)硬件的速度。

(2)编制程序所使用的程序设计语言。使用的编程语言的级别越高,其执行效率就越低。

(3)编译程序所生成的目标代码的质量。对于代码优化较好的编译程序,生成的程序质量较高。

(4) 算法涉及的规模(求解问题的输入量,通常用 n 表示)。例如,求 100 以内的素数与求 1000 以内的素数,其运行时间显然是不同的。

(5) 计算机的体系结构。并行计算机通常能缩短算法的运行时间。

显然,在各种因素不能确定的情况下,很难比较出算法的执行时间。也就是说,使用运行算法的绝对时间来衡量算法的效率是不合适的。在上述各种与计算机相关的软、硬件因素确定以后,一个特定算法的运行时间就只依赖于问题的规模(通常用正整数 n 表示),或者说它是问题规模的函数。

1.4.3　算法效率的评价

一个好的算法首先要具备正确性、可读性和健壮性。在具备了这三个条件后,就应考虑算法的效率问题,即算法的时间效率(所需运算时间)和空间效率(所占存储空间)两个方面。实际上,算法的时间效率和空间效率经常是一对矛盾体,相互抵触,有时增加辅助的存储空间可以加快算法的运行速度,即用空间换取时间;有时因为内存空间不够,必须压缩辅助的存储空间,从而降低了算法的运行速度,即用时间换取空间。通常把算法在运行过程中临时占用的存储空间的大小叫做算法的空间复杂度。算法的空间复杂度比较容易计算,它主要包括局部变量所占用的存储空间和系统为实现递归所使用的堆栈占用的存储空间。时间复杂度稍微复杂些,也是我们学习的重点。

1. 时间复杂度

一个算法的运行时间是该算法中每条语句执行时间的总和,而每条语句的执行时间是该语句的执行次数(也叫语句频度)与执行一次该语句所需时间的乘积。由于同一条语句在不同的机器上执行所需的时间是不相同的,也就是说执行一条语句所需的时间与具体的机器有关,因此要想精确地计算各种语句执行一次所需的时间是比较困难的。实际上,为了评价一个算法的性能,我们只需计算算法中所有语句执行的总次数即可。

任何一个算法最终都要被分解成一系列基本操作(如赋值、转向、比较、输入、输出等)来具体执行,每一条语句也要分解成具体的基本操作来执行,所以算法的运行时间也可以用算法中所进行的基本操作的总次数来估算。在一个算法中,进行简单操作的次数越少,其运行时间也相对越少。为了便于比较同一问题的不同算法,也可以用算法中的基本操作重复执行的频度作为算法运行时间的度量标准。

通常把算法中的基本操作重复执行的频度称为算法的时间复杂度(Time Complexity)。算法中的基本操作一般是指算法中最深层循环内的语句,因此,算法中基本操作重复执行的频度 $T(n)$ 是问题规模 n 的某个函数 $f(n)$,记作: $T(n)=O(f(n))$。其中"O"表示随问题规模 n 的增大,算法执行时间的增长率和 $f(n)$ 的增长率相同,或者说,用"O"表示数量级(Order of Magnitude)的概念。例如,若 $T(n)=2n^2+3n+1$,则 $2n^2+3n+1$ 的数量级与 n^2 的数量级相同,所以 $T(n)=O(n^2)$。

如果一个算法没有循环语句,则算法的基本操作的执行频度与问题规模 n 无关,记作 $O(1)$,也称常数阶。如果一个算法只有一重循环,则算法的基本操作的执行频度随问题规模 n 的增大而呈线性增大关系,记作 $O(n)$,也称做线性阶。

下面举例说明计算算法时间复杂度的方法。

例 1.5 分析以下程序段的时间复杂度。

```
for(i = 1;i < n;i++)
{
    y = y + 1;                          ①
    for(j = 0;j < = (2 * n);j++)        ②
        x++;
}
```

解：该程序段是一个二重循环的算法，该程序段中语句①的频度是 $n-1$，语句②的频度是 $(n-1)(2n+1)=2n^2-n-1$，则程序段的时间复杂度 $T(n)=(n-1)+(2n^2-n-1)=2n^2-2=O(n^2)$。

例 1.6 分析以下程序段的时间复杂度。

```
i = 1;                    ①
while(i < = n)
    i = i * 2;            ②
```

解：该程序段中语句①的频度是 1，设语句②的频度为 $f(n)$，则有 $2^{f(n)} \leqslant n$，即 $f(n) \leqslant \log_2 n$，取最大值 $f(n)=\log_2 n$，所以该程序段的时间复杂度 $T(n)=1+f(n)=1+\log_2 n=O(\log_2 n)$。

例 1.7 分析以下程序段的时间复杂度。

```
a = 0,b = 1;                   ①
for(i = 2; i < = n; i++)
{
    s = a + b;                 ②
    b = 1;                     ③
    a = s;                     ④
}
```

解：该程序段中语句①的频度是 2，语句②、③、④的频度都是 $n-1$，则该程序段的时间复杂度 $T(n)=2+3\times(n-1)=3n-1=O(n)$。

例 1.8 分析下列算法的时间复杂度。

```
prime(int n)
{
    int  i = 2;
    while((n % i)!= 0 && i * 1.0 < sqrt(n))
    i++;                                          ①
    if(i * 1.0 > sqrt(n))
        printf(" % d 是一个素数\n", n);           ②
    else
        printf(" % d 不是一个素数\n", n);         ③
}
```

解：从上面的 4 个例题可以看出，算法的时间复杂度是由嵌套最深层语句的频度决定的。prime 函数嵌套最深层语句是①，显然它的频度由条件"$((n\%i)!=0$ && $i*1.0<$ $sqrt(n))$"中的"$i*1.0<sqrt(n)$"决定，即执行频度小于 $sqrt(n)$，所以其时间复杂度是 $T(n)=O(\sqrt{n})$。

例 1.9 分析下列算法的时间复杂度。

```
for(i = 1;i < = n;i++)                          ①
    for(j = 1;j < = n;j++)                      ②
        for(k = 1;k < = n;k++)
                x = x + 1;                       ③
```

解：该程序段是一个三重循环的算法，该程序段中语句①的频度都是 n，语句②的频度为 $n\times n=n^2$，语句③的频度为 $n^2\times n=n^3$，则该程序段的时间复杂度 $T(n)=n+n^2+n^3=O(n^3)$。

按数量级递增排列，常见的时间复杂度有：常数阶 $O(1)$，对数阶 $O(\lg n)$，线性阶 $O(n)$，线性对数阶 $O(n\lg n)$，平方阶 $O(n^2)$，立方阶 $O(n^3)$，……，k 次方阶 $O(n^k)$，指数阶 $O(2^n)$。数量级越高，说明算法所需的时间随问题规模的增大而以更高的速度增加。一个算法的时间复杂度最好是常数阶，最坏不超过 k 次幂阶。如果算法的时间复杂度为指数阶，则该算法无法使用，因为时间会随着问题规模的增长而以指数增长。如图 1.6 所示给出了 5 个常见的运行时间函数的曲线。

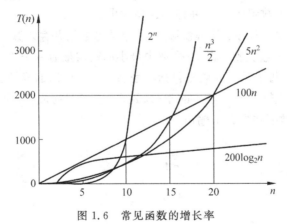

图 1.6　常见函数的增长率

判断一个算法好不好，我们只通过少量的数据是不能做出准确判断的。根据刚才的几个样例，我们发现，如果可以对比这几个算法的关键执行次数函数的渐近增长性，基本就可以分析出：某个算法，随着 n 的增大，它会越来越优于另一算法，或者越来越差于另一算法。这其实就是事前估算方法的理论依据，通过算法时间复杂度来估算算法时间效率。

2. 空间复杂度

一个程序的空间复杂度（Space Complexity）是指程序运行从开始到结束所需的内存容量，即存储量。利用程序的空间复杂性，可以对该程序的运行所需内存有个预先的估计。

程序运行所需的存储空间包括以下两部分：

（1）固定部分。这部分空间与所处理数据的大小和个数无关，或者称与问题的实例的特征无关。主要包括程序代码、常量、简单变量、定长成分的结构变量所占的空间。

（2）可变部分。它由两部分组成：一部分空间大小与算法在某次执行中处理的特定数据的大小和规模有关，例如，100个数据元素的排序算法与1000个数据元素的排序算法所需的存储空间显然是不同的；另一部分包括递归栈所需要空间以及动态分配的空间，这部分空间的大小与算法无关。

在进行时间复杂度和空间复杂度分析时，如果所需时间和所占空间都是依赖于特定的输入，则一般都按最坏情况分析。

上 机 实 训

C 语言基础知识及应用

1. 实验目的

（1）复习C语言数组的用法；

（2）复习C语言指针的用法；

（3）复习C语言结构体的用法；

（4）理解算法时间复杂度分析的基本方法；

（5）通过实验程序，分析它们的时间复杂度。

2. 实验内容

（1）将1~10存入数组a[10]，并将其逆序输出。

（2）用指针方式编写程序：从键盘输入10个整型数据并存入数组，要求将10个数中最大的数与第一个输入的数交换；将10个数中最小的数与最后一个输入的数交换。

（3）有5个学生，每个学生的数据包括学号、姓名、三门课的成绩、平均分。

要求：从键盘依次输入5个学生的学号、姓名、三门课的成绩，自动计算三门课的平均分，并将5个学生的数据在屏幕上输出。

习 题

1. 名称解释

（1）数据；

（2）数据结构；

（3）逻辑结构；

（4）存储结构；

（5）线性结构；

（6）非线性结构。

2. 判断题（下列各题，正确的请在前面的括号内打√；错误的打×）

（　　）(1) 数据的逻辑结构与数据元素本身的内容和形式无关。

（　　）(2) 数据元素是数据的最小单位。

（　　）(3) 算法是对解题方法和步骤的描述。

(　　)(4) 程序和算法原则上没有区别,在讨论数据结构时可以通用。

(　　)(5) 从逻辑关系上讲,数据结构主要分为线性结构和非线性结构两类。

(　　)(6) 数据的存储结构是数据的逻辑结构的存储映像。

3. 填空题

(1) 数据逻辑结构包括_____、_____、_____、_____四种类型,树形结构和图形结构合称为_____。

(2) 数据的存储结构形式包括_____、_____、_____、_____。

(3) 线性结构中的元素之间存在_____的关系,树形结构中的元素之间存在_____的关系,图形结构的元素之间存在_____的关系。

(4) 在树形结构中,根节点_____前驱节点,其余每个节点有且仅有_____个前驱节点;叶子节点_____后继节点,其余每个节点都可以有_____后继节点。

(5) 在图形结构中,每个节点的前驱节点可以有_____,后继节点可以有_____。

(6) 算法的五个重要特性是:_____、_____、_____、_____、_____。

(7) 数据结构是一门研究非数值计算的程序设计问题中计算机的_____以及它们之间的_____和运算的学科。

(8) 数据结构被定义为 $S = (D, R)$,其中 D 是_____的有限集合,R 是 D 上的_____的有限集合。

(9) 数据结构主要研究数据的_____、_____和_____。

(10) 算法是一个_____的集合;算法效率的度量可以分为_____和_____。

4. 单项选择题

(1) 数据结构通常是研究数据的(　　)及它们之间的相互联系。

  A. 存储结构和逻辑结构　　　　　　B. 存储和抽象

  C. 联系和抽象　　　　　　　　　　D. 联系与逻辑

(2) 数据结构中,在逻辑上可以把数据结构分成(　　)。

  A. 动态结构和静态结构　　　　　　B. 紧凑结构和非紧凑结构

  C. 线性结构和非线性结构　　　　　D. 内部结构和外部结构

(3) 数据在计算机存储器内表示时,物理地址和逻辑地址相同并且是连续的,称之为(　　)。

  A. 存储结构　　　B. 逻辑结构　　　C. 顺序存储结构　　　D. 链式存储结构

(4) 非线性结构的数据元素之间存在(　　)。

  A. 一对一关系　　B. 一对多关系　　C. 多对多关系　　D. B 或 C

(5) 在非线性结构中,每个节点(　　)。

  A. 无直接前驱

  B. 只有一个直接前驱和个数不受限制的直接后继

  C. 只有一个直接前驱和直接后继

  D. 有个数不受限制的直接前驱和直接后继

(6) 除了考虑存储数据结构本身所占用的空间外,实现算法所用的辅助空间的多少称为算法的(　　)。

  A. 时间效率　　　B. 空间效率　　　C. 硬件效率　　　D. 软件效率

(7) 链式存储的存储结构所占存储空间(　　)。

    A. 分两部分,一部分存放节点值,另一部分存放表示节点间关系的指针

    B. 只有一部分,存放节点值

    C. 只有一部分,存储表示节点间关系的指针

    D. 分两部分,一部分存放节点值,另一部分存放节点所占单元数

(8) 设语句 s＝s+i 的时间是单位时间,则语句:

```
s = 0;
for (i = 1; i <= n; i++)
        s = s + i;
```

的时间复杂度为(　　)。

    A. $O(1)$ B. $O(n)$ C. $O(n^2)$ D. $O(n^3)$

5. 试分析下列程序段的时间复杂度

(1)

```
for (i = 0; i < n; i++)
    for (j = 0; j < m; j++)
        A[i][j]
```

(2)

```
i = s = 0;
while (s < n)
{
    i++
    s += i;
}
```

(3)

```
s = 0;
for (i = 0; i < n; i++)
    for (j = 0; j < n; j++)
        s += B[i][j];
sum = s;
```

(4)

```
prime(int n)
{
    int i = 2;
    while ((n % i)!= 0&& i * 1.0 < sqrt(n))   i++;
    if (i * 1.0 > sqrt(n))
        printf("%d"是一素数\n",n);
```

```
        else
            printf(" % d"不是一素数\n",n);
}
```

(5)

```
s1(int n)
{
    int p = 1, s = 0;
    for(i = 1; i < = n; i++)
    {
        p * = i;
        s += p;
    }
    return (s);
}
```

(6)

```
s2(int n)
{
    int s = 0, i, j;
    for(i = 1; i < = n; i++)
    {
        p = 1;
        for(j = 1; j <= i; j++) p * = j;
        s += p;
    }
    return (s)
}
```

6. 根据二元组关系画出逻辑图形，并指出它们属于何种数据结构

(1) $A = (D, R)$，其中：

$D = \{a, b, c, d, e\}, R = \{\}$

(2) $B = (D, R)$，其中：

$D = \{a, b, c, d, e, f\}, R = \{r\}$

$R = \{<a, b>, <b, c>, <c, d>, <d, e>, <e, f>\}$

(3) $C = (D, R)$，其中：

$D = \{1, 2, 3, 4, 5, 6\}, R = \{r\}$

$R = \{(1, 2), (2, 3), (2, 4), (3, 4), (3, 5), (3, 6), (4, 5), (6, 1)\}$

(上式中圆括号对表示两个节点是双向的)

(4) $D = (D, R)$，其中：

$D = \{40, 25, 64, 57, 82, 36, 70\}, R = \{r\}$

$R = \{<40, 25>, <40, 64>, <64, 57>, <64, 62>, <64, 82>, <25, 36>,$

$<82, 70>\}$

第2章　　　　　线　性　表

本章内容概要：

线性表是一种最简单、最基本、也是最常用的数据结构。线性表的概念在操作系统和数据库系统中有重要应用。本章主要介绍线性表的逻辑结构及顺序存储结构，以及线性表涉及的主要基本操作——插入、删除和查找。

2.1　内存静态分配

C语言的内存静态分配是指在编译阶段，就已经分配内存空间给声明的内存变量。这和在运行阶段才向操作系统要求内存空间存储的动态分配是截然不同的两种内存分配方法。

第3章将会讨论内存动态分配，本章先看看内存静态分配。例如：用C语言命令声明一个长度100的整型数组data，如下所示：

```
int data[100];
```

上述程序代码是在编译阶段就已经将所需使用的内存空间分配完成。所以声明的大小必须能够满足程序在运行的需要，我们只能分配最大可能使用的内存空间，这样会造成内存严重浪费的问题。而且当运行使用海量存储器空间的程序时，常常会造成内存不足的问题，这正是程序选择内存静态分配方法所需考虑的因素。

2.2　线性表的定义与运算

2.2.1　线性表的定义

线性表(Linear_list)是一种最常见的数据结构。在实际问题中线性表的例子很多，英文字母表(A，B，C，D，…，Z)就是一个线性表；学生情况信息表(如表2.1所示)是一个线性表，表中数据元素的类型为学生结构体类型。线性表的特点是组成它的数据元素之间是一种线性关系，即数据元素一个接在另一个的后面排列，每一个数据元素的前面和后面都至多有一个其他数据元素。在一个线性表中的数据元素的类型是相同的，或者说线性表是由同一类型的数据元素构成的线性结构。

表 2.1　学生情况信息表

学　号	姓　名	性　别	年　龄	成　绩
001	张三	男	21	80
002	李四	女	23	90
003	王五	男	22	78
⋮	⋮	⋮	⋮	⋮

综上所述,线性表定义如下:

线性表是具有相同数据类型的 $n(n \geqslant 0)$ 个数据元素的有限序列,通常记为:

$$(a_1, a_2, \cdots, a_{i-1}, a_i, a_{i+1}, \cdots, a_n)$$

线性表可以用一个标示符来命名,如果用 L 来表示线性表,则:

$$L = (a_1, a_2, \cdots, a_{i-1}, a_i, a_{i+1}, \cdots, a_n)$$

其中,L 表示该线性表;n 为表长,$n=0$ 时称为空表;下标 i 表示数据元素的位序。

数据元素的类型可以是高级语言提供的基本数据类型或用户自定义的数据类型,如实型、整型、字符型和结构体等。为方便起见,在本书的算法、程序及例题中,大多数数据元素类型用整型数据来表示。

在线性表中,当 $n>0$ 时,即线性表非空时,线性表具有以下逻辑结构特征:表中有且仅有一个开始节点,或称首元节点 a_1;有且仅有一个终端节点,或称表尾节点 a_n;除开始节点外,表中每个节点 $a_i(1<i \leqslant n)$ 均只有一个前驱节点;除终端节点外,表中每个节点 $a_i(1 \leqslant i<n)$ 均只有一个后继节点。元素之间为一对一的关系。

线性表是一种非常典型的线性结构,用二元组可以表示成:

$S = (D, R)$

$D = \{a_1, a_2, \cdots, a_i, \cdots, a_n\}$

$R = \{<a_1, a_2>, <a_2, a_3>, \cdots, <a_i, a_{i+1}>, \cdots, <a_{n-1}, a_n>\}$

对应的逻辑结构图如图 2.1 所示。

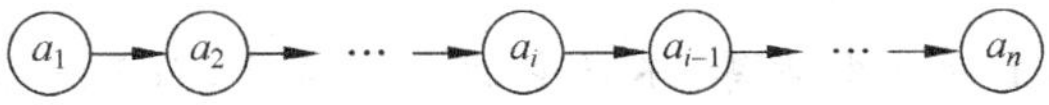

图 2.1　线性表逻辑结构示意图

下面给出一个学生信息表的例子,如表 2.1 所示。

在这个比较复杂的线性表中,一个数据元素是每个学生所对应的一行信息,包括学号、姓名、性别、年龄和成绩共 5 个数据项。

2.2.2　线性表的基本操作

线性表是一种相当灵活的数据结构,对其数据元素可以进行各种操作(运算)。如表 2.1 所示,不仅能查询信息记录,还能根据需要增加或删除学生信息记录。数据结构的运算是定义在逻辑结构层次上的,而运算的具体实现是建立在存储结构上的,因此下面定义的线性表的基本操作只作为逻辑结构的一部分,每一个操作的具体算法实现只有在确定了线性表的存储结构之后才具体讨论。

线性表上的基本操作有:

（1）初始化线性表 InitList(L)。

初始条件：表 L 不存在。

操作结果：构造一个空的线性表。

（2）求线性表的长度 LengthList(L)。

初始条件：表 L 存在。

操作结果：返回线性表 L 所含数据元素的个数。

（3）读取线性表中的第 i 个数据元素 GetList(L,i)。

初始条件：表 L 存在。

操作结果：返回线性表 L 中的第 i 个元素的值或地址。如果线性表为空，或者 i 超出了线性表的长度，则报错。

（4）按值查找 SearchList(L,x)。

初始条件：线性表 L 存在，x 是给定的一个数据元素。

操作结果：在表 L 中查找值为 x 的数据元素，其结果是返回在 L 中首次出现的值为 x 的那个元素的序号或地址，则查找成功；否则，在 L 中未找到值为 x 的数据元素，返回一个特殊值表示查找失败。

（5）插入操作 InsertList(L,i,x)。

初始条件：线性表 L 存在，i 表示新元素将要插入的位置，插入位置正确（$1 \leqslant i \leqslant n+1$，$n$ 为插入前的表长）。

操作结果：在线性表 L 的第 i 个位置上插入一个值为 x 的新元素，这样使原序号为 i、$i+1$、……、n 的数据元素的序号变为 $i+1$，$i+2$，……、$n+1$，插入后表长＝原表长＋1。

（6）删除操作 DeleteList(L,i)。

初始条件：线性表 L 存在，i 表示需要删除的数据元素的位序（$1 \leqslant i \leqslant n$，$n$ 为表长）。

操作结果：在线性表 L 中删除序号为 i 的数据元素，删除后使序号为 $i+1$、$i+2$、……、n 的元素变为序号为 i、$i+1$、……、$n-1$，新表长＝原表长－1。

说明：

（1）某种数据结构上的基本运算，不是它的全部运算，而是一些常用的基本的运算，而每一个基本运算在实现时也可能根据不同的存储结构派生出一系列相关的运算来。例如线性表的查找在链式存储结构中还会有按序号查找，再如插入运算也可能是将新元素 x 插入到适当位置上等等，不可能也没有必要全部定义出它的运算集，读者掌握了某一数据结构上的基本运算后，其他的运算可以通过基本运算来实现，也可以直接去实现。

（2）在上面各操作中定义的线性表 L 仅仅是一个抽象在逻辑结构层次的线性表，尚未涉及它的存储结构，因此每个操作在逻辑结构层次上尚不能用具体的某种程序语言写出具体的算法，而算法的实现只有在存储结构确立之后完成。

2.3 线性表的顺序存储结构

2.3.1 顺序表

线性表的顺序存储是指用一组地址连续的存储空间顺序存放线性表的各数据元素。因为内存中的地址空间是线性的,所以,用物理上的实际相邻关系实现数据元素之间的逻辑相邻关系是既简单又自然的。这种方法是线性表最简单的存储方法,称作线性表的顺序表示,通常可称此时的线性表为顺序表。因此,顺序表的逻辑顺序与其在内存空间中的物理顺序一致,由线性表中各数据元素在存储空间中的顺序可以知道这些数据元素的逻辑关系,如图 2.2 所示。

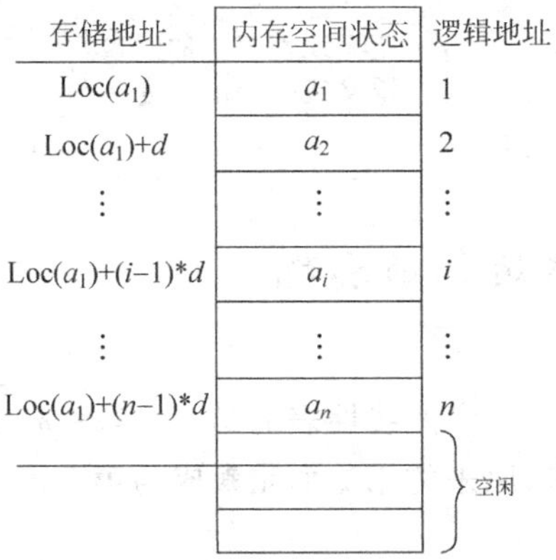

存储地址	内存空间状态	逻辑地址
$\text{Loc}(a_1)$	a_1	1
$\text{Loc}(a_1)+d$	a_2	2
$\vdots$	$\vdots$	$\vdots$
$\text{Loc}(a_1)+(i-1)*d$	a_i	i
$\vdots$	$\vdots$	$\vdots$
$\text{Loc}(a_1)+(n-1)*d$	a_n	n
		空闲

图 2.2　线性表顺序存储结构示意图

假设线性表的每个元素需占用 d 个存储单元,并以所占的第一个单元的存储地址作为数据元素的存储位置,则线性表中第 $i+1$ 个数据元素的存储位置 $\text{LOC}(a_{i+1})$ 和第 i 个数据元素存储位置 $\text{LOC}(a_i)$ 之间存在下列关系:

$$\text{LOC}(a_{i+1}) = \text{LOC}(a_i) + d$$

设线性表中第一个数据元素 a_1 的存储地址为 $\text{LOC}(a_1)$,每个数据元素占 d 个存储单元,则第 i 个数据元素的地址为:

$$\text{LOC}(a_i) = \text{LOC}(a_1) + (i-1) * d \quad (1 \leqslant i \leqslant n)$$

线性表第一个数据元素 a_1 的存储位置,通常称作线性表的起始位置或基地址。从线性表的这种存储表示方法可以看出,它是以元素在计算机内的物理位置上的相邻关系来表示线性表中数据元素之间的逻辑上的相邻关系。由此可见,只要知道顺序表的基地址和每个数据元素所占存储单元的个数就可求出第 i 个数据元素的地址来,即只要确定了存储线性表的起始位置,线性表中任意一个数据元素都可随机存取。所以线性表的顺序存储结构是一种随机存取的存储结构,它具有按数据元素的序号随机存取的特点。

在程序设计语言中,一维数组在内存中占用的存储空间就是一组连续的存储区域,因此,用一维数组来表示顺序表的数据元素存储区域是再合适不过的。考虑到线性表的运算有插入、删除等运算,即表长是可变的,因此,数组的容量需设计的足够大,设用 $s[\text{MAXSIZE}]$ 来表示,其中 MAXSIZE 是一个根据实际问题定义的足够大的整数。只是要特别注意的是,C 语言中数组的下标从"0"开始,因此,如果线性表中的数据元素从 $s[0]$ 开始依次顺序存放,则表中第 i 个数据元素是 $s[i-1]$,为了表示的方便,本书线性表中的数据从 $s[1]$ 开始依次顺序存放。但当前线性表中的实际元素个数可能未达到 $\text{MAXSIZE}-1$ 个,因此需用一个变量 $\text{len}(0 \leqslant \text{len} \leqslant \text{MAXSIZE}-1)$ 记录当前线性表中最后一个元素在数组中的位置,即 len 起一个指针的作用,始终指向线性表中最后一个元素,所以,当线性表为空时

len＝0。这种存储思想的具体描述可以是多样的。用 C 语言描述线性表的顺序存储结构可以如下：

```
#defined MAXSIZE 100         /* MAXSIZE 要大于实际线性表的长度 */
typedef  int  elementtype    /* 根据需要,elementtype 也可以定义为其他类型 */
typedef struct
{
  elementtype s[MAXSIZE];    /* 定义线性表中的元素,MAXSIZE-1 为线性表的最大容量 */
  int len;                   /* 定义线性表的长度 */
}SqList;
```

2.3.2　顺序表上基本运算的实现

1. 顺序表上元素的插入

插入运算是指在具有 n 个元素的线性表的第 $i(1\leqslant i\leqslant n)$ 个元素之前插入一个值为 x 的新元素,成为新的第 i 个元素,原来的第 i 个元素成为第 $i+1$ 个元素,插入后使原表长为 n 的表：

$$(a_1, a_2, \cdots, a_{i-1}, a_i, a_{i+1}, \cdots, a_n)$$

成为表长为 $n+1$ 的线性表：

$$(a_1, a_2, \cdots, a_{i-1}, x, a_i, a_{i+1}, \cdots, a_n)。$$

此时,i 的合法取值范围为 $1\leqslant i\leqslant n+1$。

插入操作完成后,数据元素 a_{i-1} 和 a_i 之间的逻辑关系发生了变化。在线性表的顺序存储结构中,由于逻辑上相邻的数据元素在物理位置上也是相邻的。因此,除了 $i=n+1$ 之外,必须移动元素才能反映这个逻辑关系的变化。当 $i=n+1$ 时,实际上是把 x 插在顺序表中原来最后一个元素的后面。顺序表上完成插入运算的过程如图 2.3 所示。

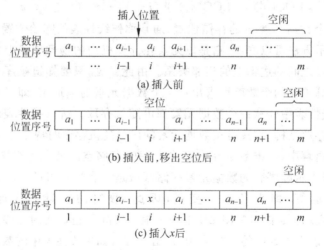

图 2.3　顺序表插入元素示意图

顺序表完成这一运算的主要步骤如下：

(1) 将 $a_i\sim a_n$ 顺序向下移动,为新元素让出位置；

(2) 将 x 置入空出的第 i 个位置；

（3）修改表长 len，使它反映当前真实的表长。

假设线性表中的数据元素为整数，则 C 语言描述的顺序表上元素的插入程序如下：

【程序 2-1】

```
/* ===================================== */
/*     程序：2-1.c                        */
/*     顺序表上元素的插入操作              */
/* ===================================== */
#include<stdio.h>
#define MAXLEN 100                /* MAXSIZE 要大于实际线性表的长度 */
typedef int elementtype;          /* 根据需要，elementtype 也可以定义为其他任何类型 */
typedef struct                    /* 定义线性表 */
{
    elementtype s[MAXLEN];        /* 定义线性表中元素，MAXLEN-1 为线性表的最大容量 */
    int len;                      /* 定义线性表的表长 */
}SqList;

/* ------------------------------------- */
/*   元素的插入              */
/* ------------------------------------- */
int InsertSqlist(SqList * sql,int i,elementtype x)
{
    int j;
    if((i<1)||(i>sql->len+1))     /* 首先判断插入位置是否合法 */
    {
        printf("插入位置%d不合法\n",i);
        return(0);
    }
    if(sql->len>=MAXLEN-1)
    {
        printf("表已满无法插入");
        return(0);
    }
    for(j=sql->len;j>=i;j--)
        sql->s[j+1]=sql->s[j];    /* 向后移动数据，腾出要插入的空位 */
    sql->s[j+1]=x;                /* 修正插入位置为j+1,将新元素插入到s[j+1]位置 */
    (sql->len)++;                 /* 表长加1 */
    return(1);                    /* 插入成功，返回值为1 */
}

/* ----------------------------------------------- */
/*   主程序：创建顺序表，并在指定位置插入元素    */
/* ----------------------------------------------- */
void main()
{
    SqList seq;
    int p,q,r;
    int i;
    printf("请输入线性表的长度：");
```

```
    scanf("%d",&r);
    seq.len = r;
    printf("请输入线性表的各元素值:\n");
    for(i=1; i<= seq.len; i++)
        /*赋线性表各元素初值,为与前面的概念描述一致,seq.s[0]闲置不用*/
    {
        scanf("%d",&seq.s[i]);
    }
    printf("请输入要插入的位置: ");
    scanf("%d",&p);
    printf("请输入要插入的元素值: ");
    scanf("%d",&q);
    InsertSqlist (&seq,p,q);                /*调用插入元素的函数*/
    printf("插入元素后的线性表: \n");
    for(i=1; i<= seq.len; i++)
    {
        printf("%d  ",seq.s[i]);
    }
}
```

程序运行结果:

```
请输入线性表的长度: 6(回车)
请输入线性表的各元素值:
1 2 3 4 5 6
请输入要插入的位置: 4(回车)
请输入要插入的元素值: 9(回车)
插入元素后的线性表:
1 2 3 9 4 5 6
```

本例中,若插入位置大于 7 或小于 1,将显示插入位置不合法。

本算法中需注意以下问题:

(1) 顺序表中数据区域最多有 MAXLEN 个存储单元,所以在向顺序表中做插入时先检查表空间是否满了,在表满的情况下不能再做插入,否则产生溢出错误。

(2) 要检验插入位置的有效性,这里 i 的有效范围是 $1 \leqslant i \leqslant r+1$,其中 r 为原表长(本程序中 r 为用户输入的长度)。

(3) 注意数据的移动方向。

插入算法的时间性能分析:

顺序表上的插入运算,时间主要消耗在了数据的移动上。当 $i=1$ 时,x 插入到第 1 个元素之前,从第 n 个元素到第 1 个元素依次向后移动一个位置,共移动 n 个元素;当 $i=n+1$ 时,x 插入到表尾,不移动任何元素。一般情况下,在第 i 个位置上插入 x,从 a_i 到 a_n 都要向下移动一个位置,共需要移动 $n-i+1$ 个元素,而 i 的取值范围为 $1 \leqslant i \leqslant n+1$,即有 $n+1$ 个位置可以插入。设在第 i 个位置上做插入的概率为 p_i,则平均移动数据元素的次数:

$$E_{in} = \sum_{i=1}^{n+1} p_i(n-i+1)$$

设 $p_i = 1/(n+1)$，即为等概率情况，则：

$$E_{in} = \sum_{i=1}^{n+1} p_i(n-i+1) = \frac{1}{n+1} \sum_{i=1}^{n+1}(n-i+1) = \frac{n}{2}$$

说明在长度为 n 的线性表中插入一个新元素需要移动的平均次数为 $n/2$。显然时间复杂度为 $O(n)$。

2. 顺序表上的元素删除

删除运算是指在具有 n 个元素的线性表中，删除其中的第 $i(1 \leqslant i \leqslant n)$ 个元素，删除后使原表长为 n 的线性表：

$$(a_1, a_2, \cdots, a_{i-1}, a_i, a_{i+1}, \cdots, a_n)$$

成为表长为 $n-1$ 的线性表：

$$(a_1, a_2, \cdots, a_{i-1}, a_{i+1}, \cdots, a_n)$$

此时，i 的取值范围为 $1 \leqslant i \leqslant n-1$。

顺序表上完成删除运算的过程如图 2.4 所示。删除操作完成后，数据元素 a_{i-1}、a_i 和 a_{i+1} 之间的逻辑关系发生变化。因此，除了 $i=n$ 之外，为了在存储结构上反映这个变化，同样需要移动元素。当 $i=n$ 时，实际上是把顺序表中原来的最后一个元素删除。

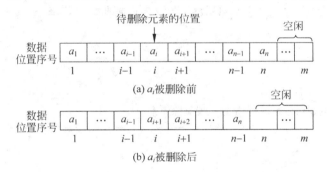

图 2.4　顺序表删除示意图

顺序表上完成这一运算的步骤如下：

(1) 将 $a_{i+1} \sim a_n$ 顺序向上移动。

(2) 修改表长 len，使它反映当前真实的表长。

假设线性表中的数据元素为整数，则 C 语言描述的顺序表上元素的删除程序如下：

【程序 2-2】

```
/*  ==========================================  */
/*    程序：2-2.c                                */
/*    顺序表上元素的删除操作                       */
/*  ==========================================  */
#include<stdio.h>
#include<malloc.h>
#define MAXLEN 100              /* MAXSIZE 要大于实际线性表的长度 */
typedef int elementtype;        /* 根据需要,elementtype 也可以定义为其他任何类型 */
typedef struct                  /* 定义线性表 */
{
    elementtype s[MAXLEN];      /* 定义线性表中元素,MAXLEN 为线性表的最大容量 */
```

```
        int len;                           /* 定义线性表的表长 */
    }SqList;

    /* ------------------------------------------------ */
    /*   元素的删除                                        */
    /* ------------------------------------------------ */
    int  DelList(SqList * sql,int i,elementtype * x)
        /* 在顺序表 sql 中删除第 i 个数据元素,并用指针参数 x 返回其值,i 的合法取值为 1≤i≤
    sql.len */
    {
        int k;
        if((i<1)||(i>sql->len))
        {
            printf("删除位置不合法!");
            return(0);
        }
        * x = sql->s[i];                   /* 将删除的元素存放到 x 所指向的变量中 */
        for(k=i+1; i<=sql->len; k++)
            sql->s[k-1] = sql->s[k];       /* 将后面的元素依次前移 */
        sql->len-- ;
        return(1);
    }


    /* ------------------------------------------------------------ */
    /*   主程序:创建顺序表,并在指定位置删除元素     */
    /* ------------------------------------------------------------ - */
    void main()
    {
        SqList * seq;
        int p,r, * q,i;
        seq = (SqList * )malloc(sizeof(SqList));
        q = (int * )malloc(sizeof(int));
        printf("输入线性表的长度: ");
        scanf(" % d",&r);
        seq->len = r;
        printf("输入线性表的各元素值: \n");
        for(i=1; i<=seq->len; i++)
            /* 赋线性表各元素初值,为与前概念描述一致,seq.s[0]闲置不用 */
        {
            scanf(" % d",&seq->s[i]);
        }
        printf("输入要删除的元素位置: ");
        scanf(" % d",&p);
        DelList(seq,p,q);
        printf("删除的元素值为: % d\n", * q);
    }
```

程序运行结果：

```
输入线性表的长度：6(回车)
输入线性表的各元素值：
9 10 2 3 5 7
输入要删除的位置：2(回车)
删除的元素为：10
```

本例中，若删除位置大于 6 或小于 1，将显示删除位置不合法。

本算法需注意以下问题：

(1) 删除第 i 个元素，i 的取值为 $1 \leqslant i \leqslant n$，否则第 i 个元素不存在，因此要检查删除位置的有效性。

(2) 当线性表为空时不能做删除，因表空时 L->len 的值为 0，条件(i<1)||(i>sql->len)也包括了对表空的检查。

(3) 删除 a_i 之后，该数据已不存在，如果需要，先取出 a_i，再做删除。

删除算法的时间性能分析：

与插入运算相同，其时间主要消耗在移动线性表中元素上。当 $i=1$ 时，从第 2 个元素到第 n 个元素依次向前移动一位；当 $i=n$ 时，不需要移动任何元素。若 i 是一个随机数，删除第 i 个元素时，其后面的元素 $a_{i+1} \sim a_n$ 都要向上移动一个位置，共移动了 $n-i$ 个元素，所以平均移动数据元素的次数：

$$E_{\text{de}} = \sum_{i=1}^{n} p_i(n-i)$$

在等概率情况下，$p_i = 1/n$，则：

$$E_{\text{de}} = \sum_{i=1}^{n} p_i(n-i) = \frac{1}{n} \sum_{i=1}^{n} (n-i) = \frac{n-1}{2}$$

这说明在线性表上做删除一个元素运算时大约需要移动表中一半的元素，显然该算法的时间复杂度为 $O(n)$。

3. 顺序表上按值查找元素

线性表中的按值查找是指在线性表中查找与给定值 x 相等的数据元素。在顺序表中完成该运算最简单的方法是：从第一个元素 a_1 起依次和 x 比较，直到找到一个与 x 相等的数据元素，则返回它在顺序表中的存储下标或序号；或者查遍整个表都没有找到与 x 相等的元素，返回 -1。

【算法 2.1】 按值查找。

```
int SearchList(SqList sql, elementtype x)
{
    int i = 1;          /* i 为扫描计数器,初值为 1,即从第一个元素开始比较,seq.s[0]闲置不用 */
    while((i <= sql.len)&&(sql.s[i]!= x))
        i++;            /* 顺序扫描表,直到找到值为 x 的元素,或扫描到表尾而没找到 */
    if  (i <= sql.last)
        return (i);     /* 若找到值为 x 的元素,则返回其序号 */
    else
        return (-1)/* 若没找到,则返回空序号 */
}
```

本算法的主要运算时间比较：

显然比较的次数与 x 在表中的位置有关，也与表长有关。当 $a_1 = x$ 时，比较一次成功。当 $a_n = x$ 时比较 n 次成功。平均比较次数为 $(n+1)/2$，时间复杂度为 $O(n)$。

2.4 应用举例及分析

例 2.1 有顺序表 A 和 B，其元素均按从小到大的升序排列，编写算法将它们合并成一个顺序表 C，要求 C 的元素也是从小到大的升序排列。

算法思路：依次扫描 A 和 B 的元素，比较当前的元素的值，将较小值的元素赋给 C，如此直到一个线性表扫描完毕，然后将未完的那个顺序表中余下部分赋给 C 即可。C 的容量要能够容纳 A、B 两个线性表相加的长度。

【算法 2.2】 有序表的合并。

```
void merge(SeqList A, SeqList B, SeqList * C)
{
    int i = 0, j = 0, k = 0;
    while(i <= A. len&&j <= B. len)
        if(A. s[i]<B. s[j])
            C->s[k++] = A. s[i++];
        else
            C->s[k++] = B. s[j++];
    while(i <= A. len)
        C->s[k++] = A. s[i++];
    while (j <= B. len)
        C->s[k++] = B. s[j++];
    C->len = k - 1;
}
```

例 2.2 将顺序表 $(a_1, a_2, \cdots, a_n)$ 重新排列为以 a_1 为界的两部分：a_1 前面的值均比 a_1 小，a_1 后面的值都比 a_1 大（这里假设数据元素的类型具有可比性，不妨设为整型），操作前后如图 2.5 所示。这一操作称为划分，a_1 称为基准。

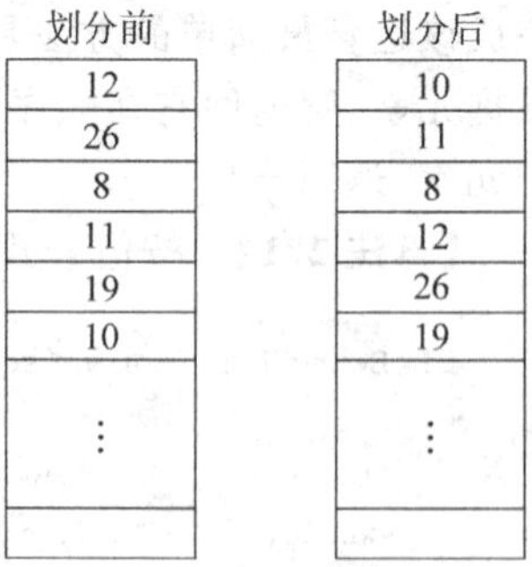

划分的方法有多种，下面介绍的划分算法其思路简单，性能较差。

算法思路：

从第二个元素开始到最后一个元素，逐一向后扫描：

（1）当前数据元素 a_i 比 a_1 大时，表明它已经在 a_1 的后面，不必改变它与 a_1 之间的位置，继续比较下一个。

（2）当前元素若比 a_1 小，说明它应该在 a_1 的前面，此时将它上面的元素都依次向下移动一个位置，然后将它置入最上方。

划分前	划分后
12	10
26	11
8	8
11	12
19	26
10	19
⋮	⋮

图 2.5　顺序表的划分示意图

【算法 2.3】 顺序表的划分。

```
void part(SeqList * L)
{
    int i,j;
    Elemtype x,y;
    x=L->data[0];                    /* 将基准置入 x 中 */
    for(i=1;i<=L->last;i++)
        if(L->data[i]<x)             /* 当前元素小于基准 */
        {
            y = L->data[i];
            for(j=i-1;j>=0;j--)      /* 移动 */
                L->data[j+1]=L->data[j];
            L->data[0] = y;
        }
}
```

本算法中,有两重循环,外循环执行 $n-1$ 次,内循环中移动元素的次数与当前数据的大小有关,当第 i 个元素小于 a_1 时,要移动它上面的 $i-1$ 个元素,再加上当前节点的保存及置入,所以移动 $i-1+2$ 次,在最坏情况下,a_1 后面的节点都小于 a_1,故总的移动次数为

$$\sum_{i=2}^{n}(i-1+2) = \sum_{i=2}^{n}(i+2) = \frac{n*(n+3)}{2}$$

即最坏情况下移动数据时间性能为 $O(n^2)$。

上 机 实 训

线性表的顺序存储结构

1. 实验目的

(1) 熟悉 C 语言的上机环境,进一步掌握 C 语言的结构特点;

(2) 掌握线性表的顺序存储结构的定义及 C 语言实现;

(3) 掌握线性表在顺序存储结构即顺序表中的各种基本操作。

2. 实验内容

顺序线性表的建立、插入及删除。

3. 实验步骤

(1) 建立含 n 个数据元素的顺序表并输出该表中各元素的值及顺序表的长度;

(2) 利用前面的实验先建立一个顺序表 $L=\{21,23,14,5,56,17,31\}$,然后在第 i 个位置插入元素 68。

4. 实现提示

(1) 由于 C 语言的数组类型也有随机存取的特点,一维数组的机内表示就是顺序结构。因此,可用 C 语言的一维数组实现线性表的顺序存储。

在此,我们利用 C 语言的结构体类型定义顺序表:

```
#define MAXSIZE  1024
typedef  int  elemtype;              /*  线性表中存放整型元素  */
typedef struct
{
    elemtype vec[MAXSIZE];
    int len;                         /*  顺序表的长度  */
}sequenlist;
```

将此结构定义放在一个头文件 sqlist.h 里,可避免在后面的参考程序中代码重复书写。另外在该头文件里给出顺序表的建立及常量的定义。

(2) 注意如何取到第 i 个元素,在插入过程中注意溢出情况以及数组的下标与位序(顺序表中元素的次序)的区别。

5. 思考与提高

如果按由表尾至表头的次序输入数据元素,应如何建立顺序表?

习　题

1. 名词解释

(1) 线性表;

(2) 顺序表。

2. 判断题(下列各题,正确的请在前面的括号内打√;错误的打×)

(　　)(1) 线性表中的元素可以是各种各样的,但同一线性表中的数据元素具有相同的特性,因此属于同一数据对象。

(　　)(2) 在线性表的顺序存储结构中,逻辑上相邻的两个元素在物理位置上并不一定紧邻。

(　　)(3) 在线性表的顺序结构中,插入和删除元素时,移动元素的个数与该元素的位置有关。

(　　)(4) 顺序存储方式的优点是存储密度大,插入、删除效率高。

(　　)(5) 顺序存储的线性表可以实现随机存取。

3. 填空题

(1) 顺序表中逻辑上相邻的元素在物理位置上_____相连。

(2) 线性表中节点的集合是_____,节点间的关系是_____。

(3) 在 n 个节点的顺序表中插入一个节点平均需要移动_____个节点,具体的移动次数取决于_____。

(4) 在 n 个节点的顺序表中删除一个节点平均需要移动_____个节点,具体的移动次数取决于_____。

(5) 在顺序表中访问任意一个节点的时间复杂度均为_____。

4. 单项选择题

(1) 已知一个顺序存储的线性表,设每个节点需占 m 个存储单元,若第一个节点的地址为 da_1,则第 i 个节点的地址为(　　)。

A. $da_1 + (i-1) \times m$ B. $da_1 + i \times m$

C. $da_1 - i \times m$ D. $da_1 + (i+1) \times m$

（2）在 n 个节点的顺序表中，算法的时间复杂度是 $O(1)$ 的操作是（   ）。

A. 访问第 i 个节点（$1 \leqslant i \leqslant n$）和求第 i 个节点的直接前驱（$2 \leqslant i \leqslant n$）

B. 在第 i 个节点之后插入一个新节点（$1 \leqslant i \leqslant n$）

C. 删除第 i 个节点（$1 \leqslant i \leqslant n$）

D. 将 n 个节点从小到大排序

（3）在线性表中（   ）只有一个直接前驱和一个直接后继。

A. 首元素   B. 中间元素   C. 尾元素   D. 所有元素

5. 程序设计题

（1）将一个顺序表中从第 i 个节点开始的 k 个节点删除。

（2）已知一顺序表 A，表中都是不相等的整数。设计一个算法，把表中所有的奇数移到所有的偶数前面去。

第3章 链 表

本章内容概要:

链式存储结构相对于顺序存储结构的最大不同是:数据元素的逻辑结构和存储结构相互独立,物理位置上相邻的元素在逻辑关系上不一定是相邻的,我们将链式存储的线性表称为链表。本章详细介绍线性表的链式存储结构及其各种操作的实现,主要为单链表、带头节点单链表、循环单链表、双向链表等。

3.1 内存动态分配

在第 2 章我们曾经提过内存动态分配是在运行阶段才向操作系统要求分配内存空间,比内存静态分配更能够灵活运用有限的内存空间。

至于如何分配内存空间,在 C 语言提供两个重要函数 malloc()和 free(),可以分别分配和释放内存空间。

3.1.1 函数 malloc()

C 语言的函数 malloc()可以在每一次调用时,取得一块可用的内存空间。其使用格式如下所示:

```
void * malloc(unsigned int size)
```

上述函数的参数 size 表示所需的内存空间大小,单位是字节。如果分配 size 的内存空间,函数将输入第一个字节的指针。此时程序需要另外加上类型转换,将函数输入的指针转换成符合分配的数据类型,其用法如下所示:

```
fp = (数据类型 * ) malloc(sizeof(数据类型))
```

上述分配内存命令内的数据类型包括整型、字符型、浮点数等 C 语言基本数据类型和结构数据类型;至于数组类型则略有不同,在后面会详细讨论。例如:分配一个浮点数的内存空间,其分配命令如下所示:

```
fp = (float * ) malloc(sizeof(float))
```

上述程序代码将会分配一块浮点数的内存空间,而 fp 是一个浮点数指针。经过类型转换后,函数 malloc()可以输入一浮点内存指针且将它指派给指针 fp。

此外需要注意的是如果内存空间不足,函数 malloc()将会分配失败而输入一个空指针。程序代码必须确定内存分配成功,即输入有效的指针值。接着才能运用这块内存,否则将和数组结构的界限问题(超出数组长度)一样,产生程序的错误。

程序 3-1 就是使用 malloc()来分配浮点数内存,函数 sizeof()计算浮点占用的内存空间,在此不直接使用值 4 是为了程序易于转移到其他不同的系统,并且在维护上也比较简单。程序中用一个 if 条件来检查分配是否成功。

【程序 3-1】

```
/* =============================== */
/*    程序实例: 3 - 1.c              */
/*    使用 malloc()来分配浮点数内存    */
/* =============================== */
# include < stdlib.h >
int main()
{
    float * fp;                          /* 浮点指标声明       */
    fp = (float * ) malloc(sizeof(float));   /* 分配浮点数内存 */
    if (!fp)                             /* 检查指针          */
    {
        printf("内存分配失败! \n");
        exit(1);
    }
    * fp = 3.1415926;                    /* 设置变量值         */
    printf("圆周率: %10.8f \n", * fp);    /* 输出结果          */
    return 0;
}
```

程序运行结果:

圆周率: 3.14159250

除了单一变量外,我们同样可以分配一整块连续的内存空间当作数组结构来使用。这时我们只需声明一个数组元素类型的指针即可。程序 3-2 实现计算英语平均成绩,就是这一方法的应用,这个程序一直等到输入学生人数后,才真正分配内存空间,有多少学生分配多少空间,其长度就是 num * sizeof(int)。

【程序 3-2】

```
/* =============================== */
/*    程序实例: 3 - 2.c              */
/*    计算英语平均成绩(动态内存分配)     */
/* =============================== */
# include < stdlib.h >

void main()
{
    int * score;                         /* 整型指标声明 */
    int i;
    int num;                             /* 学生人数     */
```

```
    int sum;                                    /* 成绩总分变量 */
    float ave;                                  /* 平均成绩变量 */

    sum = 0;                                     /* 设置总分初值 */
    printf("请输入学生人数 ==> ");
    scanf(" % d", &num);                         /* 读取学生人数 */
    /* 分配成绩数组的内存 */
    score = (int * ) malloc(num * sizeof(int));
    if (!score)                                  /* 检查指针      */
    {
        printf("内存分配失败! \n");
        exit(1);
    }

    for (i = 0; i < num; i++)
    {
        printf("请输入英语成绩. ==> ");
        scanf(" % d", &score[i]);                /* 读取英语成绩 */
        sum += * (score + i);                    /* 计算总分      */
    }

    ave = (float) sum / (float) num;             /* 计算平均分 */
    printf("平均成绩: % 6.2f \n",ave);
}
```

程序运行结果:

```
请输入学生人数 ==> 4
请输入英语成绩. ==> 75
请输入英语成绩. ==> 80
请输入英语成绩. ==> 92
请输入英语成绩. ==> 81
平均成绩:  82.00
```

同样地,我们也可以使用内存动态分配结构数组的内存空间,程序 3-3 就是使用内存动态分配方法分配程序 3-2 的结构数组的程序实例。

【程序 3-3】

```
/* ==================================== */
/*     程序实例: 3 - 3.c                  */
/*     计算各科平均成绩(内存动态分配)        */
/* ==================================== */
# include < stdlib. h >

void main()
{
    struct grade                                /* 成绩结构声明      */
    {
```

```
        int math;                                /* 数学成绩         */
        int english;                             /* 英语成绩         */
        int computer;                            /* 计算机成绩         */
    };

    struct grade * student;                      /* 结构数组变量声明 */
    int i;
    int num;                                     /* 学生人数         */
    int m_sum,e_sum,c_sum;                        /* 各科成绩总分变量 */
    float m_ave,e_ave,c_ave;                      /* 各科平均成绩变量 */

    m_sum = e_sum = c_sum = 0;                   /* 总分初值         */
    printf("请输入学生人数 ==> ");
    scanf("%d",&num);                            /* 读取学生人数     */

    student = (struct grade * )                   /* 分配内存         */
        malloc(num * sizeof(struct grade));
    if (!student)                                /* 检查指针         */
    {
        printf("内存分配失败! \n");
        exit(1);
    }

    for (i = 0; i < num; i++)
    {
        printf("学生编号: %d\n",i + 1);
        printf("请输入数学成绩. ==> ");
        scanf("%d",&student[i].math);             /* 读取数学成绩     */
        m_sum + KG - * 2/5] = student[i].math;    /* 计算数学总分     */
        printf("请输入英语成绩. ==> ");
        scanf("%d",&student[i].english);          /* 读取英语成绩     */
        e_sum += student[i].english;              /* 计算英语总分     */
        printf("请输入计算机成绩. ==> ");
        scanf("%d",&student[i].computer);         /* 读取计算机成绩   */
        c_sum += student[i].computer;             /* 计算计算机总分   */
    }

    m_ave = (float) m_sum / (float) num;          /* 计算数学平均     */
    e_ave = (float) e_sum / (float) num;          /* 计算英语平均     */
    c_ave = (float) c_sum / (float) num;          /* 计算计算机平均   */

    printf("数学平均成绩: %6.2f \n",m_ave);
    printf("英语平均成绩: %6.2f \n",e_ave);
    printf("计算机平均成绩: %6.2f \n",c_ave);

}
```

程序运行结果:

```
请输入学生人数  ==> 3
学生编号: 1
请输入数学成绩.  ==> 80
请输入英语成绩.  ==> 85
请输入计算机成绩.  ==> 88
学生编号: 2
请输入数学成绩.  ==> 75
请输入英语成绩.  ==> 82
请输入计算机成绩.  ==> 80
学生编号: 3
请输入数学成绩.  ==> 90
请输入英语成绩.  ==> 80
请输入计算机成绩.  ==> 65
数学平均成绩:  81.67
英语平均成绩:  82.33
计算机平均成绩:  77.67
```

这个程序一直等到输入学生人数后,才进行内存空间分配,其长度是 num * sizeof (struct grade)。

3.1.2 函数 free()

3.1.1 节的所有程序实例都是调用函数 malloc()向系统要求内存空间,但是在使用完后却没有将之释放给系统。函数 free()的功能正好和函数 malloc()相反,可以将分配的内存空间归还。当内存归还后,这块内存空间就可以在下一次调用函数 malloc()时再重新分配。函数 free()的使用格式,如下所示:

```
free(void * fp)
```

上述函数的参数指针 fp 是调用函数 malloc()后所输入的内存指针。其使用方法如下所示:

```
free(fp);
```

上述指针 fp 是一种 C 语言数据类型的指针,或是结构类型。例如,程序 3-4 是将上述命令使用在程序 3-1 的程序实例,此时的指针 fp 是一个浮点数指针。

【程序 3-4】

```
/* ======================================= */
/*     程序实例: 3 - 4.c                      */
/*     浮点数内存分配和释放                    */
/* ======================================= */
#include <stdlib.h>

int main()
{
    float * fp;                              /* 浮点指针声明      */
```

```
    fp = (float * ) malloc(sizeof(float));              /* 分配浮点数内存 */
    if (!fp)                                            /* 检查指针          */
    {
        printf("记忆体配置失败! \n");
        exit(1);
    }

    * fp = 3.1415926;                                   /* 设定变数值        */
    printf("圆周率: %10.8f \n", * fp);                  /* 列出结果          */
    free(fp);                                           /* 释回记忆体空间    */
}
```

程序运行结果:

圆周率: 3.14159250

该程序中 free(fp) 释放了 fp ＝（float ＊）malloc(sizeof(float))所分配的内存空间。

3.2 线性表的链式存储

3.2.1 线性链表

通过第 2 章的学习可以看到,线性表的顺序存储结构的特点是逻辑上相邻的两个数据元素在物理位置上也相邻,它要求用连续的存储单元顺序存储线性表中各数据元素,因此,对顺序表插入、删除时需要通过移动数据元素来实现,消耗时间较多,影响了运行效率。另外,顺序表是用数组来存放线性表中各数据元素的,线性表的最大长度难以确定,必须按线性表最大可能长度分配空间。若线性表长度变化较大时,则使存储空间不能得到充分利用,造成存储空间的"碎片";若存储空间分配过小,又可能导致溢出。为了克服上述缺点,本章介绍线性表的另一种存储方式,即链式存储结构,这是一种动态的数据结构,在程序中使用 malloc() 和 free() 函数创建这种的动态数据结构。它不需要用地址连续的存储单元来实现,因为它不要求逻辑上相邻的两个数据元素物理上也相邻,它是通过"链"建立起数据元素之间的逻辑关系,因此对线性表的插入、删除不需要移动数据元素,但同时也失去了顺序表可随机存取的优点。链表是通过一组任意的存储单元来存储线性表中的数据元素的,为建立起数据元素之间的线性关系,对每个数据元素 a_i,除了存放数据元素的自身的信息 a_i 之外,还需要和 a_i 一起存放其后继 a_{i+1} 所在的存储单元的地址,这两部分信息组成一个"节点 (Node)",节点的结构如图 3.1 所示,每个元素都如此。即节点包含两个域,存放数据元素信息的域称为数据域,存放其后继元素地址的域称为指针域。因此,n 个数据元素的线性表通过每个节点的指针域拉成了一个"链条",称之为链表。由于此链表的每个节点中只有一个指向其后继节点的指针域,所以称其为线性链表或单链表。

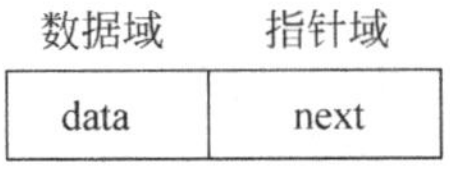

数据域	指针域
data	next

图 3.1 线性链表的节点结构

链表是由一个个节点构成的,在 C 语言中可以用结构体类型定义链表的节点:

```
typedef struct node
{
 Datatype   data;                    /* 数据域,Datatype 可以为任意类型数据 */
 struct node * next;                 /* 指针域 */
}NODE;
```

由于单链表中每个节点的存储地址是存放在其前驱节点的指针域中的,而第一个节点无前驱,因而应设一个头指针 head 指向第一个节点。同时,由于单链表的最后一个数据元素没有直接后继,因此单链表中的最后一个节点的指针为"空"(NULL),这样对于整个链表的存取必须从头指针开始。设有线性表$(a_1,a_2,a_3,a_4,a_5,a_6)$,采用线性链表结构进行存储,其链式存储结构示意图如图 3.2 所示。当链表为空时,则表头指针为空。

存储地址	数据域	指针域
2000	a_1	1400
1400	a_2	2600
2600	a_3	1800
1800	a_4	1000
1000	a_5	2400
2400	a_6	NULL

头指针head 2000

(a)线性链表的存储结构

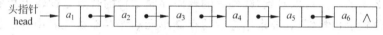

(b)线性链表的逻辑结构

图 3.2   线性链表结构

有时为了方便,人为地在存储第一个数据元素的节点(首元节点)前增设一个类型相同的节点(被称为头节点),该节点的数据域可以为空,也可存放链表节点个数的信息,指针域中存储线性链表的第一个数据元素所在的节点(首元节点)的存储地址。如果线性表为空表,则头节点的指针域为空,如图 3.3(a)和图 3.3(b)所示。

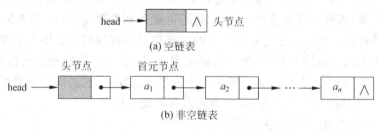

(a) 空链表

(b) 非空链表

图 3.3   带头节点的单链表

▲思考   头节点与首元节点有何不同? 使用头节点有何好处(后面有分析)?

关于头指针、头节点和首元节点:

(1) 头指针——指向链表中第一个节点(头节点或无头节点时的首元节点)的指针。

(2) 头节点——在首元节点之前增设的一个节点,该节点不计入链表长度。

（3）首元节点——在链表中，存储第一个数据元素（a_1）的节点。

3.2.2 单链表上的基本运算

1. 基本单链表的创建

表 3.1 是一张学生信息表，每个学生的信息包括学号、姓名和地址三项数据。由于转学、退学等原因，名单内容常常会更改，所以我们使用链表的数据结构输出学生信息表。这样就可以很容易地插入、删除或修改其中的部分名单。

表 3.1　学生信息表

学　　号	姓　　名	地　　址
1001	张三	北京市朝阳区建国路 25 号
1002	李四	遵义市延安路 314 号
1003	王五	上海市浦东区 425 号信箱
1004	李明	天津市河西区广西路 65 号
1005	王毛	青岛市新开路 254 信箱
1006	周兴	贵阳市金阳区 258 号信箱

首先我们必须决定组成链表的结构体，基本上动态数据结构体至少包含两种不同的字段声明，其中一个字段是指向同一结构体类型的指针，另外则是存放数据的基本数据类型。如表 3.1 所示，将每个学生的信息记录视为一个节点，在 C 语言中可以定义链表的节点如下：

```
struct llist                        /* 链表结构体声明          */
{
    int num;                        /* 学生学号                */
    char name[10];                  /* 学生姓名                */
    char address[50];               /* 学生地址                */
    struct llist * next;            /* 指向下一节点的指针(指针域) */
};
typedef struct llist node;          /* 定义新类型              */
typedef node * llink;               /* 定义新类型指针           */
```

这里定义的数据结构体共包含四项字段，一个指向同一结构体类型的指针，其他字段分别存储学号、姓名和地址。

在运行上述声明的结构体后，llink 就成为了一个动态指针结构体，其余的数据字段项就视为此结构的 data 数据项，其结构图形如图 3.4 所示。

图 3.4　llink 结构图形

上述的 data 是一个整型和两个字符串，next 是一个指针变量，指向相同结构体类型 llist 的数据地址。如果是最后一个元素，没有下一个元素，next 箭头符号指向的值就是 NULL，NULL 代表链表的结尾。

现在将如表 3.1 所示的学生信息表创建成链表，并且将学号输出。但是为了简化程序代码，只使用学号和姓名来创建此结构，如程序 3-5 所示。

【程序 3-5】

```
/* ========================================= */
/*    程序实例: 3-5.c                        */
/*    基本链表的建立                          */
/* ========================================= */
# include < stdlib. h>

struct llist                                  /* 链表结构体声明     */
{
    int num;                                  /* 学号              */
    char name[10];                            /* 姓名              */
    struct llist * next;                      /* 指向下一节点        */
};
typedef struct llist node;                    /* 定义新类型          */
typedef node * llink;                         /* 定义新类型指针       */

void main()
{
    llink head;                               /* 链表的开始指针       */
    llink ptr;
    int i;

    head = (llink) malloc(sizeof(node));      /* 分配内存 */
    if (!head)                                /* 检查指针            */
    {
        printf("内存分配失败! \n");
        exit(1);
    }
    head -> next = NULL;                      /* 设置指针初值         */
    ptr = head;                               /* 将 ptr 指向链表开始 */
    printf("输入 6 个学生信息:\n");

    for (i = 0; i < 6; i++)                   /* 循环建立其他节点     */
    {
        printf("请输入学号 ==> ");
        scanf("%d",&ptr->num);                /* 读取学号            */
        printf("请输入学号(%d)的姓名 ==>",ptr->num);
        scanf("%s",ptr->name);                /* 读取姓名            */
        ptr -> next = (llink) malloc(sizeof(node));
        if (!ptr->next)
        {
            printf("内存分配失败! \n");
            exit(1);
        }
        ptr -> next -> next = NULL;           /* 设置指针初值         */
        ptr = ptr -> next;                    /* 指向下一节点         */
    }

    printf("学生信息:\n");                     /* 输出数据内容         */
```

```
        ptr = head;                          /* 将 ptr 指向链表开始 */
        for (i = 0; i < 6; i++)              /* 循环输出          */
        {
            printf("学号: % d\n",ptr->num);
            printf("  姓名: % s\n",ptr->name);
            ptr = ptr->next;                 /* 指向下一节点       */
        }
    }
```

程序运行结果：

```
输入 6 个学生信息:
请输入学号 ==> 1001
请输入学号(1001)的姓名 ==> 张三
请输入学号 ==> 1002
请输入学号(1002)的姓名 ==> 李四
请输入学号 ==> 1003
请输入学号(1003)的姓名 ==> 王五
请输入学号 ==> 1004
请输入学号(1004)的姓名 ==> 李明
请输入学号 ==> 1005
请输入学号(1005)的姓名 ==> 王毛
请输入学号 ==> 1006
请输入学号(1006)的姓名 ==> 周兴
学生信息:
学号: 1001
  姓名: 张三
学号: 1002
  姓名: 李四
学号: 1003
  姓名: 王五
学号: 1004
  姓名: 李明
学号: 1005
  姓名: 王毛
学号: 1006
  姓名: 周兴
```

这个程序运行结果图中的数据域中我们仅保留学号，运行结束后，整个链表结构如图 3.5 所示。

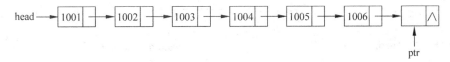

图 3.5　整个链表结构图

此时读者一定会觉得很奇怪？总共只有 6 个节点的数据，怎么分配了 7 个节点的内存空间。这是因为程序 3-5 总共运行 7 次 malloc()函数，造成这种错误的原因是因为没有独立处理链表结构的第一个节点。

因为链表结构的第一个节点总是链表操作的特例,在程序中必须特别注意和处理它与其他节点的差异。在本章的后部分我们将采用建立带头节点的单链表来解决这一问题。

2. 建立带头节点的单链表

(1)在链表的头部插入节点建立单链表。

链表与顺序表不同,它是一种动态管理的存储结构,链表中的每个节点占用的存储空间不是预先分配,而是运行时系统根据需求而生成的。因此建立单链表从一个空表开始,每读入一个数据元素则新申请一个节点,将读入的数据存放到新节点的数据域中,然后将新节点插入到当前链表的头节点之后,直至读入结束标志为止,因为是在链表的头部插入,读入数据的顺序和线性表中的逻辑顺序是相反的。在链表的头部插入节点建立链表的过程如下:

① 申请存储单元,用 C 语言的动态分配库函数 malloc(sizeof(NODE))得到。

② 读入新节点的数据,新节点的指针域初始化为空。

③ 把新节点链接到链表的头部上去。

重复以上步骤,直到将所有节点都链接到链表上为止,图 3.6 给出了在空链表 head 中依次插入 9,8,7 之后,将 6 插入到当前链表表头上的情况。

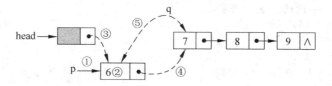

图 3.6　将节点 * p 插到单链表头节点后面

【程序 3-6】

```
/* ========================================== */
/*     程序实例: 3 - 6.c                        */
/*     在链表的头部插入节点建立单链表              */
/* ========================================== */
# include < malloc.h>
# include < stdio.h>
typedef struct node
{
    int data;
    struct node * next;
}NODE;

NODE * create()              /*此函数采用头插法建立单链表,并返回一个指向链表表头的指针 */
{
    NODE * head, * q, * p;                    /* 定义指针变量 */
    char ch;
    int a;
    head = (NODE *)malloc(sizeof(NODE));      /* 申请新的存储空间,建立头节点 */
    head -> next = NULL;
    q = head -> next;
```

```
        ch = ' * ';
        printf("\n用头插法建立单链表,请输入链表数据,以?结束!\n");
        while(ch!= '?')                    /* "ch"为是否建立新节点的标志,若"ch"为"?"则输入结束 */
        {
            scanf("%d",&a);                       /* 输入新元素 */
            p = (NODE * )malloc(sizeof(NODE));    /* 对应图 3.6 中的① */
            p -> data = a;                        /* 对应图 3.6 中的② */
            head -> next = p;                     /* 对应图 3.6 中的③ */
            p -> next = q;                        /* 对应图 3.6 中的④ */
            q = p;                                /* 对应图 3.6 中的⑤ */
            ch = getchar();                       /* 读入输入与否的标志 */
        }
        return(head);                             /* 返回表头指针 head */
}


main()
{
    NODE * a;
    a = create();
    printf("输出单链表元素: ");
    a = a -> next;
    while(a!= NULL)
    {
        printf("%d ",a -> data);                  /* 输出链表各元素 */
        a = a -> next;
    }
}
```

程序运行结果:

用头插法建立单链表,请输入链表数据,以?结束!
9 8 7 6?(回车)
输出单链表元素:6 7 8 9

在调用建立单链表的子程序中,显示的结果为依次输入的合理数据的逆序。

(2) 在线性链表的尾部插入节点建立线性链表。

头部插入节点(头插法)建立线性链表虽然算法简单,但读入的数据元素的顺序与生成的链表中元素的顺序是相反的,若希望二者一致,可采用尾插法建表。该方法每次将新节点插入到当前单链表的尾部,为此需增加一个尾指针 q,使之指向当前单链表的表位,以便能够将新节点插入到链表的尾部。在链表的尾部插入节点建立链表的过程如下:

① 申请存储单元,用 C 语言的动态分配库函数 malloc(sizeof(NODE))得到。

② 读入新节点的数据,新节点的指针域为空。

③ 把新节点链接到链表的尾部上去。

重复以上步骤,直到将所有节点都链接到链表上为止,图 3.7 给出了在空链表 head 中插入 6,7,8 之后,将 9 插到当前链表表尾上的情况。

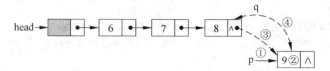

图 3.7　将节点 * p 插入到单链表尾节点后

【程序 3-7】

```
/* ========================================= */
/*      程序实例: 3 - 7.c                      */
/*      在链表的尾部插入节点建立单链表           */
/* ========================================= */
# include < malloc. h >
# include < stdio. h >
typedef struct node
{
    int data;
    struct node * next;
}NODE;

NODE * create()   /* 此函数采用尾插入方式建立单链表,并返回一个指向链表表头的指针 */
{
    NODE * head, * q, * p;                      /* 定义指针变量 */
    char ch;
    int a;
    head = (NODE * )malloc(sizeof(NODE));        /* 申请新的存储空间,建立头节点 */
    q = head;
    ch = ' * ';
    printf("\n 用尾插法建立单链表,请输入链表数据,以?结束!\n");
    while(ch!= '?')   /* "ch"为是否建立新节点的标志,若"ch"为"?"则输入结束 */
    {
        scanf(" % d",&a);                       /* 输入新元素 */
        p = (NODE * )malloc(sizeof(NODE));       /* 对应图 3.7 中的① */
        p - > data = a;                          /* 对应图 3.7 中的② */
        q - > next = p;                          /* 对应图 3.7 中的③ */
        q = p;                                   /* 对应图 3.7 中的④ */
        ch = getchar();                          /* 读入输入与否的标志 */
    }
    q - > next = NULL;
    return(head);                               /* 返回表头指针 head */
}
main()
{
    int i;
    NODE  * a;
    a = create();
    printf("输出单链表元素: ");
    a = a - > next;
    while(a!= NULL)
```

```
    {
        printf("%d",a->data);     /*输出链表各元素*/
        a=a->next;
    }
}
```

程序运行结果:

用尾插法建立单链表,请输入链表数据,以?结束!
6 7 8 9?(回车)
输出单链表元素:6 7 8 9

在调用建立单链表的子程序中,显示的结果为依次输入的合理数据。

分析尾部插入节点(尾插法)建立线性链表的过程可见,在一般情况下,无论是带头节点还是不带头节点的单链表,插入一个元素对应的指针操作是

```
q->next=p;
q=p;
```

对于带头节点的单链表,当单链表为空链表(此时 q＝head 且 head->next＝NULL)又是插入第一个节点时,对应的指针操作是

```
head->next=p;
q=p;
```

可见操作与一般情况是一致的。

而对于不带头节点的单链表,当单链表为空链表时(此时 head＝NULL,q＝NULL),尾插法插入第一个节点的指针操作是

```
head=p;
q=p;
```

可见对不带头节点单链表,若单链表为空链表而又是插入第一个元素时是一种比较特殊的情形。为了使链表上有些操作实现起来简单、清晰,通常在链表的第一个节点之前增设一个类型相同的称之为头节点的节点,并将首元节点的存储地址存放在头节点的指针域中。带头节点的链表通常有两个优点:第一,可使表中所有元素节点的地址均放在前驱节点中,算法对所有元素节点的处理可一致化;第二,无论链表是否为空,头指针均指向头节点,给算法的处理带来方便。

▲思考　如何实现用头插法和尾插法建立不带头节点的单链表?

3. 单链表中节点的查找操作

1) 按序号查找

在单链表中,由于每个节点的存储位置都放在其前一节点的 next 域中,因而即使知道被访问节点的序号 i,也不能像顺序表那样直接按序号 i 访问一维数组中的相应元素,实现随机存取,而只能从链表的头指针出发,顺链域 next 逐个节点往下搜索,直至搜索到第 i 个节点为止。

设带头节点的单链表的长度为 n,要查找表中第 i 个节点,则需要从单链表的头指针

head 出发,从头节点(head->next)开始顺着链域扫描,用指针 p 指向当前扫描到的节点,初值指向头节点,用 j 做计数器,累计当前扫描过的节点数(初值为 0),当 $j=i$ 时,指针 p 所指的节点就是要找的第 i 个节点。

【程序 3-8】

```
/* ==================================== */
/*      程序实例:3-8.c                   */
/*      在带头节点的单链表 head 中查找第 i 个节点  */
/* ==================================== */
#include<stdio.h>
#include<malloc.h>
typedef struct node                          /*定义节点的存储结构*/
{
    int data;
    struct node * next;
}NODE;

NODE * create()                /*采用尾插法建立单链表,并返回一个指向链表表头的指针*/
{
    NODE * head, * q, * p;                     /*定义指针变量*/
    char ch;
    int a;
    head = (NODE * )malloc(sizeof(NODE));       /*申请新的存储空间,建立头节点*/
    q = head;
    ch = '*';
    printf("\n用尾插法建立单链表,请输入链表数据,以?结束!");
    while(ch!= '?')            /*"ch"为是否建立新节点的标志,若"ch"为"?"则输入结束*/
    {
        scanf("%d",&a);                        /*输入新元素*/
        p = (NODE * )malloc(sizeof(NODE));
        p->data = a;
        q->next = p;
        q = p;
        ch = getchar();                        /*读入输入与否的标志*/
    }
    q->next = NULL;
    return(head);                              /*返回表头指针 head*/
}

NODE * find(NODE * head, int i)               /*在已知链表中查找给定的位置 i*/
{
    int j = 1;
    NODE * p;
    p = head->next;
    while((p!= NULL)&&(j<i))                   /*未到表尾且未找到给定数据*/
    {
        p = p->next;                           /*指向下一个元素*/
        j++;
    }
```

```
        return(p);
}

main()                                    /* 主程序 */
{
    int i;
    NODE * a, * b;
    a = create();
    printf("输入查找位置: ");
    scanf(" % d",&i);
    b = find(a,i);
    if(b!= NULL)
    {
        printf("找到的元素为: ");
        printf(" % 5d",b->data);          /* 查找成功 */
    }
    else
        printf("没有该元素!");            /* 查找失败 */
}
```

程序运行结果:

```
用尾插法建立单链表,请输入链表数据,以?结束!
5 6 7 8 9?(回车)
输入查找位置:3(回车)
找到的元素为: 7
```

2) 按值查找

按值查找是指在单链表中查找是否存在数据域的值为给定的值(如整数 x)的节点,若存在,则返回该节点的位置,否则返回 NULL。查找过程从单链表的头指针指向的头节点出发,顺着单链表逐个将节点的值和给定值做比较。

【程序 3-9】

```
/* ======================================= */
/*      程序实例:3-9.c                      */
/*      在带头节点的单链表 head 中按值查找元素    */
/* ======================================= */
# include < stdio. h >
# include < malloc. h >
typedef struct node                        /* 定义节点的存储结构 */
{
    int data;
    struct node * next;
}NODE;

NODE * create()                   /* 采用尾插法建立单链表,并返回一个指向链表表头的指针 */
```

```
{
    NODE * head, * q, * p;                              /*定义指针变量*/
    char ch;
    int a;
    head = (NODE * )malloc(sizeof(NODE));               /*申请新的存储空间,建立头节点*/
    q = head;
    ch = ' * ';
    printf("\n用尾插法建立单链表,请输入链表数据,以?结束!\n");
        while(ch!= '?')         /*"ch"为是否建立新节点的标志,若"ch"为"?"则输入结束*/
        {
            scanf(" % d",&a);                           /*输入新元素*/
            p = (NODE * )malloc(sizeof(NODE));
            p - > data = a;
            q - > next = p;
            q = p;
            ch = getchar();                             /*读入输入与否的标志*/
        }
        q - > next = NULL;
        return(head);                                   /*返回表头指针 head*/
}

NODE * locate(NODE * head,int x)                        /*在已知链表中查找给定的值 x*/
{
    NODE  * p;
    p = head - > next;
    while((p!= NULL)&&(p - > data!= x))                 /*未到表尾且未找到给定数据*/
        p = p - > next;                                 /*指向下一个元素*/
    return(p);
}

main()                                                  /*主程序*/
{
    int y;
    NODE  * a, * b;
    a = create();
    printf("输入要查找的元素: ");
    scanf(" % d",&y);
    b = locate(a,y);
    if(b!= NULL)
    {
        printf("找到的元素为: ");
        printf(" % 5d",b - > data);                     /*查找成功*/
    }
    else
        printf("查找的元素不存在!");                     /*查找失败*/
}
```

程序运行结果：

用尾插法建立单链表,请输入链表数据,以?结束!
1 2 3 4 5?(回车)
输入要查找的元素：5(回车)
找到的元素为：5

4. 单链表上的插入操作

假设要在线性表的两个元素 a 和 b 之间插入一个数据元素 x,p 为指向节点 a 的指针。为了插入数据元素 x,首先要生成一个数据域为 x 的新节点,q 为指向新增节点的指针。其过程如下：

（1）找到要插入元素的位置。

（2）新建一个新节点 q,将 x 值赋给 q->data。

（3）修改相关节点的指针域。

插入节点时的指针变化如图 3.8 所示。

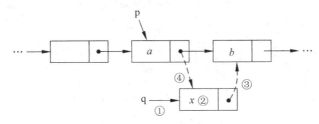

图 3.8　插入节点时的指针变化

【程序 3-10】

```
/ * ==================================== * /
/ *    程序实例：3 - 10.c                    * /
/ *    在带头节点的单链表 head 中插入元素       * /
/ * ==================================== * /
# include < stdio.h >
# include < malloc.h >
typedef struct node                    / * 定义节点的存储结构 * /
{
    int data;
    struct node * next;
}NODE;

NODE * create()                /* 采用尾插法建立单链表,并返回一个指向链表表头的指针 * /
{
    NODE * head, * q, * p;            / * 定义指针变量 * /
    int a,n;
    head = (NODE * )malloc(sizeof(NODE));  / * 申请新的存储空间,建立头节点 * /
    q = head;
    printf("\n 输入单链表的长度值 n: ");
    scanf("% d",&n);                / * 输入单向链表节点个数 * /
```

```
        if(n>0)                                  /*若 n<=0,建立仅含头节点的空表*/
        {
            printf("输入单链表的%d个元素: ",n);
            while(n>0)
            {
                scanf("%d",&a);                  /*输入新元素*/
                p=(NODE*)malloc(sizeof(NODE));
                p->data=a;
                q->next=p;
                q=p;
                n--;
            }
        }
        q->next=NULL;
        return(head);                            /*返回表头指针 head*/
}

void insert(NODE * p,int x)                       /*在链表的 p 节点位置后插入给定元素 x*/
{
    NODE * q;
    q=(NODE*)malloc(sizeof(NODE));               /*对应图 3.8 中的①*/
    q->data=x;                                    /*对应图 3.8 中的②*/
    q->next=p->next;                              /*对应图 3.8 中的③*/
    p->next=q;                                    /*对应图 3.8 中的④*/
}

main()                                            /*主程序*/
{
    int x,position;                              /*x 为将插入的元素,position 为插入位置的序号*/
    int i=0,j=0;
    NODE * c,* d;
    c=create();                                  /*建立单向链表*/
    d=c->next;
    while(d!=NULL)                               /*统计单向链表中节点数,置 j 中*/
    {
        d=d->next;
        j++;
    }
    d=c;
    do
    {
        printf("输入插入元素的位置: ");
        scanf("%d",&position);                   /*position 可为 0,表示头节点*/
    }
    while((position>j)||position<0);            /*position 值超过单向链表节点数,重新输入*/
    printf("输入插入元素的值: ");
    scanf("%d",&x);
    while(i!=position)                           /*由 position 值确定其在单向链表中的位置 d*/
    {
        d=d->next;
```

```
            i++;
        }
    insert(d,x);
    printf("输出插入元素后的单链表: ");
    while(c->next!= NULL)/*输出插入 x 后的单向链表各元素*/
    {
        c = c->next;
        printf("%5d",c->data);
    }
}
```

程序运行结果：

```
输入单链表的长度值 n: 5(回车)
输入单链表的 5 个元素: 5 6 7 8 9(回车)
输入插入元素的位置: 3(回车)
输入插入元素的值: 33(回车)
输出插入元素后的单链表: 5   6   7   33   8   9
```

▲思考　本程序建立带头节点的函数 create()既可建立非空链表,也可以建立仅带头节点的空表,与前面几个程序的 create()函数有何不同之处? 请读者思考。

▲思考　图 3.8 中的步骤①②③④能否变换? 为什么?

▲思考　本程序是在元素 a 之后插入元素 x,请思考如何实现在元素 a 之前实现插入元素 x。

5. 单链表上的删除操作

如图 3.9 所示,要删除数据元素 a 和 b 中间的数据元素 x,并由系统收回其占用的存储空间,仅需要修改数据元素 a 所在节点的指针域。其过程如下：

(1) 设定两个指针 p 和 q,p 指针指向被删除节点,q 为跟踪指针,指向被删除节点的直接前驱节点。

(2) p 从头指针 head 指向的第一个节点开始依次向后搜索。当 p->data 等于 x 时,被删除节点找到。

(3) 修改 p 的前驱节点 q 的指针域,使 p 节点被删除,然后释放存储空间。

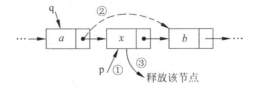

图 3.9　线性链表中删除节点时指针的变化

【程序 3-11】

```
/* ======================================== */
/*    程序实例: 3-11.c                       */
/*    在带头节点的单链表 head 中删除元素      */
```

```c
/* ========================================= */
#include<stdio.h>
#include<malloc.h>
typedef struct node                           /* 定义节点的存储结构 */
{
    int data;
    struct node * next;
}NODE;

NODE * create()                    /* 采用尾插法建立单链表,并返回一个指向链表表头的指针 */
{
    NODE * head, * q, * p;                    /* 定义指针变量 */
    int a, n;
    head = (NODE * )malloc(sizeof(NODE));     /* 申请新的存储空间,建立头节点 */
    q = head;
    printf("\n 输入单链表的长度值 n: ");
    scanf("%d", &n);                          /* 输入单向链表节点个数 */
    if(n>0)                                   /* 若 n<=0,建立仅含头节点的空表 */
    {
        printf("输入单链表的 %d 个元素: ", n);
        while(n>0)
        {
            scanf("%d", &a);                  /* 输入新元素 */
            p = (NODE * )malloc(sizeof(NODE));
            p->data = a;
            q->next = p;
            q = p;
            n--;
        }
    }
    q->next = NULL;
    return(head);                             /* 返回表头指针 head */
}

void delete(NODE * head, int x)               /* 删除链表中的给定元素 x */
{
    NODE  * p, * q;
    q = head;
    p = q->next;
    while((p!= NULL)&&(p->data!= x))          /* 查找要删除的元素 */
    {
        q = p;
        p = p->next;
    }
    if(p == NULL)
        printf("%d 不存在.\n", x);            /* x 节点未找到 */
    else
    {
        q->next = p->next;                    /* 链接 x 直接后继节点 */
```

```
            free(p);                         /* 删除 x 节点,释放 x 节点存储空间 */
        }
    }
    main()                                   /* 主程序 */
    {
        int x;
        NODE * a, * b;
        a = create();
        printf("输入要删除的元素: ");
        scanf("% 5d",&x);
        delete(a,x);
        b = a;
        b = b -> next;
        printf("输出删除元素后的单链表: ");
        while(b!= NULL)
        {
            printf("% 5d",b->data);          /* 输出删除 x 后的单向链表 */
            b = b-> next;
        }
    }
```

程序第一次运行结果(删除成功):

```
输入单链表的长度值 n: 5(回车)
输入单链表的 5 个元素: 1 2 3 4 5(回车)
输入要删除的元素: 4(回车)
输出删除元素后的单链表: 1   2   3   5
```

程序第二次运行结果(删除元素未找到):

```
输入单链表的长度值 n: 5(回车)
输入单链表的 5 个元素: 1 2 3 4 5(回车)
输入要删除的元素: 6(回车)
6 不存在!
输出删除元素后的单链表: 1   2   3   4   5
```

注意,通过学习上面的基本操作可知:

(1) 在单链表上插入、删除一个节点,必须知道其前驱节点。

(2) 单链表不具有按序号随机访问的特点,只能从头指针开始一个个顺序进行。

3.2.3 循环链表

1. 循环链表的特点

循环链表(Circular Linked List)是单链表的另一种形式,它是一个首尾相接的链表。其特点是将单链表最后一个节点的指针域由 NULL 改为指向头节点或线性表中的首元节点,就得到了单链形式的循环链表,并称为循环单链表。在有些应用问题中,用循环单链表可使操作更加方便灵活。在循环单链表中,表中所有节点都被链在一个环上,为了使某些操作实现起来方便,在循环单链表中也可设置一个头节点。这样,空循环链表仅由一个自成循环的头节点表示。带头节点的循环链表如图 3.10 所示。

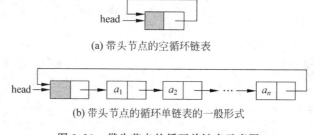

(a) 带头节点的空循环链表

(b) 带头节点的循环单链表的一般形式

图 3.10 带头节点的循环单链表示意图

2. 循环链表上的操作

循环单链表中从任一节点出发均可找到表中其他所有节点。在许多实际问题中,链表的插入和删除等操作主要发生在表的首尾两端,此时采用如图 3.10 所示的循环单链表显得不够方便,主要是不利于查找尾节点。如果改用尾指针 rear 来表示循环单链表,如图 3.11 所示,则查找开始节点 a_1 和终端节点 a_n 都很方便,它们的存储地址分别由 rear 和 rear->next->next 指向。因此通常采用尾指针 rear 来表示循环单链表。循环单链表的操作和带头节点的单链表的操作实现算法基本一致,差别仅在于算法中的循环条件 p!=NULL 或 p->next!=NULL 改为 p->next!=head。

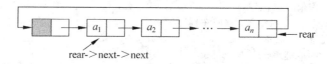

图 3.11 用尾指针 rear 表示的循环单链表的一般形式

在循环单链表中,可以从表中任一节点 p 出发找到它的直接前驱,而不必从头指针 head 出发,其算法如下:

【算法 3.1】 在循环单链表中,从任一节点 p 出发查找其直接前驱的算法。

```
NODE * prior(NODE * p)
{
    NODE * q;
    q = p->next;
    while(q->next!= p)
        q = q->next;
    return(q);
}
```

3.2.4 双向链表

1. 双向链表

循环单链表的出现,虽然能够实现从任一节点出发沿着链找到其前驱节点,但时间耗费是 $O(n)$,因为只能沿一个方向移动指针。如果希望从表中快速确定某一个节点的前驱,另一个解决方法就是在单链表的每个节点里再增加一个指向其前驱的指针域 prior。这样形成的链表中就有两条方向不同的链,称之为双(向)链表(Double Linked List),如图 3.12(b)所示。

显然,双向链表的节点中应该有三个域:一个用来存储数据元素的数据域 data,一个用来存储前驱节点的位置的指针域 prior,还有一个用来存储后继节点的位置的指针域 next,如图 3.12(a)所示。

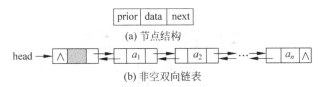

(a) 节点结构

(b) 非空双向链表

图 3.12　带头节点的非空双向链表及其节点结构示意图

和单链表类似,双向链表也是由头指针 head 唯一确定的,增加头节点也能使双向链表上的某些操作变得方便,将头节点和尾节点接起来也能构成循环链表,并称之为双向循环链表,如图 3.13 所示。

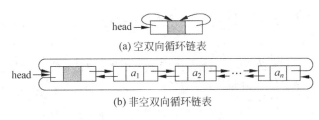

(a) 空双向循环链表

(b) 非空双向循环链表

图 3.13　带头节点的双向循环链表

双向链表用的节点结构用 C 语言中描述如下:

```
typedef int elementtype;          /* 根据需要,elementtype 也可以定义为其他任何类型 */
typedef struct DNode
{
  elementtype data;               //节点数据,数据类型为指向前驱节点和后继节点的指针
  struct DNode * prior, * next;
}DNode, * DoubleList;
```

双向链表是一种对称结构,它克服了单链表上指针单向性的缺点,由于在双向链表中既有前向链又有后向链,因此寻找任一个节点的直接前驱节点与直接后继节点以及在双向链表上数据元素的插入与删除操作都变得非常方便。设指针 p 指向双链表中某一节点,则双向链表的对称性体现在下列表达式中:

$$p->prior->next = p = p->next->prior$$

下面主要介绍在双向链表中实现插入操作和删除操作的算法。

2. 双链表的操作

(1) 插入节点。在双向链表第 i 个节点之前插入一个新节点的基本思路如下:

在双向链表中搜索到第 i 个节点,并用 p 表示,之后做如下操作:

① 生成一个新节点 q,将 x 赋给 q->data。

② 将新节点 q 的 prior 指针指向 p 节点的前驱节点,即 q->prior=p->prior。

③ 将新节点 q 的 next 指针指向 p 节点,即 q->next=p。

④ 将 p 节点的前驱节点的 next 指针指向新节点 q,即 p->prior->next=q。

⑤ 将 p 节点的 prior 指针指向新节点 q,即 p->prior=q。

在双向链表中的 p 节点之前插入数据元素 x 的指针变化情况如图 3.14 所示。

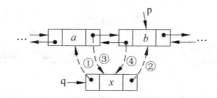

图 3.14   在已知节点 p 前插入一个新节点 q

在双向链表 Dlist 中的第 i 个节点之前插入数据元素 x 的算法用 C 语言描述如下:

【算法 3.2】

```
int DLinkInnode(DoubleList Dlist,int i,elementtype x)
{
    DNode  * q, * p;
    ... /* 先检查待删除的位置 i 是否合法(实现方法类似单链表的头插操作法作)*/
    ... /* 若位置 i 合法,则让指针 p 指向它 */
    q = (DNode * )malloc(sizeof(DNode));
    q->data = x;
    q->prior = p->prior;           //对应图 3.14 中的①
    q->next = p;                   //对应图 3.14 中的②
    p->prior->next = q;            //对应图 3.14 中的③
    p->prior = q;                  //对应图 3.14 中的④
}
```

▲思考   如何在双向链表中的 p 节点之后插入数据元素 x 呢?

(2) 删除节点。删除双向链表中的第 i 个节点的基本思路如下:

在双向链表中搜索到被删除的第 i 个节点,并用 p 表示,做如下操作:

① 将 p 节点的前驱节点的 next 指针指向 p 节点的后继节点,即 p->prior->next=p->next。

② 将 p 节点的后继节点的 prior 指针指向 p 节点的前驱节点,即 p->next->prior=p->prior。

在双向链表中删除节点 p,指针变化情况如图 3.15 所示。

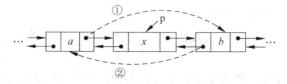

图 3.15   删除双向链表中已知节点 p

在双向链表 Dlist 中删除第 i 个节点的算法用 C 语言描述如下：

【算法 3.3】

```
int DLinkDelnode(DoubleList Dlist, int i, elementtype * x)
{
    DNode  * p;
    ... / * 首先检查待插入的位置 i 是否合法(实现方法类似单链表的删除操作) * /
    ... / * 若位置 i 合法,则让指针 p 指向它 * /
    * x = p－>data;
    p－>prior－>next = p－>next;              //对应图 3.15 中的①
    p－>next－>prior = p－>prior;              //对应图 3.15 中的②
    free(p);                                  / * 释放被删除节点的空间 * /
}
```

3.3　顺序表和链表的比较

本章介绍了线性表链式存储结构。对比第 2 章所讨论的线性表逻辑结构及其顺序存储结构,可知它们各有优、缺点。顺序存储有三个优点：

(1) 方法简单,各种高级语言中都有数组,容易实现。

(2) 不用为表示节点间的逻辑关系而增加额外的存储开销。

(3) 顺序表具有按元素序号随机访问的特点。

但它也有两个缺点：

(1) 在顺序表中做插入、删除操作时,平均移动大约表中一半的元素,因此对 n 较大的顺序表效率低。

(2) 需要预先分配足够大的存储空间,估计过大,可能会导致顺序表后部大量闲置,造成存储空间浪费;预先分配过小,又会造成溢出。

链表的优、缺点恰好与顺序表相反。在实际中怎样选取存储结构呢? 通常有以下几点考虑：

(1) 基于存储的考虑。顺序表的存储空间是静态分配的,在程序执行之前必须明确规定它的存储规模,也就是说事先对 MAXLEN 要有合适的设定,过大造成浪费,过小造成溢出。可见对线性表的长度或存储规模难以估计时,不宜采用顺序表。链表不用事先估计存储规模,但链表的存储密度较低。存储密度是指一个节点中数据元素所占的存储单元和整个节点所占的存储单元之比。显然链式存储结构的存储密度是小于 1 的。

(2) 基于运算的考虑。在顺序表中按序号访问 a_i 的时间复杂度为 $O(1)$,而链表中按序号访问的时间复杂度为 $O(n)$,所以如果经常做的运算是按序号访问数据元素,显然顺序表优于链表;而在顺序表中做插入、删除时平均移动表中一半的元素,当数据元素的信息量较大且表较长时,这一点是不应忽视的;在链表中做插入、删除,虽然也要找插入位置,但操作主要是比较操作,从这个角度考虑显然后者优于前者。

(3) 基于环境的考虑。顺序表容易实现,任何高级语言中都有数组类型,链表的操作是基于指针的,相对来讲前者简单些,也是用户考虑的一个因素。

总之,两中存储结构各有长短,选择哪一种由实际问题中的主要因素决定。通常"较稳定"的线性表选择顺序存储,而频繁做插入、删除的即动态性较强的线性表宜选择链式存储。

3.4 应用举例及分析

例 3.1 已知单链表 head,写一算法将其逆置,即实现如图 3.16 所示的操作,图 3.16(a) 为逆置前,图 3.16(b) 为逆置后。

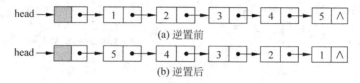

(a) 逆置前

(b) 逆置后

图 3.16 单链表的逆置

算法思路：依次取原链表中的每个节点,将其作为第一个节点插入到新链表中去,指针 p 用来指向当前节点,p 为空时结束。

【算法 3.4】 链表的逆置。

```
void  reverse(NODE * head)
 {
   NODE    * p;
   p = head -> next;                /* p 指向第一个数据节点 */
   head -> next = NULL;             /* 将原链表置为空表 head */
   while (p)
   {   q = p;    p = p -> next;
       q -> next = head -> next;    /* 将当前节点插到头节点的后面 */
       head -> next = q;
   }
 }
```

例 3.2 多项式相加问题。

(1) 存储结构的选取。任意一个一元多项式可表示为 $P_n(x) = P_0 + P_1 x + P_2 x^2 + \cdots + P_n x^n$,显然,由其 $n+1$ 个系数可唯一确定该多项式。故一元多项式可用一个仅存储其系数的线性表来表示,多项式指数 i 隐含于 P_i 的序号中。

$$P = (P_0, P_1, P_2, \cdots, P_n)$$

若采用顺序存储结构来存储这个线性表,那么多项式相加的算法实现十分容易,同位序元素相加即可。

但当多项式的指数很高而且变化很大时,采用这种顺序存储结构极不合理。例如,多项式 $S(x) = 1 + 3x + 12x^{999}$ 需用一长度为 1000 的线性表来表示,而表中仅有三个非零元素,这样将大量浪费内存空间。此时可考虑另一种表示方法,如线性表 $S(x)$ 可表示成 $S = ((1, 0), (3,1), (12,999))$,其元素包含两个数据项：系数项和指数项。

这种表示方法在计算机内对应两种存储方式：当只对多项式进行访问、求值等不改变多项式指数(即表的长度不变化)的操作时,宜采用顺序存储结构;当要对多项式进行加法、减法、乘法等改变多项式指数的操作时,宜采用链式存储结构。

（2）一元多项式加法运算的实现。采用单链表结构来实现多项加法运算,就是前述单向链表基本运算的综合应用。其数据结构描述如下：

```
typedef stuct Pnode
{
    float  coef;                /* 系数域 */
    int  exp;                   /* 指数域 */
    struct pnode  * next;
}Pnode, * Ploytp;
```

如图 3.17 所示给出了多项式 $A(x) = 15 + 6x + 9x^7 + 3x^{18}$ 和 $B(x) = 4x + 5x^6 + 16x^7$ 的链式存储结构（设一元多项式均按升幂形式存储,首指针为 -1）。

图 3.17　一元多项式的存储

若上例 $A+B$ 结果仍存于 A 中,根据一元多项式相加的运算规则,其实质是将 B 逐项按指数分情况合并于"和多项式"A 中。设 p、q 分别指向 A、B 的第一个节点,其算法思路如下：

（1）p->exp<q->exp,应使指针后移 p=p->next,如图 3.18(a)所示。

（2）p->exp=q->exp,将两个节点系数相加,若系数和不为零,则修改 p->ceof,并借助 s 释放当前 q 节点,而使 q 指向多项式 B 的下一个节点,如图 3.18(b)所示；若系数和为零,则应借助 s 释放 p、q 节点,而使 p、q 分别指向多项式 A、B 的下一个节点。

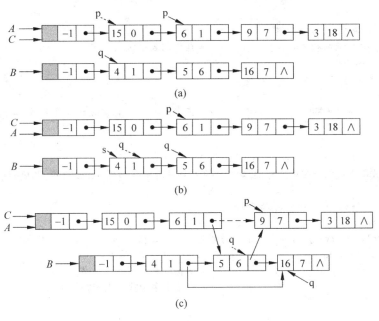

图 3.18　多项式相加运算示例

(3) p->exp>q->exp,将 q 节点在 p 节点之前插入 A 中,并使 q 指向多项式 B 的下一个节点,如图 3.18(c)所示。

直到 q=NULL 为止或 p=NULL,将 B 的剩余项链到 A 尾为止。最后释放 B 的头节点。

下面给出从接收多项式到完成多项式相加运算的完整 C 语言程序:

【程序 3-12】

```
/* ======================================== */
/*      程序实例: 3-12.c                      */
/*      多项式相加                            */
/* ======================================== */
# include < stdio.h >
# include < malloc.h >
typedef struct Pnode
{
    float  coef;                       /* 系数域 */
    int   exp;                         /* 指数域 */
    struct pnode  * next;
} Pnode, * Ploytp;

void polycreate(Ploytp head)
{
    Pnode  * rear, * s;
    int c,e;
    rear = head;                       /* rear 始终指向单链表的尾,便于尾插法建表 */
    scanf("%d, %d",&c,&e);             /* 输入多项式的系数和指数项 */
    while(c!= 0)                       /* 若 c = 0,则代表多项式的输入结束 */
    {
        s = (Pnode * )malloc(sizeof(Pnode));   /* 申请新的节点 */
        s->coef = c;
        s->exp = e;
        rear->next = s;                /* 在当前表尾做插入 */
        rear = s;
        scanf("%d, %d",&c,&e);
    }
    rear->next = NULL;                 /* 将表的最后一个节点的 next 置 NULL,以示表结束 */
}

void  polyadd(Ploytp polya, Ploytp polyb)
/* 此函数用于将两个多项式相加,然后将和多项式存放在多项式 polya 中,并删除多项式 ployb */
{
    Pnode  * p, * q, * pre, * temp;
    int sum;
    p = polya->next;    /* 令 p 和 q 分别指向 polya 和 polyb 多项式链表中的第一个节点 */
    q = polyb->next;
    pre = polya;                       /* r 指向和多项式的尾节点 */
    while (p!= NULL && q!= NULL)       /* 当两个多项式均未扫描结束时 */
```

```c
    {
        if(p->exp < q->exp)
            /* 如果 p 指向的多项式项的指数小于 q 的指数,将 p 节点加入到和多项式中 */
        {
            pre->next = p;
            pre = p;
            p = p->next;
        }
        else
            if(p->exp == q->exp)              /* 若指数相等,则相应的系数相加 */
            {
                sum = p->coef + q->coef;
                if(sum != 0)
                {
                    p->coef = sum;
                    pre->next = p;
                    pre = p;
                    p = p->next;
                    temp = q;
                    q = q->next;
                    free(temp);
                }
                else          /* 若系数和为零,则删除节点 p 与 q,并将指针指向下一个节点 */
                {
                    temp = p;
                    p = p->next;
                    free(temp);
                    temp = q;
                    q = q->next;
                    free(temp);
                }
            }
            else              /* 将 q 节点加入到和多项式中 */
            {
                pre->next = q;
                pre = q;
                q = q->next;
            }
    }
    if(p != NULL)            /* 多项式 A 中还有剩余,则将剩余的节点加入到多项式中 */
        pre->next = p;
    else                     /* 否则,将 B 中的节点加入到多项式中 */
        pre->next = q;
}

void print(Pnode * H)       /* 输出结果 */
{
    Pnode * p = H->next;
```

```
    while(p->next)
    {
        printf("%dx^%d+",p->coef,p->exp);
        p = p->next;
    }
    if(p->exp)
        printf("%dx^%d\n",p->coef,p->exp);
    else
        printf("%d\n",p->coef);
}/* print */


void main()
{
    Ploytp polya,polyb;
    printf("输入数据建立多项式 A(X)(以 0,0 结束!):\n");
    polya = (Pnode *)malloc(sizeof(Pnode));
    polycreate(polya);
    printf("A(x) = ");
    print(polya);
    printf("输入数据建立多项式 B(X)(以 0,0 结束!):\n");
    polyb = (Pnode *)malloc(sizeof(Pnode));
    polycreate(polyb);
    printf("B(x) = ");
    print(polyb);
    polyadd(polya,polyb);
    printf("多项式相加结果:\nA(X) + B(X) = ");
    print(polya);
}
```

程序运行结果(以本例中两多项式为例进行输入):

```
输入数据建立多项式 A(X)(以 0,0 结束!):
15,0  6,1  9,7  3,18  0,0
A(x) = 15x^0 + 6x^1 + 9x^7 + 3x^18
输入数据建立多项式 B(X)(以 0,0 结束!):
4,1  5,6  16,7  0,0
B(x) = 4x^1 + 5x^6 + 16x^7
多项式相加结果:
A(X) + B(X) = 15x^0 + 10x^1 + 5x^6 + 25x^7 + 3x^18
```

例 3.3 有两个线性表 A 和 B,都是用尾指针表示循环链表存储结构,两个链表尾指针分别为 reara 和 rearb,将 B 链表链接到 A 链表的后面,合并成一个新的循环单链表 C。其尾指针为 rearb。

算法思想:将 A 链表的尾指针 reara 与 B 链表的第一个节点(首元节点)链接起来,并修改 B 链表的尾指针 rearb,使它指向链表 A 的头节点,如图 3.19 所示。

下面给出合并两个循环单链表的完整 C 语言程序:

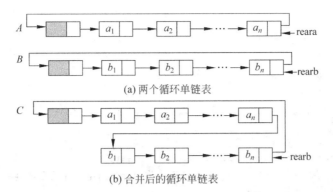

(a) 两个循环单链表

(b) 合并后的循环单链表

图 3.19 将用尾指针表示的两个循环单链表合并

【程序 3-13】

```c
/* ====================================== */
/*     程序实例: 3-13.c                   */
/*     合并两个循环单链表                  */
/* ====================================== */
# include < stdio. h >
# include < malloc. h >
typedef int elementtype;
typedef struct CNode              /* 节点类型定义 */
{
    elementtype data;
    struct CNode  * next;
}CNode, * CLinkList;              /* CLinkList 为结构指针类型 */

CLinkList crt_linklist()          /* 创建尾指针表示的循环链表 */
{
    CLinkList list;
    int num;
    CNode * p;
    list = (CNode * )malloc(sizeof(struct CNode));
    list -> data =-1;
    list -> next = list;
    printf("请输入循环链表的元素(以 -1 结束): \n");
    scanf(" % d",&num);
    while(num !=-1)
    {
        p = (CNode * )malloc(sizeof(struct CNode));
        p -> data = num;
        p -> next = list -> next;
        list -> next = p;
        scanf(" % d",&num);
    }
```

```
        p = list;
        while(p -> next!= list)
        {
            p = p -> next;
        }
        return p;
}


CLinkList   merge_rear(CLinkList reara, CLinkList rearb)
{                                    /* 此算法将两个采用尾指针的循环链表首尾连接起来 */
    CNode * p;
    p = reara -> next;               /* 保存链表 reara 的头节点地址 */
    reara -> next = rearb -> next -> next;
                                     /* 链表 rearb 的开始节点链到链表 reara 的终端节点之后 */
    free(rearb -> next);             /* 释放链表 rearb 的头节点 */
    rearb -> next = p;               /* 链表 reara 的头节点链到链表 rearb 的终端节点之后 */
    return   rearb;                  /* 返回新循环链表的尾指针 */
}
void print(CLinkList cl)
{
    CNode * p;
    p = cl -> next -> next;
    while(p!= cl -> next)
    {
        printf(" % d  ",p -> data);
        p = p -> next;
    }
    printf("\n");
}


void main()
{
    CLinkList clista, clistb, clistc;
    printf("建立循环链表 A,请输入数据!\n");
    clista = crt_linklist();
    printf("建立的循环单链表 A 为: \n");
    print(clista);
    printf("\n 建立循环链表 B,请输入数据!\n");
    clistb = crt_linklist();
    printf("建立的循环单链表 B 为: \n");
    print(clistb);
    clistc = merge_rear(clista,clistb);
    printf("\n 合并后的循环链表为: \n");
    print(clistc);
}
```

程序运行结果：

```
建立循环链表 A,请输入数据!
请输入循环链表的元素(以－1结束):
6 5 4 3 2 －1(回车)
建立的循环单链表 A 为:
2 3 4 5 6
建立循环链表 B,请输入数据!
请输入循环链表的元素(以－1结束):
8 9 4 6 3 －1(回车)
建立的循环单链表 B 为:
3 6 4 9 8
合并后的循环单链表为:
2 3 4 5 6 3 6 4 9 8
```

上 机 实 训

线性表的链式存储结构

1. 实验目的

(1) 熟悉 C 语言的上机环境,进一步掌握 C 语言的结构特点;

(2) 掌握线性表的链式存储结构——单链表的定义及 C 语言实现;

(3) 掌握线性表在链式存储结构——单链表中的各种基本操作。

2. 实验内容

链式线性表的建立、插入及删除。

3. 实验步骤

建立一个带头节点的单链表,节点的值域为整型数据。要求将用户输入的数据按尾插入法来建立相应单链表。

4. 实现提示

单链表的节点结构除数据域外,还含有一个指针域。用 C 语言描述节点结构如下:

```
typedef int elemtype;
typedef struct node
{
    elemtype data;              //数据域
    struct node * next;         //指针域
}linklist;
```

注意节点的建立方法及构造新节点时指针的变化。构造一个节点需用到 C 语言的标准函数 malloc(),如给指针变量 p 分配一个节点的地址:

```
p = (linklist * )malloc(sizeof(linklist));
```

该语句的功能是申请分配一个类型为 linklist 的节点的地址空间,并将首地址存入指针变量 p 中。当节点不需要时可以用标准函数 free(p)释放节点存储空间,这时 p 为空值（NULL）。

习　　题

1. 名词解释

（1）单链表。

（2）循环链表。

2. 判断题（下列各题,正确的请在前面的括号内打√；错误的打×）

（　　）（1）线性表的链式存储结构优于顺序存储。

（　　）（2）单链表的每个节点都恰好包含一个指针域。

（　　）（3）在单链表中,任何两个元素的存储位置之间都有固定的联系,所以可以从头节点开始查找任何一个元素。

（　　）（4）在单链表中,要取得某个元素,只要知道该元素的指针即可,因此单链表是随机存取的存储结构。

（　　）（5）线性表链式存储的特点是可以用一组任意的存储单元存储表中的数据元素。

3. 填空题

（1）在链表中逻辑上相邻的元素的物理位置_____相连。

（2）顺序表相对于链表的优点有_____和_____。

（3）链表相对于顺序表的优点有_____和_____操作方便；缺点是存储密度_____。

（4）在单链表中除首节点外,任意节点的存储位置都由_____节点中的指针指示。

（5）在单链表中要在已知节点 *p 之前插入一个新节点,需找到_____,其时间复杂度为_____；而在双链表中,完成同样操作时其时间复杂度为_____。

4. 单项选择题

（1）用单链表方式存储的线性表,存储每个节点需要两个域：一个数据域,另一个是（　　）。

　　A. 当前节点所在地址域　　　　　　B. 指针域

　　C. 空指针域　　　　　　　　　　　D. 空闲域

（2）在具有 n 个节点的单链表中,实现（　　）的操作,其算法的时间复杂度都是 $O(n)$。

　　A. 遍历链表和求链表的第 i 个节点

　　B. 在地址为 P 的节点之后插入一个节点

　　C. 删除开始节点

　　D. 删除地址为 P 的节点的后继节点

（3）设 a_1、a_2、a_3 为三个节点；p、10、20 代表地址,则如下的链表存储结构称为（　　）。

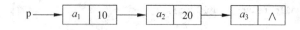

　　A. 链表　　　　　B. 单链表　　　　　C. 双向循环链表　　　D. 双向链表

(4) 单链表的存储密度(　　)。

　　A. 大于 1　　　　　　B. 等于 1　　　　　C. 小于 1　　　　　D. 不能确定

(5) 指针 P 指向循环链表 L 的首元素的条件是(　　)。

　　A. P＝＝L　　　　　　　　　　　　　B. L->next＝＝P

　　C. P->next＝＝NULL　　　　　　　　D. P->next＝＝L

(6) 两个指针 P 和 Q,分别指向单链表的两个元素,P 所指元素是 Q 所指元素前驱的条件是(　　)。

　　A. P->next＝＝Q->next　　　　　　　B. P->next＝＝Q

　　C. Q->next＝＝P　　　　　　　　　　D. P＝＝Q

5. 简答题

(1) 简述线性表的存储结构及各自的优点。

(2) 什么是头指针、头节点、首元节点?

(3) 若线性表的元素总数基本稳定,且很少进行插入和删除,但要求快速存取表中元素,应采用哪种存储结构? 为什么?

(4) 对线性表而言,什么情况下采用链表比顺序表好?

(5) 分析单链表、循环链表和双向链表的相同点和不同点,及各自的特点。

6. 程序设计题

(1) 写一个对单循环链表进行遍历(打印每个节点的值)的算法,已知链表中任意节点的地址为 P。

(2) 对给定的带头节点的单链表 L,编写一个删除 L 中值为 x 的节点的直接前驱节点的算法。

(3) 有一个单链表(不同节点的数据域值可能相同),其头指针为 head,编写一个函数计算域为 x 的节点个数。

(4) 在一个带头节点的单链表上,表中元素值递增有序,编写一段程序,在单链表中插入一个元素,插入后表中元素值仍保持递增有序。

第4章 栈和队列

本章内容概要：

栈和队列是两种特殊的线性结构。从数据的逻辑结构角度看它们是线性表，从操作角度看它们是操作受限的线性表。栈的特点在于运算时是按"后进先出"的规则进行操作，只能在被称为栈顶的一端进行插入、删除等操作；队列是限制在表的两端进行操作的线性表，只允许在一端进行插入数据元素，而在另一端删除数据元素，其特点是按"先进先出"的规则进行操作的。本章将介绍栈和队列的逻辑特征及其在计算机中的存储表示，栈和队列的基本操作以及栈和队列的应用。

4.1 栈

4.1.1 栈的定义及基本操作

1. 栈的定义

栈(Stack)作为一种限定性线性表，是将线性表的插入和删除运算限制为仅在表的一端进行，通常将表中允许进行插入、删除操作的一端称为栈顶(Top)，因此栈顶的当前位置是动态变化的，它由一个称为栈顶指针的位置指示器指示。同时表的另一端被称为栈底(Bottom)。当栈中没有元素时称为空栈。栈的插入操作被形象地称为进栈或入栈，删除操作称为出栈或退栈。

假设有 n 个元素的栈 $S = (a_1, a_2, \cdots, a_{i-1}, a_i, a_{i+1}, \cdots, a_n)$，$a_1$ 先进栈，a_n 最后进栈，则称 a_1 为栈底元素，a_n 为栈顶元素。栈结构如图 4.1 所示。

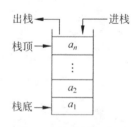

图 4.1 栈结构示意图

栈的主要特点就是"先进后出"(First In Last Out)，或"后进先出"(Last In First Out)，简称 FILO 表或 LIFO 表。如图 4.1 所示，a_1 先进栈，a_n 最后进栈。因为进栈和出栈元素的操作都只能在栈顶一端进行，所以每次出栈的元素总是当前栈中栈顶的元素，它是最后进栈的元素，而最先进栈的元素要到最后才能出栈。在日常生活中，也有许多类似栈的例子。例如将洗净的盘子放入消毒桶时，总是一个接一个地往上摞，相当于进栈(push)；取出盘子时，则是从最上面一个接一个地往外拿，相当于出栈(pop)，最后取出的是最先放进去的那个盘子。

2. 栈的运算

在程序设计中，使用某些数据常常需要与保存这些数据的顺序相反，这时就需要用一个

栈来实现。对于栈,常做的基本运算有:

(1) StackInitiate(S)

操作前提:S 为未初始化的栈。

操作结果:将 S 初始化为空栈。

(2) ClearStack(S)

操作前提:栈 S 已经存在。

操作结果:将栈 S 置成空栈。

(3) StackNotEmpty(S)

操作前提:栈 S 已经存在。

操作结果:判栈空函数,若 S 为空栈,则函数值为 FALSE 或 0,否则为 TRUE 或 1。

(4) StackIsFull(S)

操作前提:栈 S 已经存在。

操作结果:判栈满函数,若 S 栈已满,则函数值为 TRUE 或 1,否则为 FALSE 或 0。

(5) StackPush(S, x)

操作前提:栈 S 已经存在。

操作结果:在 S 栈的顶部插入(也称压入)元素 x;若 S 栈未满,将 x 插入栈顶位置,若栈已满,则返回 FALSE 或 0,表示操作失败,否则返回 TRUE 或 1。

(6) StackPop(S, x)

操作前提:栈 S 已经存在。

操作结果:弹出顺序堆栈 S 的栈顶数据元素值并赋给参数 x,出栈成功则返回 TRUE 或 1,否则返回 FALSE 或 0。

(7) StackTop(S)

操作前提:栈 S 已经存在。

操作结果:取栈 S 的顶部元素。与 StackPop(S)不同之处在于,StackTop(S)不改变栈顶的位置。相当于复制栈顶元素的值,它本身并不出栈。

4.1.2　栈的顺序存储结构

用顺序存储结构实现的栈称为顺序栈,即利用一组地址连续的存储单元依次存放自栈底到栈顶的数据元素,同时由于栈的操作的特殊性,还必须附设一个位置指针 top(栈顶指针)来动态地指示栈顶元素在顺序栈中的位置。通常以 top=−1 表示空栈。顺序栈的存储结构可以用 C 语言中的一维数组来表示。

注意:在以下程序中,top 指向当前栈顶元素,即指向当前栈顶元素的存储位置。

1. 顺序栈的实现

顺序栈可以用 C 语言描述如下:

```
#define  MAXSIZE  100          //分配最大的栈空间
int  stack[MAXSIZE];           //数据类型为整型
int  top;                      //定义栈顶指针
```

也可以用结构体数组实现顺序栈:

```
# define MAXSIZE 100              //分配最大的栈空间
# define DataType int             //栈中元素类型,此处以 int 为例
typedef struct
{
    DataType  stack[MAXSIZE];     //用来存放栈中元素的一维数组
    int  top;                     //用来存放栈顶元素的下标
}SeqStack;
SeqStack  * S;                    //定义指向栈的指针
```

在这个描述中,假设栈中数据元素的类型是整型,数组 stack 存放栈中数据元素,数组最大容量为 MAXSIZE,栈顶指针为 top。

由于栈顶的位置经常变动,所以要设一个栈顶指针 top,用它来表示栈顶元素当前的位置。栈顶指针动态反映栈中元素的变动情况。当有新元素进栈时,栈顶指针向上移动,top 加 1。当有元素出栈时,栈顶指针向下移动,top 减 1。

用数组 stack[MAXSIZE]作为栈的存储空间,stack[top]为栈顶元素,当 top=-1 表示栈为空;当 top=0 时,栈中有一个元素;top=MAXSIZE-1 表示栈满,这是在顺序栈的基本操作中必须考虑到的重要条件。

假设 MAXSIZE 为 6,栈中最多可存放 6 个元素,即 S->stack [0]至 S->stack [5]。栈顶指针 top 在元素进栈时做加 1 运算,元素出栈时做减 1 运算。如图 4.2 所示说明了顺序栈上进栈和出栈操作时,栈中元素和栈顶指针的关系:

(1) top=-1 时,表示栈空,如图 4.2(a)所示。

(2) top=0 时,表示已经有一个元素进栈,如图 4.2(b)所示元素 A 已进栈。进栈时,栈顶指针 top 上移,top 加 1。

(3) top=5 时,也即 top=MAXSIZE-1,表示栈满,如图 4.2(c)所示是 6 个元素进栈后的状况,栈已满。

(4) 出栈时,栈顶指针 top 下移,top 减 1,如图 4.2(d)所示是元素 F 出栈后的状况。

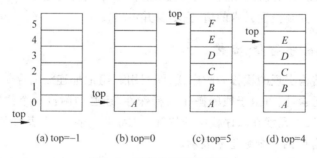

图 4.2　顺序栈操作示意图

2. 顺序栈运算的基本算法

(1) 初始化顺序栈:

```
void StackInitiate(SeqStack * S)              /* 初始化顺序堆栈 S */
{
    S -> top =--1;                            /* 定义初始栈顶下标值 */
}
```

（2）进栈操作：

```
int StackPush(SeqStack * S, DataType x)
    /* 把数据元素值 x 压入顺序堆栈 S,入栈成功则返回 1,否则返回 0 */
{
    if(S->top>=MAXSIZE-1)
    {
        printf("堆栈已满无法插入! \n");
        return 0;
    }
    else
    {
        S->top++;
        S->stack[S->top]=x;
        return 1;
    }
}
```

（3）出栈操作：

```
int StackPop(SeqStack * S, DataType * d)
    /* 弹出顺序堆栈 S 的栈顶数据元素值到参数 d,出栈成功则返回 1,否则返回 0 */
{
    if(S->top<=-1)
    {
        printf("堆栈已空无数据元素出栈! \n");
        return 0;
    }
    else
    {
        *d=S->stack[S->top];
        S->top--;
        return 1;
    }
}
```

（4）读栈顶元素：

```
int StackTop(SeqStack S, DataType * d)
    /* 取顺序堆栈 S 的当前栈顶数据元素值到参数 d,成功则返回 1,否则返回 0 */
{
    if(S.top<=-1)
    {
        printf("堆栈已空! \n");
        return 0;
    }
    else
    {
        *d=S.stack[S.top];
```

```
            return 1;
        }
}
```

▲**思考** 说明读栈顶元素的算法与退栈顶元素的算法的区别。

(5) 判栈空：

```
int StackNotEmpty(SeqStack S)      /*判顺序堆栈 S 是否为空,非空则返回1,否则返回0*/
{
    if(S. top <= -1)
        return 0;
    else
        return 1;
}
```

(6) 判栈满：

```
int   StackIsFull(SeqStack   * s)
{
    if(s -> top == MAXSIZE - 1)      //若栈满,则返回1
        return 1;
    else                             //否则返回0
        return 0;
}
```

对于顺序栈,入栈时,必须首先判断栈是否满了,若栈满则不能入栈；出栈时,必须首先判断栈是否为空,若栈空则不能出栈。

▲**思考** 如果栈顶指针 top 不是指向当前栈顶元素,而是指向下一次将要进栈的元素的存储位置,则会对栈的基本运算带来哪些区别？

3. 顺序栈操作综合练习

大家都玩过扑克牌,栈的上述数据处理操作,就像一副扑克牌。在全部52张牌(大、小王除外)中分为黑桃、红心、方块和梅花四种花色的牌,不论如何处理这副牌,我们只能从这副牌的最上面移出或加入各种花色的牌。接下来我们使用栈的相关操作实现扑克牌洗牌、发牌的程序。

现在我们将一整副扑克牌存储在栈,以扑克牌而言,如果使用数组来存储,其大小至少要大于52,如下所示：

```
int stack[MAXSIZE];
```

虽然我们可以直接使用数组的索引值访问数据,但是它是一个栈的数据结构,所以只能从栈的顶端访问数据。声明一个变量 top 指向栈顶端的数组索引,其声明方法如下所示：

```
int top = -1;
```

上述变量 top 的初值-1表示栈目前是空的。图4.3就是整个栈的示意图。

接下来的工作是如何洗牌,也就是将每张牌放入栈。首先我们需要记得整副52张牌,然后使用随机数函数选牌,接着将选到的牌存入栈直到 52 张牌都被选过。而将数据存入栈的操作。入栈操作分为两个步骤,如下所示:

- 将栈顶端的指针加 1。
- 将要存放的数据存入指针所指的数组元素内。

例如,现在随机数选到的第一张牌是红心 5,将之放入栈后的结构,如图 4.4(a)所示。

图 4.4(a)的栈指针指向数组索引 0 的位置,所以这张牌是被存放在这个位置。现在栈已经不再是空的。接下来就可以使用循环将随机数选择的其他 51 张牌都存入栈,最后三张牌如图 4.4(b)所示。

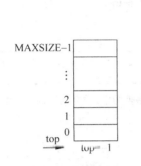

图 4.3 空栈示意图

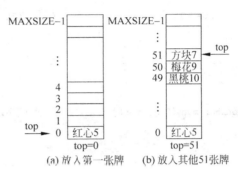

(a) 放入第一张牌　(b) 放入其他51张牌

图 4.4 将版放入栈中

现在整副牌都已经存入栈,读者可以发现最后一张牌是放在栈的顶端。而整个栈结构就是一副已经洗过的扑克牌,接下来就可以发牌,发牌的操作只是将栈内的元素取出来,从栈取出数据的操作通常称为出栈。出栈的操作也可以分为两个步骤,如下所示:

- 取出目前栈指针所指的数组内容。
- 将栈指针的内容减 1,即指向下一个栈元素。

接着我们可以使用栈设计洗牌和发牌程序,程序将包含函数 StackPush()、StackPop()和洗牌、发牌的循环。

洗牌的循环是使用一个一维数组 card 检查这张牌是否已经存入栈,数组索引为 0~51,正好能使 52 张牌入栈。

入栈一张牌,就将对应数组元素的值置 1。若某个数组元素的值为 0,表示尚未存入。等到数组内容全是 1 时,就表示整副牌已经洗好了。发牌的循环就简单多了,只需调用函数 StackPop()将牌一张张取出即可。

【程序 4-1】

```
/* ========================================== */
/*    程序实例: 4-1.c                         */
/*    使用数组来构建栈实现洗牌                 */
/* ========================================== */
#include <stdio.h>
#include <time.h>
#include <stdlib.h>
#define MAXSIZE   100              /*定义 MaxSize 为 100 */
typedef int DataType;             /*定义 DataType 为 int */
typedef struct
```

```
{
    DataType stack[MAXSIZE];
    int top;
}SeqStack;

/* ------------------------------------------------------------------ */
/*    初始化顺序                                                         */
/* ------------------------------------------------------------------ */
void StackInitiate(SeqStack * S)        /* 初始化顺序堆栈 S */
{
    S->top=-1;                          /* 定义初始栈顶下标值 */
}


/* ------------------------------------------------------------------ */
/*    判断栈空                                                          */
/* ------------------------------------------------------------------ */
int StackNotEmpty(SeqStack S)           /* 判顺序堆栈 S 是否为空,非空则返回1,否则返回 0 */
{
    if(S.top<=-1)   return 0;
    else return 1;
}


/* ------------------------------------------------------------------ */
/*    入栈操作                                                          */
/* ------------------------------------------------------------------ */
int StackPush(SeqStack * S, DataType x)
    /* 把数据元素值 x 压入顺序堆栈 S,入栈成功则返回1,否则返回 0 */
{
    if(S->top>=MAXSIZE)
    {
        printf("堆栈已满无法插入! \n");
        return 0;
    }
    else
    {
        S->top++;
        S->stack[S->top]=x;
        return 1;
    }
}


/* ------------------------------------------------------------------ */
/*    出栈操作                                                          */
/* ------------------------------------------------------------------ */
int StackPop(SeqStack * S, DataType * d)
    /* 弹出顺序堆栈 S 的栈顶数据元素值到参数 d,出栈成功则返回1,否则返回 0 */
{
    if(S->top<=-1)
    {
        printf("堆栈已空无数据元素出栈! \n");
```

```
            return 0;
        }
        else
        {
            * d = S - > stack[S - > top];
            S - > top - - ;
            return 1;
        }
    }


/* ------------------------------------------------------- */
/*   主程序：洗牌后，将牌发给四个人.                          */
/*       红心：数组 0 - 12                                   */
/*       方块：数组 13 - 25                                  */
/*       梅花：数组 26 - 38                                  */
/*       黑桃：数组 39 - 51                                  */
/* ------------------------------------------------------- */
main()                                    /* 主程序 */
{
    SeqStack stack;
    int i, temp;
    DataType y;
    DataType z;
    int card[52];                         /* 扑克牌数组 */
    int pos;                              /* 牌代码 */
    long temptime;
    StackInitiate(&stack);                /* 建立空栈 stack */
    if(StackNotEmpty(stack) == 0)         /* 判断栈 stack 是否为空 */
        printf("\n栈为空!");
    else
        printf("\n栈非空!");

    srand(time(&temptime) % 60);          /* 使用时间初始化随机数 */
    for(i = 0; i < 52; i++)
        card[i] = 0;                      /* 清除扑克牌数组 */
    i = 0;
    while(i!= 52)                         /* 洗牌循环 */
    {
        pos = rand() % 52;                /* 随机数取值 0 - 51 */
        if ( card[pos] == 0 )             /* 是否是未洗牌 */
        {
            StackPush(&stack, pos);       /* 存此张牌进栈 */
            card[pos] = 1;                /* 设置此张牌洗过 */
            i++;                          /* 下一张牌 */
        }
    }

    printf("    1     2     3     4 \n");
    printf(" ========================== \n");
    for (i = 0; i < 5; i++)               /* 发牌给四人的循环 */
```

```
        {
            StackPop(&stack,&z);              /* 取出栈数据     */
            printf(" [ %c%2d ]",z / 13 + 3,z % 13 + 1);                    ①
            StackPop(&stack,&z);              /* 取出栈数据     */
            printf(" [ %c%2d ]",z / 13 + 3,z % 13 + 1);
            StackPop(&stack,&z);              /* 取出栈数据     */
            printf(" [ %c%2d ]",z / 13 + 3,z % 13 + 1);
            StackPop(&stack,&z);              /* 取出栈数据     */
            printf(" [ %c%2d ]",z / 13 + 3,z % 13 + 1);
            printf("\n");
        }
}
```

程序运行结果：

```
        1           2           3           4
==============================
[♦11]       [♥11]       [♠7]        [♦3]
[♣5]        [♠12]       [♣13]       [♣12]
[♦10]       [♣3]        [♠11]       [♥2]
[♥1]        [♣1]        [♠6]        [♦7]
[♠4]        [♣11]       [♥6]        [♣4]
```

程序中①处代码的打印是直接应用 ASCII 码的 3、4、5、6。它们分别是红心、方块、梅花、黑桃的图形。只是将其代码除以 13 后的商数加 3 即可得到 ASCII 码，而余数就是牌的点数。

▲思考　当运行这个扑克牌洗牌、发牌游戏时，总共发出 20 张牌，但一副牌有 52 张，请思考如何知道牌已经全部发完（提示：解决这个问题的方法是需要增加一个函数 StackNotEmpty()检查栈是否已经空了！）。

4.1.3　栈的链式存储结构

栈是动态变化的数据结构，顺序栈在一定程度上可以满足这种动态结构所要求的动态操作，但是以具有固定长度的数组来存储栈这种动态变化的数据结构是有局限性的。为了克服顺序栈的这个缺点，我们可以把栈用链式存储结构表示，这种存储结构的栈称为链栈。链栈即采用链表作为存储结构实现的栈，在一个链栈中，为方便进行插入和删除操作，一般指定链表头为栈顶，链尾为栈底。

1. 链栈的实现

用链式存储结构实现的栈称为链栈。通常链栈用单链表表示，因此其节点结构与单链表的结构相同，其节点定义如图 4.5 所示。

数据域	指针域
data	next

图 4.5　链栈节点的定义

链栈的数据类型用C语言描述如下：

```
typedef struct node                /*定义链栈节点*/
{
    int data;                      /*这里以整型数据为例*/
    struct node * next;            /*指针类型,存放下一个节点地址*/
}NODE;
NODE  * top;                       /链栈表头指针,top为栈顶指针
```

top是栈顶指针，它是指针类型变量，top唯一地确定一个链栈。当top＝NULL时,该链栈为一个空栈，链栈没有栈满的问题。链栈示意图如图4.6所示。链栈的主要操作为入栈、出栈和读取栈元素等。

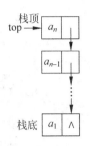

图4.6　链栈示意图

▲思考　链栈为何不需要栈头节点？

2. 链栈基本操作

（1）入栈：

```
NODE * pushstack(NODE * top,int x)          /*进栈操作*/
{
    NODE * p;
    p = (NODE * )malloc(sizeof(NODE));
    p -> data = x;                          /*将要插入的数据x存储到节点p的数据域中*/
    p -> next = top;                        /*将p插入链表头部,即链栈顶部*/
    top = p;
    return(top);
}
```

（2）出栈：

```
NODE * popstack(NODE * top,int * p)
{
    NODE * q;                               /*定义q节点*/
    if(top!= NULL)                          /*如果栈不空*/
    {
        q = top;
        * p = top -> data;                  /*将栈顶元素放入p中*/
        top = top -> next;                  /*修改top指针*/
        free(q);                            /*释放原栈顶空间*/
```

```
        }
        return(top);                    /* 返回栈顶指针 */
    }
```

与单链表的操作相似,当向链栈插入一个元素时,首先要向系统申请一个节点的存储空间,将新元素的值写入新节点的数据域中,然后修改栈顶指针;当出栈时,先取出栈顶元素的值,再修改栈顶指针,释放原栈顶节点。程序 4-2 实现了链栈的入栈和出栈操作,在该程序中,设要插入的新元素为 y,数据类型为整型。

【程序 4-2】

```
/* ========================================= */
/*      程序实例: 4-2.c                       */
/*      链式栈的相关操作                        */
/* ========================================= */
# include < stdio. h >
# include < malloc. h >
typedef struct node                     /* 定义链栈节点 */
{
    int data;                           /* 这里以整型数据为例 */
    struct node * next;                 /* 指针类型,存放下一个节点地址 */
}NODE;

NODE * crea_linkstack()                 /* 建立链栈 */
{
    NODE * top, * p;                    /* 定义栈顶指针 top */
    int a,n;
    top = NULL;
    printf("\n输入链栈的元素数目: ");
    scanf(" % d",&n);                   /* 入链栈的元素个数 */
    if(n > 0)                           /* 若 n <= 0,建立空栈 */
    {
        printf("输入 % d 个链栈的元素: ",n);
        while(n > 0)
        {
            scanf(" % d",&a);           /* 输入新元素 */
            p = (NODE * )malloc(sizeof(NODE));
            p - > data = a;
            p - > next = top;
            top = p;
            n -- ;
        }
    }
    return(top);                        /* 返回栈顶指针 */
}

NODE * pushstack(NODE * top, int x)     /* 进栈操作 */
{
    NODE * p;
```

```
        p = (NODE * )malloc(sizeof(NODE));
        p -> data = x;                      /* 将要插入的数据 x 存储到节点 p 的数据域中 */
        p -> next = top;                    /* 将 p 插入链表头部,即链栈顶部 */
        top = p;
        return(top);
}


NODE * popstack(NODE * top, int * p)
{
        NODE * q;                           /* 定义 q 节点 */
        if(top!= NULL)                      /* 如果栈不空 */
        {
            q = top;
             * p = top -> data;             /* 将栈顶元素放入 * p 中 */
            top = top -> next;              /* 修改 top 指针 */
            free(q);                        /* 释放原栈顶空间 */
        }
        return(top);                        /* 返回栈顶指针 */
}


void print(NODE * top)                      /* 输出链栈中各元素 */
{
        NODE * p;
        p = top;
        if(p!= NULL)
        {
            printf("输出链栈: ");
            while(p!= NULL)
            {
                printf(" % 3d",p -> data);
                p = p -> next;
            }
        }
        else
            printf("\n 栈为空!!!");
}


main()                                      /* 主程序 */
{
        int y = 0;                          /* 将入栈的元素 */
        NODE * a, * b;
        a = crea_linkstack();               /* 建立链栈 */
        print(a);                           /* 输出建立的链栈 */
        printf("\n\n***** The operation of pushstack ***** ");
        printf("\n 输入一个入栈元素: ");
        scanf(" % d",&y);                   /* 输入入栈元素 y */
        a = pushstack(a,y);                 /* y 进栈 */
        print(a);                           /* 输出入栈后的整个链栈 */
        b = popstack(a,&y);                 /* 出栈一个元素到 y */
        printf("\n\n***** The operation of popstack ***** \n");
```

```
        printf("输出链栈栈顶元素: % d\n",y);
        print(b);                          /*输出出栈后的整个链栈*/
}
```

程序运行结果:

```
输入链栈的元素数目: 5(回车)
输入 5 个链栈的元素: 1 2 3 4 5(回车)
输出链栈: 5 4 3 2 1

*****The operation of pushstack*****
输入一个入栈元素: 6(回车)
输出链栈: 6 5 4 3 2 1

*****The operation of popstack*****
出栈链栈栈顶元素: 6
输出链栈: 5 4 3 2 1
```

4.2 队　　列

4.2.1　队列的定义及基本操作

1. 队列的定义

队列(Queue)是另一种限定性的线性表,它只允许在表的一端插入元素,而在另一端删除元素,所以队列具有先进先出(Fist In Fist Out,FIFO)的特性。在队列中,允许插入的一端叫做队尾(rear),允许删除的一端则称为队头(front)。队列的结构特点是先入队的元素先出队。假设有队列 $Q=(a_1, a_2, \cdots, a_n)$,则称 a_1 为队头元素,a_n 为队尾元素。队列 Q 中的元素是按 $a_1, a_2, \cdots, a_n$ 的顺序入队,也是按 $a_1, a_2, \cdots, a_n$ 的顺序出队的,即第一个出队的应该是 a_1,第二个出队的应该是 a_2。只有在 a_{i-1} 出队后,a_i 才可以出队($1 \leqslant i \leqslant n$),如图 4.7 所示。因此,通常又把队列叫做先进先出表。与线性表相类似,队列也有顺序存储队列和链式存储队列两种存储结构。

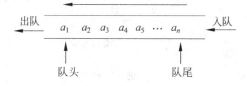

图 4.7　队列示意图

在日常生活中队列的例子处处皆是,下面介绍一些队列的实例。

(1) 等待购物的顾客总是按先后的次序排成队列的,先得到服务的顾客是站在队头的先来者,而后到的人总是排在队的末尾。

(2) 在计算机处理文件打印时,为了解决高速的 CPU 与低速的打印机之间的矛盾,将多个请求打印的文件存储在缓存中,操作系统把它们当作可以被延迟的任务,按照它们提出请求的时间顺序执行各个打印任务,即按照"先进先出"的原则形成打印队列。

2. 队列的基本运算

(1) 队列初始化 InitQueue(Q)。

初始条件:队列 Q 不存在。

操作结果:创建一个空队列。

(2) 入队操作 InQueue(Q, x)。

初始条件:队列 Q 存在,但未满。

操作结果:输入一个元素 x 到队尾,长度加 1。

(3) 出队操作 OutQueue(Q, x)。

初始条件:队列 Q 存在,且非空。

操作结果:删除队头元素,长度减 1。

(4) 判队空操作 QEmpty(Q)。

初始条件:队列 Q 存在。

操作结果:若队空则返回为 1,否则返回为 0。

(5) 判队满操作 QFull(Q)。

初始条件:队列 Q 存在。

操作结果:若队满则返回为 1,否则返回为 0。

(6) 求队列长度 Qlen(Q)。

初始条件:队列 Q 存在。

操作结果:返回队列的长度。

4.2.2 队列的顺序存储结构

1. 顺序队列

顺序存储结构的队列称为顺序队列。通常用一个向量空间来存放顺序队列的元素。由于队列的对头和队尾的位置是在动态变化的,因此要设两个指针分别指向当前队头元素和队尾元素在向量中的位置。这两个指针分别为队头指针 front 和队尾指针 rear。这两个指针都是整型变量。顺序队列的数据类型用 C 语言描述如下:

```
#define   MAXLEN   100                //队列的最大容量
typedef   struct
{
  Datatype   data[MAXLEN];            //Datatype 可根据用户的需要定义数据类型
  int  front, rear;                   //定义队头、队尾指针,并置队列为空
}SeQueue;
SeQueue   * q;                        //定义一个指向队列的指针变量
q = (SeQueue * )malloc(sizeof(SeQueue));   //申请一个顺序队的存储空间
```

为实现基本操作,我们约定在非空队列中,头指针 front 总是指向当前队列第一个元素的前一个位置,而尾指针 rear 总是指向当前队列最后一个元素的所在位置。如图 4.8 所示,设顺序队列的最大长度 MAXLEN 为 8,即队列中可以存放的最多元素个数为 8 个,从 q->data[0] 到 q->data[7]。初始化队列时,队列为空,头指针和尾指针都指向向量空间下

界的下一个位置：q->front=q->rear=-1，如图 4.8(a)所示；每当向队列中插入(入队)一个新的队尾元素时，尾指针 rear 向后(即队尾方向)移动一位，即 q->rear=q->rear+1，如图 4.8(b)所示表示有 6 个元素 a_1、a_2、a_3、a_4、a_5、a_6 相继入队，当 q->rear=MAXLEN-1 时表示队满；每当从队列中删除一个队头元素时，队头指针 front 也向后(队尾方向)移动一位，即 q->front=q->front+1，如图 4.8(c)所示表示元素 a_1、a_2、a_3 依次出队。经过多次入队和出队操作，可能出现队头指针与队尾指针相等，即 q->front=q->rear 的情形，如图 4.8(d)所示，此时顺序队列为空。

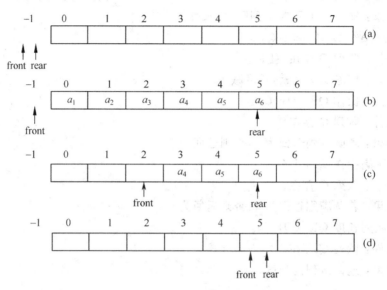

图 4.8　顺序队列中元素入队、出队操作示意图

把上面的各种情况汇总为下面的几个条件，这是实现顺序队列基本操作的重要原则。

队列的初始化条件：q->front=q->rear=-1

队满条件：q->rear=MAXLEN-1

队空条件：q->front=q->rear

▲思考　何谓队满？如何判断队满？队列长度的值是否等于 rear 减去 front？

下面给出顺序队列中实现入队与出队运算的算法描述，然后给出具体的程序。

(1) 初始化。

```
InitSeQueue()
{
    SeqQueue q;
    q->front=-1;
    q->rear=-1;
}
```

(2) 入队。

顺序队列入队操作即在队尾插入元素，先将队尾 rear 指针加 1，使队尾指针指向新元素应该插入的位置，即队尾位置，然后将数据插入。由于顺序队列有上界，因此会发生队满情况。在插入时，若队满，则应返回队满信息。

```
int enterSeqQueue(SeqQueue * q, Datatype x)
{
    if(q->rear>=MAXLEN-1)
        return(0);                          /*队列已满,插入失败*/
    else
      {
        (q->rear)++;
        q->data[q->rear] = x;
        return(1);                          /*插入成功*/
      }
}
```

（3）出队。

出队操作即删除队列的队头元素,因队头指针 front 指向队头元素的前一个位置,因此,应先使队头指针 front 加 1,然后取出队头指针所指元素。当队列为空时,返回队空值 0。

```
int DelSeqQueue(SeqQueue * q, Datatype * x)
{
    if (q->front == q->rear)                /*队列空,不能删除*/
      return(0);
    else
      {
        q->front++;
        * x = (q->data[q->front]);
        return(1);                          /*删除成功*/
      }
}
```

顺序队列操作的综合程序如下:

【程序 4-3】

```
/* ======================================= */
/*     程序实例: 4-3.c                       */
/*     顺序队列的相关操作                      */
/* ======================================= */
# include < stdio. h >
# define MAXLEN 10
typedef struct                    /*队列的顺序存储结构定义*/
{
    int data[MAXLEN];             /*存放队列元素的数组*/
    int front,rear;               /*队列头、尾指针*/
}SeQueue;

SeQueue InitSeQueue()             /*建立一个空队列 q */
{
    SeQueue q;
    q. front =-1;
    q. rear =-1;
```

```
        return(q);
    }

    int Getfront_seq(SeQueue * q,int * x)        /* 取队头元素,若队列 q 非空,用 * x 返回其元素 */
    {
        if(q->front == q->rear)
            return(0);                            /* 队列空返回 0 */
        else
        {
            * x = q->data[(q->front) + 1];
            return(1);
        }
    }

    int enterSeqQueue(SeQueue * q,int x)         /* 入队列操作,若队列 q 未满,将元素 x 入队 */
    {
        if(q->rear == MAXLEN - 1)
            return(0);                            /* 队列满返回 0 */
        q->rear++;
        q->data[q->rear] = x;
        return(1);
    }

    int Empty_seq(SeQueue * q)                   /* 判断队列 q 是否为空,空则返回 1,非空返回 0 */
    {
        return(q->front == q->rear);
    }

    int DelSeqQueue(SeQueue * q,int * x)         /* 出队列操作,若队列 q 非空,将出队元素送 * x */
    {
        if(q->front == q->rear)
            return(0);                            /* 队列空返回 0 */
        else
        {
            q->front++;
            * x = q->data[q->front];
            return(1);
        }
    }

    void print(SeQueue q)                        /* 输出队列 q 元素 */
    {
        int n;
        if(q.front!= q.rear)                      /* 队列非空,输出队列元素 */
        {
            printf("队列的元素输出: ");
            for(n = q.front + 1;n <= q.rear;n++)
                printf("% d ",q.data[n]);
        }
        else
```

```
            printf("队列为空!!!");
        printf("\n");
}


main()                                      /* 主程序 */
{
    SeQueue queue;
    int n,y,z,i,j;
    queue = InitSeQueue();                  /* 建立空队列 queue */
    if(Empty_seq(&queue)!= 0)               /* 判断队列 queue 是否为空 */
        printf("\n 队列为空!");
    else
        printf("\n 队列非空!");
    printf("\n 输入入队元素的数目 n: ");
    scanf("%d",&n);
    printf("输入 %d 个待入队的元素: \n",n);
    for(i = 1;i <= n;i++)                    /* 入队列 n 个元素 */
    {
        scanf("%d",&y);
        enterSeqQueue(&queue,y);
    }
    print(queue);                           /* 入队列 n 个元素后输出队列元素 */
    Getfront_seq(&queue,&z);                /* 取队列头部元素,送 z */
    printf("当前队头元素: %d \n",z);        /* 输出队列头部元素 z */
    print(queue);                           /* 再输出队列元素 */
    printf("输入出队元素的数目 j(j 要小于 n): ");
    scanf("%d",&j);
    printf("出队的 %d 个元素为: ",j);
    for(i = 1;i <= j;i++)                    /* 出队列 j 个元素 */
    {
        DelSeqQueue(&queue,&z);
        printf("%d",z);                     /* 按出队列次序输出队列元素 */
    }
    printf("\n");
    print(queue);                           /* 再输出队列元素 */
    if(Empty_seq(&queue)!= 0)               /* 判断队列 queue 是否为空 */
        printf("队列为空!\n");
    else
        printf("队列非空!\n");
}
```

程序运行结果:

```
队列为空!
输入入队元素的数目 n: 6(回车)
输入 6 个待入队的元素: 8 7 6 2 5  4(回车)
队列的元素输出: 8  7  6  2  5  4
当前队头元素: 8
队列的元素输出: 8  7  6  2  5  4
输入出队元素的数目 j(j 要小于 n): 3(回车)
队列的元素输出: 2  5  4
队列非空!
```

在队列的顺序存储结构中，必须要讨论顺序队列的数组越界（或上溢）问题。假设一个队列最多能存放 MAXLEN（MAXLEN＝8）个元素，如图 4.9（a）所示，队列中已有 MAXLEN 个元素，即队列已满（此时队列长度达到最大），如果在队列中再插入一个元素，那么就出现了数组越界或上溢的现象。

上面是整个队列中已装满 MAXLEN 个元素的情况。可是即使出队了部分元素，当队列处于如图 4.9（b）所示状态时，如果再继续插入新的队尾元素，也会出现数组越界或上溢的现象；更有甚者，如图 4.9（c）所示，队头指针和队尾指针相等且值为 7 时，即 q->front＝q->rear＝7 时，队列虽然为空，但不能再插入新元素，要做一次队列置空操作后才能工作。产生这些现象的原因是被删除元素的空间在该元素删除以后就永远使用不到了。如图 4.9（b）和图 4.9（c）所示这种溢出是一种"假溢出"，因为队列的可用空间并未占满。

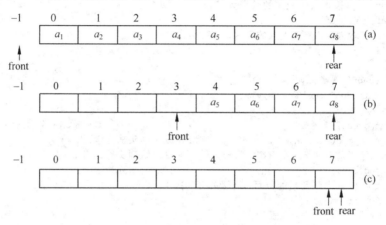

图 4.9　队列溢出与"假溢出"情形示意图

解决假溢出问题的办法很多，以下列举了四种方法：

（1）采用循环队列；

（2）按最大可能的进队操作次数设置顺序队列的最大元素个数；

（3）修改出队算法，使每次出队列后都把队列中剩余的数据元素向队头方向移动一个位置；

（4）修改入队算法，增加判断条件，当假溢出时，把队列中的数据元素向队头移动，然后完成入队操作。

解决假溢出最常用的方法是使用循环队列。

▲思考　什么是队列的上溢现象和"假溢出"现象？解决它们有哪些方法？

2. 循环队列

循环队列是将存储队列的存储区域看成是一个首尾相连的圆环，即将表示队列的数组元素 q->data[0] 和 q->data[MAXLEN−1] 连接起来，形成一个环形表，如图 4.10 所示（图中下标 n≤MAXLEN−1）。

在循环队列中，设存储容量为 MAXLEN，队头指针和队尾指针分别为 front 和 rear。当 q->

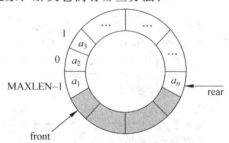

图 4.10　循环队列示意图

rear＝MAXLEN－1时,只要data[0]是空闲的,下一个元素就可放入data[0]中。入队操作时,队尾指针加1可描述为:q->rear＝(q->rear＋1)％MAXLEN;出队操作时,队头指针加1可描述为:q->front＝(q->front＋1)％MAXLEN。

如图4.11(a)所示的循环队列中,队列头元素是a_1,队列尾元素是a_3,之后a_4、a_5、a_6、a_7、a_8相继插入,则队列空间均被占满,如图4.11(b)所示,此时q->front＝q->rear;反之,若a_1、a_2、a_3相继被从如图4.11(a)所示的循环队列中删除,使队列呈"空"的状态,如图4.11(c)所示,此时也存在关系式q->front＝q->rear。

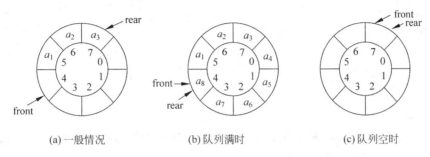

(a)一般情况   (b)队列满时   (c)队列空时

图4.11   循环队列元素入队、出队过程示意图

由此可见,只根据等式q->front＝q->rear无法判别循环队列是"空"还是"满"。解决方法主要有三种:

(1)使用一个计数器count记录队列中元素个数(即队列长度),当入队一个元素时,计数器加1,即count＝count＋1;当出队一个元素时,计数器减1,即count＝count－1。这样,判队满的条件是:count＞0 && q->rear＝q->front;判队空的条件是:count＝0(此时q->front＝q->rear)。

(2)另设一个标志位flag以区别队列是空还是满。当插入一个元素时,flag置1;当删除一个元素时,flag置0。这样,当插入一个元素后,如果q->front＝q->rear且flag＝1,表示队列已满;当删除一个元素后,如果q->front＝q->rear且flag＝0,表示队列为空。即当q->front＝q->rear时,只要看flag标记的值是0还是1,就可以判断队列目前实际的空、满状态。

(3)损失一个元素存储单元不用,即不用q->front所指空间,也就是循环队列中元素的个数是MAXLEN－1时就认为队满了,以队尾指针加1等于队头指针为判断队满的条件,即当q->front＝(q->rear＋1)％MAXLEN时表示队满,当q->front＝q->rear时表示队空。如图4.12所示为用这种方式判断循环队列为满的示意图。

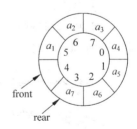

图4.12   循环队列为满的示意图

在第(3)种方法中,当q->rear≥q->front时,循环队列的长度len＝q->rear － q->front;当q->rear＜q->front时,len＝q->rear － q->front＋MAXLEN。二者统一起来,得len＝(q->rear－ q->front＋ MAXLEN)％MAXLEN。

现把上面约定的方法汇总为如下循环队列基本操作的重要原则。

循环队列的初始化条件:q->rear＝＝q->front＝＝0

循环队满条件：(q->rear＋1)％MAXLEN＝＝q->front

循环队空条件：q->front＝＝q->rear

下面给出循环队列的几种基本操作的实现算法。

(1) 初始化队列。

设 front 与 rear 分别为队头和队尾指针。采取少用一个元素空间的方法，即循环队列的 front 所指空间不用，队列中的第 1 个元素是 front 的后继，rear 指向队尾元素。

```
InitCQueue()
{
    SeqQueue q;
    q.front = 0;
    q.rear = 0;
}
```

(2) 入队。

将一个新元素 x 入队，从队尾插入，首先要判断是否队满。若队满，则应返回队满信息；若队不满，返回插入成功信息。

```
int  enterCQueue(SeqQueue * q, Elemtype * x)          /*将新元素 x 插入队列 * q 的队尾 */
{
    if((q-> rear + 1) % MAXSIZE == q-> front)
    {
        printf("SeqQueue is full");
        return 0;
    }
    else
    {
        q-> rear = (q-> rear + 1) % MAXSIZE;
        q-> data[q-> rear] = x;
    }
}
```

(3) 出队。

出队操作即删除队列的队头元素，因队头指针 front 指向队头元素的前一个位置，因此，应先使队头指针 front 加 1，然后取出队头指针所指元素。当队列为空时，返回队空值 0。

```
Int DelCQueue(SeqQueue * q ,Elemtype * x)
{
    if (queueEmpty(q))
    {
        printf("SeqQueue is empty");
        return 0;
    }
    else
    {
        q-> front = (q-> front + 1) % MAXSIZE;
        * x = q-> data[q-> front];
```

```
      return 1;
   }
}
```

（4）判队空。

```
int CQueueEmpty(SeqQueue * q)
{
  if(q -> rear == q -> front)
     return 1;
  else
     return 0;
}
```

  循环队列仍然是顺序队列结构，只是逻辑上与顺序队列有所不同。循环队列操作的综合程序与顺序队列的非常相似，此处不再赘述。

4.2.3 队列的链式存储结构

1. 链队列及其结构

  采用链式存储结构表示的队列称为链队列（Linked Queue）。它是仅在表头删除和表尾插入的单链表。为方便操作，我们采用带头节点的链表结构，并设置一个队头指针和队尾指针，如图 4.13 所示。队头指针始终指向头节点，队尾指针指向当前最后一个元素。空的链队列的队头指针和队尾指针均指向头节点。

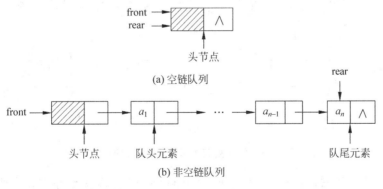

(a) 空链队列

(b) 非空链队列

图 4.13 链队列示意图

  根据链队列的结构示意图（如图 4.13 所示），用 C 语言描述链队列节点和链队列如下。
链队列中节点类型的定义：

```
typedef struct node
  {
    Datatype   data;          //Datatype 可根据用户的需要定义数据类型
    struct node * next;       //指向直接后继元素的指针
  } QNode;
```

链队列的定义：

```
typedef struct
{
    QNode * front;                    /* 定义队列头指针 */
    QNode * rear;                     /* 定义队列尾指针 */
}LinkQueue;
LinkQueue * q;
```

当一个队列 * q 为空时，q->front＝q->rear，其头指针和尾指针都指向头节点，如图 4.13(a)所示。非空链队列如图 4.13(b)所示。判断链队列为空的条件是：头指针和尾指针均指向头节点。链队列的基本操作主要是入队列和出队列操作，其操作方法是对单链表进行插入和删除操作的特殊情况。只要计算机的存储空间够用，链队列不存在队满问题。如图 4.14 所示是链队列元素入队和出队操作的示意图。

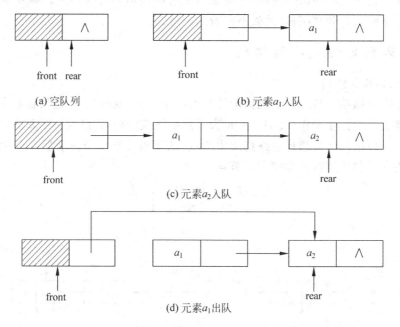

(a) 空队列   (b) 元素a_1入队

(c) 元素a_2入队

(d) 元素a_1出队

图 4.14　链队列元素入队、出队过程示意图

从以上分析可以看出，插入在表尾进行，rear＝rear->next；删除在表头进行，但头指针 front 始终没有发生变化，变化的是 front->next；而当删除最后一个节点(front->next＝＝rear)时，还要调整 rear＝NULL。

▲思考　试比较链队列元素的入队、出队操作与单链表中节点的插入、删除的异同。

2. 链队列的基本运算

1) 初始化

```
int InitLinkQueue(LinkQueue * q)              /* 将 q 初始化为一个空的链队列 */
{
    q->front = (QNode * )malloc(sizeof(QNode));
    if(q->front!= NULL)
```

```
    {
        q -> rear = q -> front;
        q -> front -> next = NULL;
        return (TRUE);
    }
    else return (FALSE);        /* 溢出! */
}
```

2) 入队(进队)

```
int enterLinkQueue(LinkQueue * q, Datatype x)
/* 将数据元素 x 插入到队列 q 中 */
{
    QNode   * s;
    s = (Qnode * )malloc(sizeof(QNode));
    if(s!= NULL)
    {
        s -> data = x;
        s -> next = NULL;
        q -> rear -> next = s;
        q -> rear = s;
        return(1);
    }
    else
     return(0);        /* 溢出! */
}
```

3) 判空队

```
int LinkQueueEmpty(LinkQueue * q)
 {
    if(q -> front == q -> rear)
      return(1);
     else
      return(0);
 }
```

4) 出队

```
int DelLinkQueue(LinkQueue * q, Datatype * x)
/* 将队列 q 的队头元素出队,并存放到 x 所指向的存储空间中 */
{
    QNode * s;
    if(q -> front == q -> rear)
        return(0);
    s = q -> front -> next;
    q -> front -> next = s -> next;            /* 队头元素 s 出队 */
    if(q -> rear == s)                          /* 如果队中只有一个元素 s,则 s 出队后成为空队 */
```

```
        q -> rear = q -> front;
     * x = s -> data;
     free(s);                    /* 释放存储空间 */
     return(1);
  }
```

链队列操作的综合程序如下:

【程序 4-4】

```
/* =========================================== */
/*     程序实例: 4 - 4.c                        */
/*     链式队列的相关操作                         */
/* =========================================== */
# include < stdio. h>
# include < malloc. h>
typedef struct Node
{
    int data;                          /* 数据域,设为整型 */
    struct Node * next;                /* 指针域 */
}QNode;
typedef struct
{
    QNode * front;
    QNode * rear;
}LinkQueue;

int InitLinkQueue(LinkQueue * Q)
    /* 初始化操作,将 Q 初始化为一个带头节点的空链队列 */
{
    Q -> front = (QNode * )malloc(sizeof(QNode));
    if(Q -> front != NULL)
    {
        Q -> rear = Q -> front;          /* 尾指针指向头节点 */
        Q -> front -> next = NULL;       /* 置头节点的指针域为空 */
        return(1);
    }
    else return(0);                      /* 溢出! */
}

int EnterLinkQueue(LinkQueue * Q, int x)  /* 入队操作,将数据元素 x 插入到队列 Q 中 */
{
    QNode * NewNode;
    NewNode = (QNode * )malloc(sizeof(QNode));
    if(NewNode != NULL)
    {
        NewNode -> data = x;
        NewNode -> next = NULL;
        Q -> rear -> next = NewNode;
        Q -> rear = NewNode;
```

```
            return(1);
    }
    else  return(0);                           /* 溢出!*/
}

int DelLinkQueue(LinkQueue * Q, int * x)
    /* 出队操作,将队列 Q 的队头元素出队,并存放到 x 所指的存储空间中 */
{
    QNode * q;
    if(Q->front == Q->rear)
        return(0);
    q = Q->front->next;
    Q->front->next = q->next;                  /* 队头元素 q 出队 */
    if(Q->rear == q)                           /* 如果队中只有一个元素 q,则 q 出队后成为空队 */
        Q->rear = Q->front;
    *x = q->data;
    free(q);                                   /* 释放存储空间 */
    return(1);
}

int GetHead(LinkQueue Q, int * x)              /* 提取队列的队头元素,用 x 返回其值 */
{
    if(Q.front == Q.rear)                      /* 队列为空 */
        return(0);
    *x = Q.front->next->data;
    return(1);                                 /* 操作成功 */
}

void ShowQueue(LinkQueue * Q)                  //显示队列元素函数
{   QNode * p = Q->front->next;
if(p == NULL)
    printf("队列为空!\n");
else
{
    printf("队列元素为:\n");
    while(p!= NULL)
    {
        printf(" % 3d",p->data);
        p = p->next;
    }
    printf("\n");
}
}

void main()                                    //主函数
{
    int v, n = 0, i, record, j, x;
    LinkQueue queue;
    InitLinkQueue(&queue);
    printf("\n 输入入队元素的数目 n: ");
```

```
        scanf("%d",&n);
        printf("输入待入队的%d个元素：\n",n);
        for(i=1;i<=n;i++)
        {
            scanf("%d",&record);
            EnterLinkQueue(&queue,record);
        }
        ShowQueue(&queue);
        if(GetHead(queue,&v) == 0)
            printf("队列为空!\n");
        else
            printf("队头元素为：%d",v);
        printf("\n输入出队元素的数目j(要求j<=n)：");
        scanf("%d",&j);
        printf("出队的元素为：\n");
        for(i=1;i<=j;i++)
        {
            DelLinkQueue(&queue,&x);
            printf("%3d",x);
        }
        printf("\n");
        ShowQueue(&queue);
}
```

程序运行结果：

```
输入入队元素的数目n：6(回车)
输入待入队的6个元素：
5 3 2 1 8 10

队列元素为：
5 3 2 1 8 10

队头元素为：5
输入出队元素的数目j(要求j<=n)：3(回车)
出队的元素为：
5  3  2
队列元素为：
1  8  10
```

若输入出队元素的个数为6，将显示：

```
出队的元素为：
5 3 2 1 8 10
队列为空!
```

▲**思考**　程序 4-4 中的链队列是带头节点的情形，请读者对该程序做简单修改以实现不带头节点的程序。

综上所述，队列的存储结构有顺序存储和链表存储。为了解决顺序存储的"假溢出"现象，往往用循环队列作为队列的顺序存储结构。循环队列和链表队列的队空条件均为 q->

front＝q->rear；循环队列的队满条件为 q->front＝(q->rear＋1)％MAXLEN，而链队列不存在队满的问题，但指针域占用了额外的存储空间。

4.3　应用举例及分析

例 4.1　打印数据缓冲区问题。

在打印机打印的时候，主机输出数据给打印机打印，输出数据的速度比打印数据的速度要快得多。若直接把输出的数据送给打印机打印，由于速度不匹配，会大大影响主机的工作效率。

解决的办法是设置一个打印数据缓冲区。缓冲区是一块连续的存储空间，把它设计成循环队列结构，主机把要打印输出的数据依次写入到这个缓冲区中，写满后就暂停输出，转去做其他的事情。打印机就从缓冲区中按照先进先出的原则依次取出数据并打印，打印完这批数据后再向主机发出请求。主机接到请求后再向缓冲区写入打印数据。

这样做既保证了打印数据的正确，又因为解决了计算机数据处理与打印机之间速度不匹配的问题而提高了主机效率。由此可见，打印数据缓冲区中所存储的数据就是一个队列。

例 4.2　对 CPU 的分配管理问题。

在一个带有多终端的计算机系统上，有多个用户需要 CPU 各自运行自己的程序，它们分别通过各自终端向操作系统提出占用 CPU 的请求。操作系统通常按照每个请求在时间上的先后顺序，把它们排成一个队列，每次把 CPU 分配给队首请求的用户使用。当相应的程序运行结束或用完规定的时间间隔后，则令其出队，再把 CPU 分配给新的队首请求的用户使用。这样既满足了每个用户的请求，又使 CPU 能够正常运行。

上述两例是计算机学科领域应用队列解决的经典问题。队列是一种应用广泛的数据结构，凡具有"先进先出"需要排队处理的问题，都可以使用队列来解决。

例 4.3　用非递归算法将输入的任意一个非负十进制整数转换成八进制数。

算法思想：采用栈结构，将待转换的十进制整数除以基数 8 得到的余数压入栈中，再将商除以基数 8 得到的余数压入栈中，如此继续下去，直到商为 0 为止。最后从栈中弹出的数据就是本题的结果。这是利用栈的"后进先出"特性的最简单的例子。

【程序 4-5】

```
/* =========================================== */
/*    程序实例：4－5.c                         */
/*    用非递归算法将输入的任意一个非负          */
/*    十进制整数转换成八进制数                  */
/* =========================================== */
#define MAXSIZE 100
#include <stdio.h>
typedef struct
{
    int data[MAXSIZE];
    int top;
```

```c
}SeqStack;
void initStack(SeqStack * s)
{                        /* 顺序栈初始化 */
    s -> top = 0;
}


int getTop(SeqStack * s)
{                        /* 返回栈顶元素 */
    int x;
    if(s -> top == 0)
    {
        printf("栈空\n");
        x = 0;
    }
    else
        x = (s -> data)[s -> top];
    return x;
}


int push(SeqStack * s,   int x)
{                        /* 元素 x 入栈 */
    if(s -> top == MAXSIZE - 1)
    {
        printf("栈满!\n");
        return 0;
    }
    else
    {
        s -> top++;
        (s -> data)[s -> top] = x;
        return 1;
    }
}


int pop(SeqStack * s)
{                        /* 返回栈顶元素并删除栈顶元素 */
    int   x;
    if(s -> top == 0)
    {
        printf("栈空\n");
        x = 0;
    }
    else
    {
        x = (s -> data)[s -> top];
        s -> top -- ;
    }
    return   x;
}
```

```
main( )
{
    SeqStack stack, * s;
    int n = 0;
    s = &stack;
    initStack(s);
    printf("输入一非负整数(十进制): ");
    scanf("% d",&n);
    push(s,'#');
    while(n!= 0)
    {
        push(s,n % 8);
        n = n/8;
    }
    printf("对应的八进制数为: ");
    while(getTop(s)!= '#')
        printf("% d",pop(s));
    printf("\n");
}
```

程序运行结果:

输入一非负整数(十进制): 10(回车)
对应的八进制数为: 12

例 4.4 表达式求值。

任一表达式都可看成是由操作数、运算符和界限符组成的一个串。其中,操作数可以是常数也可以是变量或常量的标识符,运算符可以是算术运算符、关系运算符和逻辑运算符等,界限符包括左右括号和表达式结束符等,例如表达式 $7+4*(8-3)$。为论述方便,这里仅介绍简单算术表达式的求值问题。

(1)中缀表达式(Infix Notation)。一般我们所用表达式是将运算符号放在两运算对象的中间,例如 $a+b$,我们把这样的式子称为中缀表达式。

(2)后缀表达式(Postfix Notation)。后缀表达式规定把运算符放在两个运算对象(操作数)的后面。在后缀表达式中,不存在运算符的优先级问题,也不存在任何括号,计算的顺序完全按照运算符出现的先后次序进行。

(3)中缀表达式转换为后缀表达式。中缀表达式转换成后缀表达式是利用栈来完成的。转换规则是,设立一个栈,存放运算符,首先为空栈,编译程序从左到右扫描中缀表达式:

① 若遇到操作数,直接输出,并输出一个空格作为两个操作数的分隔符;

② 若遇到运算符,则必须与栈顶比较,运算符级别比栈顶级别高则进栈,否则退出栈顶元素并输出,然后输出一个空格作为分隔符;

③ 若遇到左括号,进栈,若遇到右括号,则一直退栈输出,直到退到左括号为止;

④ 当栈空时,输出的结果即为后缀表达式。

中缀表达式 $2+4/(18-(6+10))*6$ 转换成等价的后缀表达式,栈的变化及输出结果如表 4.1 所示。

表 4.1 中缀表达式转换为等价的后缀表达式栈中的变化情况

读　　入	运 算 符 栈	输 出 结 果	操 作 说 明
2		2	输出 2
+	+	2	＋进栈
4	+	2,4	输出 4
/	+,/	2,4	/继续进栈
(	+,/,(	2,4	(进栈
18	+,/,(	2,4,18	输出 18
−	+,/,(,−	2,4,18	−进栈
(	+,/,(,−,(	2,4,18	(再进栈
6	+,/,(,−,(	2,4,18,6	输出 6
+	+,/,(,−,(,+	2,4,18,6	＋进栈
10	+,/,(,−,(,+	2,4,18,6,10	输出 10
)	+,/,(,−	2,4,18,6,10,+	遇),依次弹出第 2 个(后的符号
)	+,/	2,4,18,6,10,+,−	再遇),依次弹出第 1 个(后的符号
*	+,*	2,4,18,6,10,+,−,/	弹出/,但 * 高于＋,继续进栈
6	+,*	2,4,18,6,10,+,−,/,6	输出 6
♯		2,4,18,6,10,+,−,/,6,*,+	遇到结束符♯,依次弹出 *,+

得到后缀表达式为：2 4 18 6 10 ＋ −/ 6 * ＋。

（4）后缀表达式求值。后缀表达式求值的运算要用到一个数栈 stack 和一个存放后缀表达式的字符型数组 exp。其实现过程就是从头至尾扫描数组中的后缀表达式：

① 当遇到运算对象时,就把它插入到数栈 stack 中;

② 当遇到运算符时,就执行两次出栈的操作,对出栈的数进行该运算符指定的运算,并把计算的结果压入到数栈 stack,把它插入到数栈 stack 中;

③ 重复步骤①、②,直至扫描到表达式的终止符"♯",在数栈的栈顶得到表达式的值。

后缀表达式 2 4 18 6 10 ＋ −/ 6 * ＋的计算过程如下：

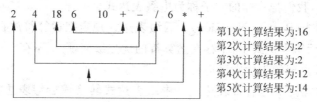

表达式求值的 C 语言程序如下：

【程序 4-6】

```
# include < stdio. h >
# define MAXLEN 100                        / * 定义变量 * /
void trans(char str[ ],char exp[ ])        / * 将算术表达式 str 转换成后缀表达式 exp * /
{
    struct
    {
        char data[MAXLEN];                 / * 定义用于存放加、减、乘、除等符号的栈 * /
        int    top;                        / * 定义栈指针 * /
    }op;
    char ch;
    int i = 0,t = 0;
    op. top = - 1;
    ch = str[i];i++;
    while(ch!= '\0')                       / * 扫描算术表达式数组是否结束 * /
    {
        switch(ch)
        {
        case'(':                           / * 判断是否为'(' * /
            op. top++;op. data[op. top] = ch;
            break;
        case')':                           / * 判断是否为')' * /
            while(op. data[op. top]!= '(')
            {
                exp[t] = op. data[op. top];
                op. top -- ;
                t++;
            }
            op. top -- ;
            break;
        case' + ':
        case' - ':                         / * 判断是否为' + '或' - ' * /
            while(op. top!= - 1 && op. data[op. top]!= '(')
            {
                exp[t] = op. data[op. top];
                op. top -- ;
                t++;
            }
            op. top++;
            op. data[op. top] = ch;
            break;
        case' * ':
        case'/':                           / * 判断是否为' * '或'/' * /
            while(op. data[op. top] == ' * ' || op. data[op. top] == '/')
            {
                exp[t] = op. data[op. top];
                op. top -- ;
                t++;
            }
            op. top++;op. data[op. top] = ch;
            break;
```

```
            case' ':break;                        /*跳过空格*/
            default:
                while(ch>= '0' && ch<= '9')
                {
                    exp[t] = ch;t++;
                    ch = str[i];i++;
                }
                i--;
                exp[t] = '#';t++;                  /*用#表示数值是否结束*/
            }
            ch = str[i];i++;
        }
        while(op.top!= -1)                         /*扫描结束,栈是否为空*/
        {
            exp[t] = op.data[op.top];
            t++;
            op.top--;
        }
        exp[t] = '\0';                             /*给后缀表达式添加结束符*/
}

float compvalue(char exp[])                        /*计算后缀表达式的值*/
{
    struct
    {
        float data[MAXLEN];                        /*存放数值*/
        int top;                                   /*定义栈指针*/
    } st;
    float d;
    char ch;
    int t = 0;
    st.top = -1;
    ch = exp[t];t++;
    while(ch!= '\0')                               /*扫描字符串是否结束*/
    {
        switch(ch)
        {
        case' + ':st.data[st.top-1] = st.data[st.top-1] + st.data[st.top];
            st.top--;break;
        case' - ':st.data[st.top-1] = st.data[st.top-1] - st.data[st.top];
            st.top--;break;
        case' * ':st.data[st.top-1] = st.data[st.top-1] * st.data[st.top];
            st.top--;break;
        case'/':
            if(st.data[st.top]!= 0)
                st.data[st.top-1] = st.data[st.top-1]/st.data[st.top];
            else
            {
                printf("\n除零错误! \n");          /*判断分母是否为 0,如为 0 推出*/
                return(0);
```

```
            }
            st.top -- ;break;
        default:
            d = 0;
            while(ch > = '0' && ch < = '9')          /* 判断是否为数字字符 */
            {
                d = 10 * d + ch - '0';
                ch = exp[t];t++;
            }
            st.top++;
            st.data[st.top] = d;
        }
        ch = exp[t];t++;
    }
    return st.data[st.top];
}

main()
{
    char str[MAXLEN],exps[MAXLEN];
    /* 定义存储算术表达式的字符数组和用于存放后缀表达式的数组 */
    printf("输入一个求值表达式,只能包含 + 、- 、* 、/、括弧和正整数\n");
    printf("表达式: ");
    gets(str);                                       /* 输入求值表达式 */
    printf("原表达式(中缀表达式): % s\n",str);
    trans(str,exps);                                 /* 调用中缀表达式变后缀表达式的函数 */
    printf("后缀表达式: % s\n",exps);
    printf("表达式的计算结果: % g\n",compvalue(exps));
    return 0;
}
```

程序运行结果:

```
输入一个求值表达式,只能包含 + 、- 、* 、/、括弧和正整数
表达式: 2 + 4 /(18 - (6 + 10)) * 6(回车)
原表达式(中缀表达式): 2 + 4 /(18 - (6 + 10)) * 6
后缀表达式:2♯4♯18♯6♯10♯ +-/6♯ * +
表达式的计算结果: 14
```

上 机 实 训

(一) 栈及其应用

1. 实验目的
掌握栈的顺序表示和实现。

2. 实验内容
编写一个程序实现顺序栈的各种基本运算。

3. 实验步骤

（1）初始化顺序栈；

（2）插入元素；

（3）删除栈顶元素；

（4）取栈顶元素；

（5）遍历顺序栈；

（6）置空顺序栈。

4. 实现提示

```
/*定义顺序栈的存储结构*/
typedef struct
{
    Datatype stack[MAXNUM];
    int top;
}SqStack;

/*初始化顺序栈函数*/
void InitStack(SqStack * p)
{
    q = (SqStack * )malloc(sizeof(SqStack))        /*申请空间*/
}

/*入栈函数*/
void Push(SqStack * p,Datatype x)
{
    if(p->top<MAXNUM-1)
    {
        p->top = p->top+1;                          /*栈顶+1*/
        p->stack[p->top] = x;                       /*数据入栈*/
    }
}

/*出栈函数*/
Datatype Pop(SqStack * p)
{
    x = p->stack[p->top];                           /*将栈顶元素赋给x*/
    p->top = p->top-1;                              /*栈顶-1*/
}

/*获取栈顶元素函数*/
Datatype GetTop(SqStack * p)
{
    x = p->stack[p->top];
}

/*遍历顺序栈函数*/
void OutStack(SqStack * p)
```

```
{
    for(i = p -> top;i >= 0;i -- )
        printf("第%d个数据元素是：%6d\n",i,p -> stack[i]);
}

/* 置空顺序栈函数 */
void setEmpty(SqStack * p)
{
    p -> top = -1;
}
```

5. 思考与提高

读栈顶元素的算法与退栈顶元素的算法有何区别？

（二）队列及其应用

1. 实验目的

掌握队列的链式表示和实现。

2. 实验内容

实现队列的链式表示和实现。

3. 实验步骤

（1）初始化并建立链队列；

（2）入链队列；

（3）出链队列；

（4）遍历链队列。

4. 实现提示

```
/* 定义链队列 */
typedef struct Qnode
{
    Datatype data;
    struct Qnode * next;
}Qnodetype;
typedef struct
{
    Qnodetype * front;
    Qnodetype * rear;
}Lqueue;

/* 初始化并建立链队列函数 */
void creat(Lqueue * q)
{
    h = (Qnodetype * )malloc(sizeof(Qnodetype));        /* 初始化申请空间 */
    h -> next = NULL;
    q -> front = h;
    q -> rear = h;
    for(i = 1;i <= n;i++)                                /* 利用循环快速输入数据 */
```

```
    {
        scanf(" % d",&x);
        Lappend(q,x);                /* 利用入链队列函数快速输入数据 */
    }
}

/* 入链队列函数 */
void Lappend(Lqueue * q, int x)
{
    s->data = x;
    s->next = NULL;
    q->rear->next = s;
    q->rear = s;
}

/* 出链队列函数 */
Datatype Ldelete(Lqueue * q)
{
    p = q->front->next;
    q->front->next = p->next;
    if(p->next == NULL)
        q->rear = q->front;
    x = p->data;
    free(p);                         /* 释放空间 */
}

/* 遍历链队列函数 */
void display(Lqueue * q)
{
    while(p!= NULL)                  /* 利用条件判断是否到队尾 */
    {
        printf(" % d-->",p->data);
        p = p->next;
    }
}
```

5. 思考与提高

链栈只有一个 top 指针,对于链队列,为什么要设计一个头指针和一个尾指针?

习　　题

1. 名词解释

(1) 栈;

(2) 顺序栈;

(3) 链栈;

(4) 队列;

(5) 顺序队列;

(6) 链队列；

(7) 循环队列。

2. 判断题（下列各题，正确的请在前面的括号内打√；错误的打×）

（　　）(1) 栈是运算受限制的线性表。

（　　）(2) 在栈空的情况下，不能做出栈操作，否则产生溢出。

（　　）(3) 栈一定是顺序存储的线性结构。

（　　）(4) 空栈就是所有元素都为 0 的栈。

（　　）(5) 在 C++语言中设顺序栈的长度为 MAXLEN，则 top＝MAXLEN 时表示队满。

（　　）(6) 一个栈的输入序列为 A、B、C、D，可以得到输出序列为 C、A、B、D。

（　　）(7) 队列是限制在两端进行操作的线性表。

（　　）(8) 判断顺序队列为空的标准是头指针和尾指针均指向同一个节点。

（　　）(9) 在链队列做出队操作时，会改变 front 指针的值。

（　　）(10) 在循环队列中，若尾指针 rear 大于头指针 front，其元素个数为 rear－front。

（　　）(11) 队列是一种"后进先出"的线性表。

（　　）(12) 在单向循环链表中，若头指针为 h，那么 p 所指的节点为尾节点的条件是 p＝h。

3. 填空题

(1) 在栈中存取数据遵循的原则是：_____。

(2) 在栈结构中，允许插入、删除的一端称为_____，另一端称为_____。

(3) 在顺序栈中，当栈顶指针 top＝－1 时，表示_____；当 top＝MAXLEN－1 时，表示_____。

(4) 在有 n 个元素的栈中，进栈和退栈操作的时间复杂度分别为_____和_____。

(5) 同一栈的各元素的类型_____。

(6) 已知表达式，求它的后缀表达式是_____的典型应用。

(7) 在一个链式栈中，若栈顶指针等于 NULL，则表示_____。

(8) 向一个栈顶指针为 top 的链栈插入一个新节点 *p 时，应执行_____和_____操作。

(9) 在顺序栈 S 中，出栈操作时要执行的语句序列中有 S->top _____；进栈操作时要执行的语句序列中有 S->top _____。

(10) 链栈 LS，指向栈顶元素的指针是_____；栈顶元素是链栈的_____元素。

(11) 在队列中存取数据应遵从的原则是_____。

(12) 在队列结构中，允许插入的一端称为_____，允许删除的一端称为_____。

(13) 队列在进行出队操作时，首先要判断_____；入队时首先要判断_____。

(14) 队列结构的元素个数是_____。

(15) 顺序队列为空时，front＝rear＝_____；链队列为空时，LQ->front->next＝_____。

(16) 设长度为 n 的链队列用单循环链表表示，若只设头指针，则入队操作的时间复杂度为_____；出队操作的时间复杂度为_____。若只设尾指针，则入队操作的时间复杂度为_____;出队操作的时间复杂度为_____。

(17) 设循环队列的头指针 front 指向队头元素,尾指针 rear 指向队尾元素后的一个空闲元素,队列的最大空间为 MAXLEN,则队空的标志为_____,队满的标志为_____。当 rear<front 时,队列长度是_____。

(18) 在一个链队列中,若队头指针与队尾指针的值相同,则表示该队列为_____或该队列_____。

(19) 在一个链队列中,若队头指针为 front,队尾指针为 rear,则判断该队列只有一个节点的条件为:_____。

(20) 向一个循环队列中插入元素时,首先要判断_____,然后才能_____。

4. 单项选择题

(1) 在栈中存取数据的原则是(   )。

    A. 先进先出   B. 后进先出   C. 后进后出   D. 随意进出

(2) 插入和删除只能在一端进行的线性表,称为(   )。

    A. 队列   B. 循环队列   C. 栈   D. 循环栈

(3) 在栈中,出栈操作的时间复杂度为(   )。

    A. $O(1)$ B. $O(\log_2 n)$ C. $O(n)$ D. $O(n^2)$

(4) 设有编号为 1、2、3、4 的四辆列车,顺序进入一个栈式结构的站台,下列不可能的出站顺序为(   )。

    A. 1234   B. 1243   C. 1324   D. 1423

(5) 如果以链表作为栈的存储结构,则出栈操作时(   )。

    A. 必须判别栈是否为满   B. 必须判别栈是否为空

    C. 必须判别栈元素类型   D. 队栈可不做任何判别

(6) 顺序栈判空的条件是(   )。

    A. top==0   B. top==1   C. top==−1   D. top==m

(7) 元素 A、B、C、D 依次进栈以后,栈顶元素是(   )。

    A. A   B. B   C. C   D. D

(8) 顺序栈存储空间的实现使用(   )存储栈元素。

    A. 链表   B. 数组   C. 循环链表   D. 变量

(9) 一个顺序栈一旦说明,其占用空间的大小(   )。

    A. 已固定   B. 可以变动   C. 不能固定   D. 动态变化

(10) 链栈 LS 的示意图如下,栈顶元素是(   )。

    A. A   B. B   C. C   D. D

(11) 在队列中存取数据应遵循的原则是(   )。

    A. 先进先出   B. 后进先出   C. 先进后出   D. 随意进出

(12) 设长度为 n 的链队列用单循环链表表示,若只设头指针,则入队操作的时间复杂度为(   )。

A. $O(1)$ B. $O(\log_2 n)$ C. $O(n)$ D. $O(n^2)$

(13) 设长度为 n 的链队列用单循环链表表示,若只设尾指针,则出队操作的时间复杂度为( )。

     A. $O(1)$ B. $O(\log_2 n)$ C. $O(n)$ D. $O(n^2)$

(14) 队列是限定在( )进行操作的线性表。

     A. 中间   B. 队头   C. 队尾   D. 端点

(15) 一个循环队列一旦说明,其占用空间的大小( )。

     A. 已固定   B. 可以变动   C. 不能固定   D. 动态变化

(16) 在一个顺序存储的循环队列中,队头指针指向队头元素的( )位置。

     A. 前一个   B. 后一个   C. 后面   D. 当前

(17) 当利用大小为 n 的数组顺序存储一个队列时,该队列的最后一个元素的下标为( )。

     A. $n-2$ B. $n-1$ C. n D. $n+1$

(18) 从一个顺序循环队列中删除一个元素时,首先需要做的操作是( )。

     A. 队头指针减 1   B. 取出队头指针所指的元素

     C. 队头指针加 1   D. 取出队尾指针所指的元素

(19) 若入队的序列为 A、B、C、D,则出队的序列是( )。

     A. B、C、D、A   B. A、C、B、D

     C. A、B、C、D   D. C、B、D、A

(20) 若 4 个元素按 A、B、C、D 顺序入队 Q,队头元素是( )。

     A. A   B. B   C. C   D. D

5. 简答题

线性表、栈、队列有什么异同?

6. 求下列表达式的后缀表达式(要求写出过程)

(1) A^B^C/D

(2) −A+B*C+D/E

(3) A*(B+C)*D−E

(4) (A+B)*C−E/(F+G/H)−D

(5) 8/(5+2)−6

7. 算法设计题

(1) 设一个循环队列 Queue,只有头指针 front,不设尾指针,另设一个含有元素个数的计数器 count。试写出相应的入队算法和出队算法。

(2) 用一个循环数组 Q[0…MAXLEN−1]表示队列时,该队列只有一个头指针 front,不设尾指针,而改置一个计数器 count 用以记录队列中节点的个数。试编写一个能实现初始化队列、判队空、读队头元素、入队和出队操作的算法。

(3) 一个用单链表组成的循环队列,只设一个尾指针 rear,不设头指针,请编写如下的算法:

① 向循环队列中插入一个元素为 x 的节点；

② 从循环队列中删除一个节点。

（4）设用一维数组 stack[n] 表示一个堆栈，若堆栈中每个元素需占用 M 个数组单元（$M>1$），试写出其入栈和出栈操作的算法。

（5）设计一个算法，要求判别一个算术表达式中的圆括号配对是否正确。

第5章

串和广义表

本章内容概要：

串即字符串，是最基本的非数值数据之一，它是一种特殊的线性表，其特殊性在于组成线性表的每个元素都是一个字符。其应用非常广泛，它是许多软件系统(如字符编辑、情报检索、符号处理、词法分析、自然语言翻译等系统)的操作对象。

本章重点是对串这种数据结构进行研究，学习串的概念、存储结构以及在相应存储方式的基本运算及其实现。

广义表是线性表的推广。本章对这种特殊的线性表进行了介绍，主要内容包括广义表的概念、结构特点、存储方式。

5.1 串的定义和基本运算

5.1.1 串的定义

串(String)即字符串，从不同的角度理解，它可以有不同的表述。它是最基本的非数值数据之一，是字符的有限集合，是一种每个元素都由单个字符组成的特殊的线性表。人名、地名、商品名、课程名等都是串的例子，其应用非常广泛。

综上所述，串定义如下：

串是由零个或多个字符组成的有限序列。一般记为：

$$S = "a_1 a_2 \cdots a_n" \quad (n \geqslant 0)$$

其中，S 是串名，用双引号或单引号括起来的字符序列是串的值；$a_i(1 \leqslant i \leqslant n)$ 称为串的元素，是构成串的基本单位，它可以是字母、数字、空格或其他字符；串中字符的个数 n 称为串的长度。

串的有关术语如下：

(1) 空串——长度为 0 的串。

(2) 子串——串中任意个连续的字符组成的子序列称为该串的子串。

(3) 主串——包含子串的串相应地称为主串。

(4) 子串在主串中的位置——字符在序列中的序号称为该字符在串中的位置。子串在主串中的位置是以子串的第一个字符在主串中的位置表示的。

(5) 两串相等——当两个串的长度相等，并且各个对应位置的字符都相同时，称这两个串相等。

(6) 空格串——由一个或多个空格组成的串称为空格串。空格作为字符集合中的一个元素,常常出现在串中,为了清楚起见,书写时用"␣"表示空格字符,在编写程序时单击空格键即可。特别指出,空格串不是空串,空格串的长度不为零。

串值必须用一对单引号或双引号括起来,但引号本身不属于串。

设 A、B、C 的取值为:$A=$"data",$B=$"structure",$C=$"data structure",则它们的长度分别是 4、9、14;A 和 B 都是 C 的子串,A 在 C 中的位置是 1,而 B 在 C 中的位置是 6。

计算机上非数值处理的对象基本上是字符串数据。在较早的程序设计语言中,字符串仅作为输入和输出的常量出现。随着计算机应用的发展,在越来越多的程序设计语言中,字符串也可作为一种变量类型出现,并产生了一系列字符串操作。在信息检索系统、文字编辑程序、自然语言翻译系统等应用中,都是以字符串数据作为处理对象的。

5.1.2 串的基本运算

(1) 求串长 LenStr(S)。

初始条件:已知串 S。

操作结果:函数值为串 S 中字符的个数。

(2) 判串空 EmptyStr(S)。

初始条件:已知串 S。

操作结果:若 S 为空,则返回函数值 TRUE,否则返回函数值 FALSE。

(3) 串比较 EqualStr(S,T)。

初始条件:已知串 S 和 T。

操作结果:若 S 和 T 相等,则返回函数值为 TRUE,否则返回函数值 FALSE。S 和 T 可以为空串。

(4) 串复制 CopyStr(S,T)。

初始条件:已知串 S 和 T。

操作结果:把串 T 的内容复制到串 S 中。

(5) 串连接 ConcatStr(S,T_1,T_2)。

初始条件:串 S、T_1 和 T_2 都是串变量,且 T_1 和 T_2 取值已知。

操作结果:将串 T_1 和串 T_2 首尾相连,并将结果存入 S 中。

例如,若 $T_1=$"$a_1a_2\cdots a_n$",$T_2=$"$b_1b_2\cdots b_m$",则 $S=$"$a_1a_2\cdots a_nb_1b_2\cdots b_m$"。由此可见,ConcatStr($S,T_1,T_2$) 与 ConcatStr($S,T_2,T_1$) 的结果不一样。不难理解,可通过多次执行连接操作实现多个串的连接。

(6) 求子串 SubStr(S,i,len)。

初始条件:串 S 为已知,且有 $1\leqslant i\leqslant$ LenStr(S) 和 $0\leqslant$ len $\leqslant$ LenStr(S)$-i+1$。

操作结果:是 S 的一个子串,该串是 S 中第 i 个字符开始,长度为 len 的字符序列。

(7) 串定位 IndexStr(S,T)。

初始条件:串 S 和 T 为已知。

操作结果:若主串 S 中存在和 T 相等的子串,则返回值为 S 中出现的第一个和 T 相等的子串在 S 中的位置值,否则返回值为 0。注意:T 不能是空串。

(8) 串置换 ReplaceStr(S,T,V)。

初始条件:串 S、T 和 V 都已知。

操作结果：是以串 V 替换所有在串 S 中出现的和串 T 相等的不重叠的子串。例如，设 $S=$ "abbabcbba"，$T=$ "abc"，$V=$ "d"，则 Replace(S,T,V) 的结果是 $S=$ "abbdbba"。如果上面的 $T=$ "ab"，则结果是 $S=$ "dbdcbba"。

（9）串插入 InsStr(S,i,T)。

初始条件：已知串 S 和 T，且 $1 \leqslant i \leqslant$ LenStr(S)$+1$。

操作结果：在串 S 的第 i 个字符之后插入串 T。

（10）串删除 DelStr(S,i,len)。

初始条件：已知串 S，且 $1 \leqslant i \leqslant$ LenStr(S) 及 $0 \leqslant$ len $\leqslant$ LenStr(S)$-i+1$。

操作结果：从串 S 中删去从第 i 字符起、长度为 len 的子串。

5.2 串的表示和实现

5.2.1 定长顺序存储

和线性表的顺序存储一样，用一组地址连续的存储单元存储串的字符序列，构成串的顺序存储，简称为顺序串。在这种结构中，按照预设大小，为每个定义的串变量分配一个固定长度的存储区，因此也称为定长顺序存储。串的存储分配是在编译时完成的，因此是一种静态结构类型。

可以用一个特定的、不会在串中出现的字符作为串的终止符，放在串的最后，表示串的结束。在 C 语言中用字符 '\0' 作为串的终止符。若不设终止符，也可用一个整型变量记录串的长度，这样操作更直观。本书采用后一种方法。顺序串的数据类型描述如下：

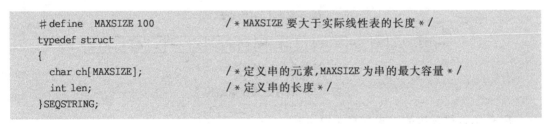

```
#define   MAXSIZE 100        /* MAXSIZE 要大于实际线性表的长度 */
typedef struct
{
  char ch[MAXSIZE];          /* 定义串的元素,MAXSIZE 为串的最大容量 */
  int len;                   /* 定义串的长度 */
}SEQSTRING;
```

例如，串 $S=$ "abc␣def␣xyz"，串长 $S.$len $=11$。串 S 的顺序存储结构如图 5.1 所示。计算机一般采用字节编址存储器，可以用单字节格式存放字符，即一个字节（八位二进制编码）存储一个字符。

图 5.1 串 S 的顺序存储示意图

5.2.2 链式存储

串的链式存储结构是将存储区域分成一系列大小相同的节点，每个节点有两个域即数据域 data 和指针域 next。其中数据域用于存放数据，指针域用于存放下一个节点的地址。

串的链式存储结构中涉及"节点的大小"问题，所谓节点的大小，是指每个节点的数据域 data 可以存放字符的个数。每个节点可以存放一个字符，也可以存放多个字符。每个节点称为块，整个链表称为块链结构。

在链式存储方式中，节点大小的选择很重要，它直接影响着串处理的效率。在各种串处理系统中，串值往往很长，如一本书的字符、情报资料中的众多条目等。在处理这些字符串时，要考虑串值的存储密度。

存储密度定义为：

$$存储密度 = \frac{串值所占的存储}{实际分配的存储}$$

显然，存储密度小，运算处理方便，但存储占用的量大。如果在串处理中需要进行内、外存交换，存储密度小会使这种交换频发，从而影响处理的总效率，此时应该提高存储密度。

为了便于串的操作，当以链表存储串值时，除头指针外还可附设一个尾指针指示链表中的最后一个节点，并给出当前串的长度。

在串的链式存储结构中，当节点的大小大于 1 时，由于串长不一定是节点大小的整数倍，最后一个节点可能未放满字符，此时可以用其他非串值字符（通常用"＃"）来填充。

例如，存储串"Data Structure"，采用数据域大小分别为 1 个和 4 个的链式存储结构，其结果分别如图 5.2(a)和图 5.2(b)所示。

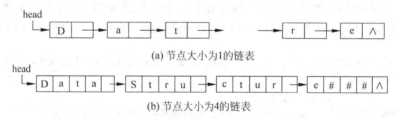

(a) 节点大小为1的链表

(b) 节点大小为4的链表

图 5.2 串的链式存储结构

用 C 语言描述串的链式存储结构如下：

```c
#define  MAXSIZE 100          /*可由用户定义的块大于*/
typedef struct Chunk          /*定义字符串的节点类型*/
{
  char ch[MAXSIZE];           /*定义串的元素,MAXSIZE 为串的最大容量*/
  Struct Chunk * next;        /*下一节点域*/
}Chunk;
typedef struct
{
  Chunk * head, * tail;
  int  curlen;
}NodeStr;
```

5.2.3 堆分配存储

1. 堆分配存储的方法

在顺序串上的插入、删除操作并不方便,需移动大量的字符,参与运算的串变量之间的长度相差较大,并且操作中串值的长度变化也较大,因此为串变量预分配固定大小的空间不尽合理。当操作出现串值序列的长度超过上界 MAXSIZE 时,只能用截尾法处理。克服这些弊端的方法是不限定串的最大长度,采用动态分配存储空间的方法,这就是串的堆分配存储结构。

堆分配存储结构的特点是:仍以一组地址连续的存储单元存放串的字符序列,但其存储空间是在算法执行过程中动态分配得到的。在 C 语言中,由动态分配函数 malloc() 和 free() 来管理。利用函数 malloc() 为每一个新产生的串分配一块实际需要的存储空间,若分配成功,则返回一个指针,指向串的起始地址。在内存中开辟能存储足够多的串且地址连续的存储空间作为串的可利用存储空间,称为堆空间。

串的堆分配存储结构如下:

```
typedef struct
{
  char  * ch;
  int  len;
}HString;
```

由于堆分配存储结构的串既有顺序存储结构的特点,又没有造成对存储空间的浪费和对串长加以限制,使用非常灵活,因此在串处理的应用程序中常被选用。

2. 索引存储的例子

信息检索是计算机应用的重要领域之一。由于信息检索的主要操作是在大量的存放在磁盘上的信息中查询特定的信息,为了提高查询效率,需要建立一个索引系统,而这些索引系统是由若干张相关联的索引表组成的。图书馆书目检索系统中的书号-书名索引表如表 5.1 所示。

表 5.1　书号-书名索引表

书　　号	书　　名
001	Data Structure
002	Fundamentals of Data Structure
003	Numerical Analysis
…	…

要把这种表存储在计算机中加以处理,可把书号理解为串名,把书名理解为串值,这张表的存储映像就成为串名-串值的内存分配对照表,称作索引表。从表中可以看出,书名字符串长度是不同的,有时长度差别很大,而且长度是不可预知的。如果按照书名足够大长度等长分配存储空间,会造成巨大的浪费,使用堆分配机制的索引存储显示出了它的优势。

索引表有多种表示形式,常见的索引表有如下几种:带串长度的索引表、带末尾指针的索引表和带特征位的索引表等。

3. 带串长度的索引表的描述

带串长度索引表的节点类型可定义为：

```
typedef struct
{
  char name[MAXNAME];          /*串名*/
  int   length;                /*串长*/
  char * stradr;               /*起始地址*/
}HNode;
```

设字符串：

A = "Red"
B = "Yellow"
C = "Blue"
D = "White"

用指针 free 指向堆中未使用空间的首地址,则带长度的颜色索引存储表如图 5.3 所示。

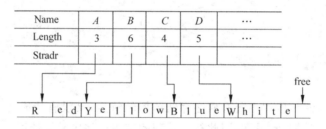

图 5.3　带长度索引表的存储结构示意图

堆结构上的串运算也是基于字符序列复制进行的,基本思想是：当需要存储一个新串时,在堆空间中申请一个新空间,划出相应大小的区域为该串的存储区,并使自由区指针 free 指向它,然后根据运算求出串值,建立该串存储映像索引信息,最后修改 free 指针。

例如,串常量赋值算法如下：

设堆空间为：

```
char store[SMAX + 1];        /* SMAX 为堆空间的最大容量 */
```

自由区指针：

```
int free;
```

串的存储映像类型如下：

```
typedef struct
{
  int len;                    /*串长*/
  int stradr;                 /*起始地址*/
} HString;
```

【算法 5.1】

```
void StrAssign(HString * S1,char * S2)
/*将一个字符型数组 S2 中的字符串送入堆 store 中,free 是自由区的指针*/
{
  int i = 0,len;
  len = LenStr(S2);                      /*获取串 S2 的长度*/
  if (len < 0||free + len − 1 > SMAX)    /*串空或堆满返回*/
        return;
  else
  {
  for(i = 0;i < len;i++)                 /*把串 S2 的放入堆 store 中*/
        store[free + i] = S2[i];
  S1. stradr = free;                     /*修改串地址指针*/
  S1. len = len;
  free = free + len;                     /*修改自由区指针*/
  }
}
```

4. "堆"的管理

在 C 语言中用动态分配函数 malloc()和 free()来管理"堆"。利用函数 malloc()为每个新串分配一块实际串长所需的存储空间,分配成功则返回一个指向起始地址的指针,作为串的基址,同时,约定的串长也作为存储结构的一部分。函数 free()则用来释放用 malloc()分配的存储空间。

例如,s=malloc((t1.len+t2.len) * sizeof(char))为串 t1 和 t2 申请了恰当的存储空间；free(s)释放 s 所指向的存储空间。

5.3 串基本运算的实现

从以上讨论可知,线性表的顺序存储结构和链式存储结构对于串也是适用的,但任何一种存储结构对于串的不同运算并非十分有效。例如串的插入和删除操作,顺序存储结构就不方便,而链式存储结构则相对方便些。如果访问串中单个字符,链表较容易;如果访问一组连续的字符时,则链式存储结构要比顺序存储结构复杂。此外,串的存储结构与具体的计算机编码有着密切的关系。因此,在实际应用中应综合考虑多种因素,选择恰当的存储结构。

下面以顺序存储结构为主讨论串的基本运算的具体实现。

设串的顺序存储结构如下:

```
#define  MAXSIZE 100          /* MAXSIZE 要大于实际线性表的长度*/
typedef struct
{
   char ch[MAXSIZE];          /*定义串的元素,MAXSIZE 为串的最大容量*/
   int len;                   /*定义串的长度*/
}SEQSTRING;
SEQSTRING  S;                 /*定义串变量 S*/
```

1. 求串长

已知串 S,求串长即返回串 S 中字符的个数。在如前所述的顺序存储结构中,域 Len 中存储的就是串 S 的长度,因此只要返回 Len 的值即为所求值。用 C 语言描述的算法如下:

【程序 5-1】

```
# include < stdio. h >
# define MAXSIZE 100
typedef struct
{
  char ch[MAXSIZE];
  int len;
}SEQSTRING;
int LenStr(SEQSTRING S)
{
  return (S.len);
}
main()
{
  SEQSTRING S;
  int i, l;
  S. len = 0;
  printf("请输入字符串!\n");
  gets(S. ch);
  for(i = 0;S. ch[i]!= '\0';i++)
     S. len++;
  l = LenStr(S); * /
  printf("字符串长度为: % d\n",l);
}
```

程序运行结果:

```
请输入字符串!
china
字符串长度为: 5
```

2. 串连接运算

T_1 和 T_2 取值已知,串连接 $ConcatStr(S, T_1, T_2)$ 的操作结果是将串 T_1 和串 T_2 首尾相连并存入串变量 S 中。

(1) 在串的顺序定长存储结构上实现。

串连接需要考虑以下可能出现的三种情况:

① 串 T_1 和串 T_2 的长度之和小于 MAXSIZE,即两串连接得到的 S 串是串 T_1 和串 T_2 连接的正常结果,S 串的长度等于串 T_1 和串 T_2 的长度之和,如图 5.4(a)所示。

② 串 T_1 的长度小于 MAXSIZE,而串 T_1 和串 T_2 的长度之和大于 MAXSIZE,则两串连接得到的 S 串是串 T_1 与串 T_2 的一个子串的连接,串 T_2 的后面部分被截断,S 串的长度等于MAXSIZE,如图 5.4(b)所示。

③ 串 T_1 的长度大于或等于 MAXSIZE,则两串连接得到的 S 串实际上只是串 T_1 的部

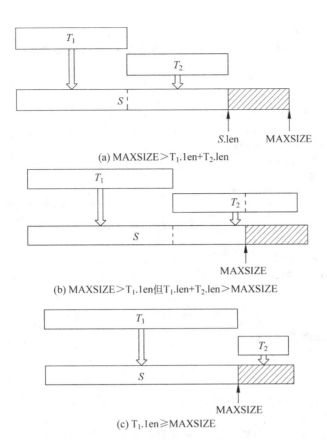

(a) MAXSIZE＞T_1.1en+T_2.len

(b) MAXSIZE＞T_1.1en但T_1.len+T_2.len＞MAXSIZE

(c) T_1.1en≥MAXSIZE

图 5.4 串的连接操作示意图

分或全部的复制，串 T_2 全部被截断，S 串的长度等于 MAXSIZE，如图 5.4(c)所示。

用 C 语言描述的在串的顺序定长存储结构上实现的串连接算法如下：

【程序 5-2】

```
#include <stdio.h>
#define MAXSIZE 8              /* 为了测试方便,把字符串最大长度 MAXSIZE 的值设为 8 */
typedef struct
{
 char ch[MAXSIZE];
 int len;
}SEQSTRING;

void ConcatStr(SEQSTRING S,SEQSTRING T1,SEQSTRING T2)   /* 字符串连接函数 */
{
int i,n = MAXSIZE;              /* n 为最长字符数 */
if(T1.len + T2.len < n)          /* 第一种情况 */
    {
    for(i = 0;i < T1.len;i++)
        S.ch[i] = T1.ch[i];
    for(i = 0;i < T2.len;i++)
    S.ch[T1.len + i] = T2.ch[i];
```

```
        S. len = T1. len + T2. len;
        S. ch[S. len] = '\0';          /*最后一个字节存放字符串结束标志*/
    }
else if(T1. len < n)                   /*第二种情况*/
    {
    for(i = 0;i < T1. len;i++)
        S. ch[i] = T1. ch[i];
    for(i = 0;T1. len + i < n;i++)
        S. ch[T1. len + i] = T2. ch[i];
    S. ch[n] = '\0';
    S. len = n;
    }
else                                   /*第三种情况*/
    {
    for(i = 0;i < n;i++)
        S. ch[i] = T1. ch[i];
    S. ch[n] = '\0';
    S. len = n;
    }
printf("连接后的字符串为: \n");
puts(S. ch);
}

main()
{
SEQSTRING S,T1,T2;
int i,l;
S. len = 0;
T1. len = 0;
T2. len = 0;
printf("请输入字符串 1: \n");
gets(T1. ch);
printf("请输入字符串 2: \n");
gets(T2. ch);
for(i = 0;T1. ch[i]!= '\0';i++)
    T1. len++;
for(i = 0;T2. ch[i]!= '\0';i++)
    T2. len++;
ConcatStr(S,T1,T2);                    /*调用字符串连接函数*/
}
```

程序运行结果:

```
请输入字符串 1:                         /*第一种情况对应的结果*/
abcd
请输入字符串 2:
123
连接后的字符串为:
abcd123
```

```
请输入字符串 1：          /* 第二种情况对应的结果 */
abcdef
请输入字符串 2：
123
连接后的字符串为：
abcdef12

请输入字符串 1：          /* 第三种情况对应的结果 */
abcdefghi
请输入字符串 2：
123
连接后的字符串为：
abcdefgh
```

（2）在串的堆分配存储结构上实现。

下面给出用 C 语言描述的在串的堆分配存储结构上实现 $ConcatStr(S,T_1,T_2,)$ 操作的算法。

【算法 5.2】

```
void ConcatStr_h(HString S, HString Tl, HString T2)
{
  int i;
  S.ch = malloc((T1.len + T2.len) * sizeof(char));      /* 根据所需容量申请空间 */
  for (i = 0;i < Tl.ten;i++)                            /* 把 T1 存入 S 串中 */
    S.ch[i] = Tl.ch[i];
  for(i = 0; i < T2.len; i++)                           /* 把 T2 存入 S 串的后部 */
    S.ch[i + T1.len] = T2.ch[i];
  S.len = T1.len + T2.len;
}
```

通过与前面算法的比较可以发现，本算法比定长存储要简单得多，主要原因在于该算法中不存在存储空间不足的问题，因此无须对存储长度进行监测，也没有空间浪费的情况发生。要深刻理解并掌握串的两种存储结构的特点及操作。

3. 求子串 SubStr(s, i, len)

串 S 为一个已知字符串，求子串算法返回串 S 中从第 i 个位置开始的 len 个字符，且要求 $1 \leqslant i \leqslant LenStr(S)$ 和 $0 \leqslant len \leqslant LenStr(S) - i + 1$。

（1）在串的顺序存储结构上实现的求子串算法如下：

【程序 5-3】

```
# include < stdio. h >
# define MAXSIZE 80
typedef struct
{
  char ch[MAXSIZE];
  int len;
}SEQSTRING;
```

```
SEQSTRING  SubStr(SEQSTRING S,int i,int j)
{
   SEQSTRING T;
   int k;
   if((i>=1) && (i<=S.len) && (j>=1) && (j<=S.len-i+1))
   {
     for(k=0;k<=1;k++)
      T.ch[k] = S.ch[i+k-1];
     T.ch[j] = '\0';
     T.len = j;
     printf("子串为:\n");
     puts(T.ch);
     return (T);
     }
     else
       printf("开始位置或子串长度不合理!\n");
     return;
}

main()
{
SEQSTRING S,T1,T2;
int i,j,l;
S.len = 0;
T1.len = 0;
T2.len = 0;
printf("请输入字符串!\n");
gets(S.ch);
for(i=0;S.ch[i]!= '\0';i++)
   S.len++;
printf("请输入子串起始位置 i 和子串长度 j: \n");
scanf("%d,%d",&i,&j);
SubStr(S,i,j);
}
```

程序运行结果:

```
请输入字符串!
abcdefghijkl
请输入子串起始位置 i 和子串长度 j:
3,5
子串为:
cdefg
请输入字符串!
abcd
请输入子串起始位置 i 和子串长度 j:
5,3
开始位置或子串长度不合理!
```

（2）在串的堆分配存储结构上的实现。

【算法 5.3】

设堆空间为：

```
char store[SMAX + 1];
```

自由区指针：

```
int free;
```

串的存储结构类型如下：

```
typedef struct
{
    int length;              / * 串长 * /
    int stradr;              / * 起始地址 * /
}HString;
```

将串 S 中第 i 个字符开始的长度为 len 的子串送到一个新串 T 中的运算如下：

```
void StrSub(Hstring * T, Hstring S, int i, int len)
{
    int i;
    if (i < 0 || len < 0 || len > S.len - i + 1)
        return;
    else
    {
        T -> length = len;
        T -> stradr = S.stradr + i - 1;
    }
}
```

4. 串比较 EqualStr(S, T)

已知串 S 和 T，若 S 和 T 相等，则返回函数值为 TRUE，否则返回函数值 FALSE。S 和 T 可以为空串。

【程序 5-4】

```
#include < stdio. h>
#define MAXSIZE 100
typedef struct
{
    char ch[MAXSIZE];
    int len;
}SEQSTRING;
int EqualStr(SEQSTRING S, SEQSTRING T)
{
    int i = 0;
    if(S. len!= T. len)
        return(0);
```

```
else
    for(i = 0;i < S.len;i++)
     if (S.ch[i]!= T.ch[i])
        return(0);
       else
        return(1);
}
main()
{
SEQSTRING S1,S2;
int i,l;
S1.len = 0;
S2.len = 0;
printf("请输入字符串 1: \n");
gets(S1.ch);
printf("请输入字符串 2: \n");
gets(S2.ch);
for(i = 0;S1.ch[i]!= '\0';i++)
    S1.len++;
for(i = 0;S2.ch[i]!= '\0';i++)
    S2.len++;
l = EqualStr(S1,S2);
printf("字符串是否相等的取值为(1 为相等,0 为不相等): %d\n",l);
}
```

程序运行结果:

```
请输入字符串 1:
abcd
请输入字符串 2:
abcd
字符串是否相等的取值为(1 为相等,0 为不相等): 1
```

当输入的字符串长度不等或对应位置的字符不同时,字符串是否相等的取值为"0"。

5. 串插入 InsStr(S,i,T)

已知串 S 和 T,且 $1 \leqslant i \leqslant$ LenStr(S)$+1$,在串 S 的第 i 个字符之后插入串 T。

(1) 在顺序定长存储结构上的实现。

【程序 5-5】

```
# include < stdio. h >
# define MAXSIZE 20                    /* 为方便验证算法而设定的值 */
typedef struct
{
 char ch[MAXSIZE];
 int len;
}SEQSTRING;

void InsStr(SEQSTRING S,int i,SEQSTRING T)
```

```
{
  int j;
  if(T.len<=0)                      /*子串为空*/
  {
    printf("字符串为空!\n");
    return;
  }
  else if((i<=0)||(i>=S.len+1))     /*插入位置不对*/
  {
    printf("插入位置不合理!\n");
    return;
  }
  else if (S.len+T.len>=MAXSIZE)    /*子串太长*/
  {
    printf("字符串长度越界!\n");
    return;
  }
  else                              /*插入运算*/
  {
    for (j=S.len;j>=i;j--)          /*把串S中第i个字符之后的子串后移,以便插入串T*/
    {
      S.ch[j+T.len]=S.ch[j];        /*此算法已经考虑到字符串结束标志移动问题*/
      S.ch[j]=''; }
      for(j=0;j<T.len;j++)          /*把串T插入到串S中第i个字符之后的位置*/
      S.ch[i+j]=T.ch[j];
      S.len=S.len+T.len;            /*修改串S的长度*/
      printf("插入子串后的字符串为:\n");
      puts(S.ch);
  }
}
main()
{
SEQSTRING string;
SEQSTRING S,T;
int i,j;
i=0;
S.len=0;
T.len=0;
printf("请输入字符串S和T:\n");
gets(S.ch);
gets(T.ch);
for(i=0;S.ch[i]!='\0';i++)
  S.len++;
for(i=0;T.ch[i]!='\0';i++)
  T.len++;
printf("请输入插入位置i: ");
scanf("%d",&i);
InsStr(S,i,T);                      /*调用插入函数*/
}
```

程序运行结果:

```
请输入字符串 S 和 T:
aaaaaaaa
ss
请输入插入位置 i: 3
插入子串后的字符串为:
aaassaaaaa
```

如果输入字符串 S 和 T 的值为 aaaaaaaa 和 ss,插入位置 i 为 10,则会输出"输入位置不合理!"的提示等。

(2) 在循环链表存储结构上的实现。

以 S_1="This is"、S_2="New"、i=5 为例,如图 5.5 所示为插入前和插入后的存储表示。

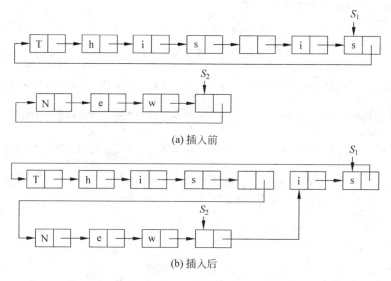

(a) 插入前

(b) 插入后

图 5.5　用循环链表实现串的插入示意

数据结构定义如下:

```
typedef  struct node
{
  char ch;
  Struct node  * next;
} * str, HString;
str  S1,S2;
```

【算法 5.4】

```
void StrInsert(HString &S1, int i, HString &S2)
//在用循环表存储的串 S1 中第 i 个位置之后插入串 S2,并设 S1 的节点数大于 i
{
  str p,q;
```

```
      p = S1; j = 0;
      while(j < i)
      {
         p = p -> next; ++j;; }                      / * 寻找第 i-1 个节点 * /
         q = p -> next; p -> next = S2 -> next; S2 -> next = q;      / * 插入 * /
      }
   }
```

6. 串删除 DelStr(S, i, len)

已知串 S, 且 $1 \leqslant i \leqslant$ LenStr(S) 及 $0 \leqslant$ len $\leqslant$ LenStr(S) $- i + 1$。从串 S 中删去第 i 个字符起、长度为 len 的子串。

【程序 5-6】

```
# include < stdio. h>
# define MAXSIZE 20
typedef struct
{
 char ch[MAXSIZE];
 int len;
}SEQSTRING;

DelStr(SEQSTRING S, int i, int len)
{
   int j;
   if(i >= S.len)                       / * 删除子串的位置值超过字符串长度的值 * /
   {
      printf("删除位置错误!\n");
      return;
   }
   else if(i + len > S.len)
   {
      printf("删除的子串太长!\n");       / * 要删除的子串长度大于可删除的字符总长度 * /
      return;
   }
   else                                 / * 正常删除子串的情况 * /
   {
      j = i;
      while(S.ch[j - 1 + len]!= '\0')    / * 把要删除子串后的字符串前移 len 个位置 * /
      {
         S.ch[j - 1] = S.ch[j - 1 + len];
         j++;
      }
      S.len = S.len - len;              / * 修改字符串长度 * /
      S.ch[S.len] = '\0';              / * 存放字符串结束标志 * /
      printf("删除子串后的字符串为: \n");
      puts(S.ch);
   }
}
```

```
main()
{
SEQSTRING S;
int i,j;
i = 0;
j = 0;
S. len = 0;
printf("请输入字符串 S: \n");
gets(S. ch);
for(i = 0;S.ch[i]!= '\0';i++)
    S. len++;
printf("请输入删除子串的起始位置 i 和长度 j: ");
scanf(" % d, % d",&i,&j);
DelStr(S,i,j);                        /*调用删除子串函数*/
}
```

程序运行结果：

```
请输入字符串 S:
abcdefg
请输入删除子串的起始位置 i 和长度 j: 3,2
删除子串后的字符串为:
abefg
```

如果输入字符串 S 的值为 abcdefg，删除位置 i 为 8，则会输出"删除位置错误!"的提示等。

5.4 广 义 表

5.4.1 广义表的定义和性质

1. 广义表的定义

广义表是线性表的推广，也称其为列表(Lists，用复数形式以示与一般表 List 区别)，它是广泛应用于人工智能等领域的表处理语言。

线性表是由 n 个数据元素组成的有限序列。其中每个组成元素被限定为单个元素，有时这种限制需要拓宽，这种拓宽了的线性表就是广义表。

广义表(Generalized Lists)是 $n(n \geqslant 0)$ 个数据元素 $a_1, a_2, \cdots, a_i, \cdots, a_n$ 的有序序列，一般记作：

$$ls = (a_1, a_2, \cdots, a_i, \cdots, a_n)$$

其中：ls 是广义表的名称，n 是它的长度；每个 $a_i(1 \leqslant i \leqslant n)$ 是 ls 的成员，它可以是单个元素称为广义表 ls 的原子，也可以是一个广义表称为广义表的子表。当广义表 ls 非空时，称第一个元素 a_1 为 ls 的表头(head)，称其余元素组成的广义表 $(a_2, \cdots, a_i, \cdots, a_n)$ 为 ls 的表尾(tail)。由于定义广义表时用到了广义表的概念，因此广义表的定义是递归的。

通常用大写字母表示广义表，用小写字母表示单个数据元素，广义表用括号括起来，括号内的数据元素用逗号分隔。下面是一些广义表的例子：

$A=()$ 是一个空表，它的长度为 0。表头为空，表尾为空表 ()。

$B=(a，b，c)$ 长度为 3，三个元素都是原子类型的，表头为 a，表尾为子表 $(b，c)$。

$C=(a，(b，c，d))$ 长度为 2，第一个元素 a 是原子类型的，第二个元素是子表，表头为 a，表尾为子表 $((b，c，d))$。

$D=(A，B，C)$ 长度为 3，三个元素都是子表。将子表的值代入后，则有 $D=((), (a，b，c), (a，(b，c，d)))$。表头为空表 ()，表尾为子表 $(B，C)$。

$E=(a，E)$ 是一个递归表，它的长度为 2。它相当于一个无限的列表 $E=(a，(a，(a，\cdots)))$。表头为 a，表尾为 (E)。

$F=(())$ 长度为 1，是一个子表为空表的广义表。表头和表尾均为 ()。

广义表的深度是指广义表元素的最大层数，或广义表中括弧的重数。广义表 A 的深度为 1，广义表 C 的深度为 2，而广义表 D 的深度为 3。

2. 广义表的性质

从上述广义表的定义和例子可以得到广义表的下列重要性质：

(1) 广义表是一种多层次的数据结构。广义表的元素可以是原子，也可以是子表，而子表的元素还可以是子表。

(2) 广义表可以是递归的表。广义表的定义并没有限制元素的递归，即广义表也可以是其自身的子表。例如表 E 就是一个递归的表。

(3) 广义表可以为其他表所共享。例如，表 A、表 B、表 C 是表 D 的共享子表。在 D 中可以不必列出子表的值，而用子表的名称来引用。

广义表可以看成是线性表的推广，线性表是广义表的特例。广义表的结构相当灵活，在某种前提下，它可以兼容线性表、数组、树和有向图等各种常用的数据结构。

例如，当二维数组的每行(或每列)作为子表处理时，二维数组即为一个广义表。

由于广义表不仅集中了线性表、数组、树和有向图等常见数据结构的特点，而且可有效地利用存储空间，因此在计算机的许多应用领域都有成功使用广义表的实例。

5.4.2　广义表的存储

由于广义表中的数据元素可以具有不同的结构，因此难以用顺序的存储结构来表示。而链式的存储结构分配较为灵活，易于解决广义表的共享与递归问题，所以通常都采用链式的存储结构来存储广义表。在这种表示方式下，每个数据元素可用一个节点表示。

按节点形式的不同，广义表的链式存储结构又可以分为两种存储方式：一种称为头尾表示法；另一种称为孩子兄弟表示法。

1. 头尾表示法

若广义表不空，则可分解成表头和表尾；反之，一对确定的表头和表尾可唯一地确定一个广义表。头尾表示法就是根据这一性质设计而成的一种存储方法。

由于广义表中的数据元素既可能是列表也可能是原子，相应地在头尾表示法中节点的结构形式有两种：一种是表节点，用来表示列表；另一种是元素节点，用来表示原子。在表节点中应该分别包括一个指向表头的指针和指向表尾的指针；而在原子节点中应该包括所表示单元素的元素值。

为了区分这两类节点,在节点中设置一个标志域。标志值为1,表示该节点为表节点;标志值为0,则表示该节点为原子节点。其存储结构形式定义如下:

```
typedef    enum{ATOM,LIST} ElemTag;        /* ATOM = 0: 原子, LIST = 1: 子表 */
typedcf    struct GLNode
{
  ElemTag    tag;                          /*标志域,用于区分原子节点和表节点*/
  union                                    /*原子节点和表节点的联合部分*/
  {
   datatype   data;                        /* data 是原子节点的值域*/
   Struct
   {
    struct GLNode   * hp, * tp;
   }ptr ;                   /* ptr 是表节点的指针域,ptr.hp 和 ptr.tp 分别指向表头和表尾*/
  };
} * GList                                  /*广义表类型*/
```

头尾表示法的节点形式如图5.6所示。

(a) 表节点   (b) 元素节点

图5.6 广义表的头尾表示法节点存储结构

对于5.4.1节所列举的广义表 A、B、C、D、E、F,若采用头尾表示法的存储方式,其存储结构如图5.7所示。

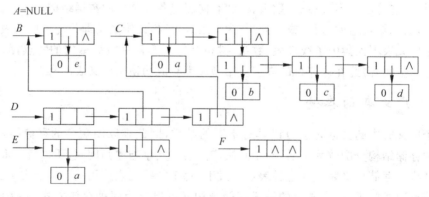

图5.7 广义表的头尾表示法存储结构示例

这种存储结构有如下特点:

(1)容易分清列表中原子或子表所在的层次。例如,在广义表 D 中,原子 a 和 e 在同一层次上,而原子 b、c 和 d 在同一层次上且比 a 和 e 低一层,子表 B 和 C 在同一层次上。

(2)最高层的表节点的个数即为广义表的长度。例如,广义表 D 的最高层有三个表节点,其长度为3。

2. 孩子兄弟表示法

广义表的另一种表示法称为孩子兄弟表示法。在孩子兄弟表示法中,也有两种节点形式:一种是有孩子节点,用以表示子表;另一种是无孩子节点,用以表示原子。在有孩子节点中包括一个指向第一个孩子的指针和一个指向兄弟的指针;而在无孩子节点中包括一个指向兄弟的指针和该原子的元素值。为了能区分这两类节点,在节点中设置一个标志域。如果标志为1,表示该节点为有孩子节点;如果标志为0,则表示该节点为无孩子节点。其存储结构定义如下:

```
typedef   enum {ATOM, LIST}  ElemTag;        /* ATOM = 0:原子,LIST = 1:子表 */
typedef struct   GLENode
{
  ElemTag   tag;                              /* 标志域,用于区分原子节点和表节点 */
  union
  {                                           /* 原子节点和表节点的联合部分 */
   datatype   data;                           /* 原子节点的值域 */
   struct  GLENode   * hp;                    /* 表节点的表头指针 */
  };
   struct GLENode   * tp;                      /* 指向下一个节点 */
} * EGList;                                    /* 广义表类型 */
```

孩子兄弟表示法的节点形式如图5.8所示。

(a) 有孩子节点　　　　　　　　　　　(b) 无孩子节点

图5.8　孩子兄弟表示法的节点形式

对于5.4.1节中所列举的广义表 A、B、C、D、E、F,若采用孩子兄弟表示法的存储方式,其存储结构如图5.9所示。

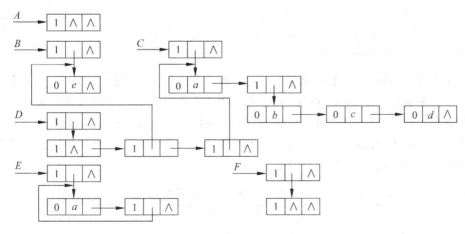

图5.9　广义表的孩子兄弟表示法存储结构示例

从如图5.9所示的存储结构示例中可以看出,采用孩子兄弟表示法时,表达式中的左括号"("对应存储表示中的 tag=1 的节点,且最高层节点的 tp 域必为 NULL。

5.5 应用举例及分析

例5.1 文本编辑器。

文本编辑是串的一个很典型的应用。它被广泛用于各种源程序的输入和修改,也被应用于信函、报刊、公文、书籍的输入、修改和排版。文本编辑的实质就是修改字符数据的形式或格式。在各种文本编辑程序中,它们把用户输入的所有文本都作为一个字符串。尽管各种文本编辑程序的功能可能有强有弱,但是它们的基本的操作都是一致的,一般包括串的输入、查找、修改、删除、输出等。

例如,有下列一段源程序:

```
main()
{
    int a,b,c;
    scanf("%d,%d",&a,&b);
    c = a + b;
    printf("%d",c);
}
```

我们把这个源程序看成是一个文本,为了编辑的方便,总是利用换行符把文本划分为若干行,还可以利用换页符将文本组成若干页,这样整个文本就是一个字符串,简称为文本串,其中的页为文本串的子串,行又是页的子串。将它们按顺序方式存入计算机内存中,如表5.2所示(其中↙表示回车符)。

表5.2 书号-书名索引表

m	a	i	n	(	)	{	↙		f	l	o	a	t		a	,	b	,	m
a	x	;	↙			s	c	a	n	f	(	"	%	f	,	%	f	"	,	&	a
,	&	b	)	;	↙			i	f		a	>	b			m	a	x	=	a	;
↙		e	l	s	e		m	a	x	=	b	;	↙	}	;	↙			

在输入程序的同时,文本编辑程序先为文本串建立相应的页表和行表,即建立各子串的存储映像。串值存放在文本工作区,而将页号和该页中的起始行号存放在页表中,行号、串值的存储起始地址和串的长度记录在行表,由于使用了行表和页表,因此新的一页或一行可存放在文本工作区的任何一个自由区中,页表中的页号和行表中的行号是按递增的顺序排列的,如表5.3所示。设程序的行号从100开始。

表5.3 行表及其信息排列

行 号	起 始 地 址	长 度
100	201	8
101	209	17
102	226	24
103	250	17
104	267	13
105	280	3

下面讨论文本的编辑。

（1）插入一行时，首先在文本末尾的空闲工作区写入该行的串值，然后，在行表中建立该行的信息，插入后，必须保证行表中行号从小到大的顺序。

（2）删除一行时，则只要在行表中删除该行的行号，后面的行号向前平移。若删除的行是页的起始行，则还要修改相应页的起始行号（改为下一行）。

（3）修改文本时，在文本编辑程序中设立了页指针，行指针和字符指针，分别指示当前操作的页、行和字符。若在当前行内插入或删除若干字符，则要修改行表中当前行的长度。如果该行的长度超出了分配给它的存储空间，则应为该行重新分配存储空间，同时还要修改该行的起始位置。

对页表的维护与行表类似，此处不再赘述，有兴趣的同学可设计其中的算法（教学资源包中提供了参考程序）。

例 5.2 已知串在顺序存储结构下的节点类型定义如前所述，编写算法实现子串替换算法。

算法思路：子串替换是将串 s 中所有串 t 出现的位置均替换为 v。子串替换算法在调用模式匹配函数的情况下，可以用下面的 StrReplace 函数实现：

【算法 5.5】 子串替换算法。

```
void StrReplace(SEQSTRING * s, SEQSTRING * t, SEQSTRING * v) /*子串替换*/
  {  int i,p,m,n,q;
     n = s -> len;
     m = t -> len;
     q = v -> len;
     p = 1;
     do
      {
      i = Index(s,t)                /*按顺序找串 t 所在的位置*/
      if (i!= 0)
        {
         DelStr(s, i, m):           /*删除串 t*/
         InsStr(s, i, v)            /*插入串 v*/
         p = i + q                  /*从新的位置开始查找串 t 所在的位置*/
         s -> len = s -> len + q - m; /*修改串长 m*/
         n = s -> len;
        }
      }while((p <= n - m + 1)&&(i!= 0));
  }
```

例 5.3 采用顺序结构存储串，编写一个函数，求串 s 和串 t 的一个最长公共子串。

算法思路：首先构造串的顺序存储结构，设串 $S = "S_0 S_1 \cdots S_n"$、$T = "T_0 T_1 \cdots T_m"$，将串 S 的某一个字符和串 T 的字符进行比较，用 maxlen 表示串的最大长度，用 length 表示当前比较的公共子串的长度，若 length 的长度大于 maxlen 的长度，则把 length 赋给 maxlen，用 position 记下在串 S 中的位置，这样最长的公共子串的长度是 maxlen，其位置是从 S 串的 position 位置开始。

【算法 5.6】 求最长公共子串。

采用顺序结构存储串,程序如下:

【程序 5-7】

```c
# include < stdio. h >
# include < string. h >
# define   MAXSIZE 81
typedef   struct
{
    int len;
    char ch[MAXSIZE];
}SEQSTRING;
void   ComStrMax(SEQSTRING * s, SEQSTRING * t)/ * 求串 s 和串 t 的一个最长公共子串 * /
{
  int position = 0,maxlen = 0,i = 0,j,k,length;/ * i 作为扫描 s 的指针 * /
  while (i < s - > len)
{
  j = 0;                                    / * 由 j 作为扫描 t 的指针 * /
  while (j < t - > len)
  {
    if(s - > ch[i] == t - > ch[j])          / * 找一个子串,其在 s 中的序号为 i,长度为 length * /
    {
        length = 1;
        for (k = 1;s - > ch[i + k] == t - > ch[j + k];k++)
          length++;
        if(length > maxlen)                 / * 将较大长度者赋给 position 与 maxlen * /
        {
            position = i;
            maxlen = 1ength;
        }
        j += length;                        / * 继续扫描 t 中第 j + length 字符之后的字符 * /
      }
    else
       j++
  }
  i++                                       / * 继续扫描 s 中第 i 字符之后的字符 * /
}
  printf("\n 字符串'% s'和'% s'的最长公共子串:",s - > ch,t - > ch);
  for (i = 0;i < maxlen;i++)
   printf(" % c",s - > ch[position + i]);
}
main()
{
    SEQSTRING * str, * str1;
    printf(" 输入第一个字符串:");
    scanf("% s",str - > ch);
    str - > len = strlen(str - > ch);
    printf("输入第二个字符串:");
    sconf("% s",str1 - > ch);
```

```
        str1 -> len = Lenstr(str1 -> ch);
        comStrMax(r,r1);
    }
```

上 机 实 训

字符串的基本操作

1. 实验目的

（1）熟悉串类型的实现方法，了解简单文字处理的设计方法。

（2）熟悉 C 语言的字符和把字符串处理的原理和方法。

（3）掌握字符串匹配算法。

2. 实验内容

字符串的操作。

3. 实验提示

（1）字符串采用动态数组存储，建立两个字符串 string1 和 string2，输出两个字符串。

（2）将字符串 string2 的头 n 个字符添加到 string1 的尾部，输出结果。

（3）查找字符串 string3 在 string1 中的位置，若 string3 在 string1 中不存在，则插入 string3 在 string1 的 m 位置上，输出结果。

4. 测试数据

（1）string1: "typedefstructArcBox"

    string2: "VertexTypedata"

    string3: "data"

（2）string1: "structArcBox"

    string2: "VertexType"

    string3: "Box"

习　　题

1. 名词解释

（1）串；

（2）广义表。

2. 判断题（下列各题，正确的请在前面的括号内打√；错误的打×）

（　　）（1）串中不可以包含有空白字符。

（　　）（2）两个串相等必有串长度相同。

（　　）（3）两个串相等则各位置上字符不一定对应相同。

（　　）（4）串的长度不能为零。

（　　）（5）子串是主串中字符构成的有限序列。

（　　）（6）串是一种特殊的线性表。

（　　）(7) 空格串是由一个或多个空格字符组成的串,其长度为1。

（　　）(8) 广义表最大子表的深度为广义表的深度。

（　　）(9) 广义表不能递归定义。

（　　）(10) 广义表的组成元素可以是不同形式的元素。

3. 填空题

(1) 串中字符的个数称为串的_____。

(2) 不含有任何字符的串称为_____,它的长度是_____。

(3) 串的_____就是把串所包含的字符序列,依次存入连续的存储单元中去。

(4) 串的链式存储结构是将存储区域分成一系列大小相同的节点,每个节点有两个域:
_____域和_____域。其中_____域用于存储数据,_____域用于存储下一个节点的指针。

(5) 子串的定位操作通常称为串的_____。

(6) 串的两种最基本的存储方式是_____。

(7) 广义表$((a),((b),c),(((d))))$的表头是_____,表尾是_____。

(8) 广义表的表尾总是一个_____。

4. 单项选择题

(1) 串是一种特殊的线性表,其特殊性体现在（　　）。

    A. 可以顺序存储   B. 数据元素是一个字符

    C. 可以链接存储   D. 数据元素可以任意

(2) 串的长度是（　　）。

    A. 串中不同字母的个数   B. 串中不同字符的个数

    C. 串中所含字符的个数且大于零   D. 串中所含字符的个数

(3) 空串与空格串（　　）。

    A. 相同   B. 不相同   C. 可能相同   D. 无法确定

(4) 求字符串 T 在字符串 S 中首次出现的位置的操作为（　　）。

    A. 求串的长度   B. 求子串   C. 串的模式匹配   D. 串的连接

(5) 若串 S="software",其子串数目是（　　）。

    A. 8   B. 37   C. 36   D. 9

(6) 字符串"VARTYPE int",若采用动态分配的顺序存储方法需要（　　）个字节(设每种数据均占用2个字节)。

    A. 22   B. 11

    C. 10   D. 动态产生,视情况而定

(7) 串的基本操作以（　　）为操作对象。

    A. 单个元素   B. 串整体   C. 子串   D. 不一定

(8) 广义表(A,B,E,F,G)的表尾是（　　）。

    A. (B,E,F,G) B. $()$ C. (A,B,E,F,G) D. (G)

5. 简答题

(1) 简述串的存储结构及各自的特点。

(2) 广义表具有哪些性质?

6. 下述算法的功能是什么

（1）

```
SEQSTRING fun1(SEQSTRING * S,seqstring * T)
{//S 和 T 为顺序存储的串变量
    SEQSTRING * R;
    int i,j;
    for(i = 0;i < S-> len;i++)
      R-> ch[i] = S-> ch[i];
    for(j = 0;j<= t-> len;j++)
      R-> ch[S-> len + j] = T-> ch[j];
    R-> len = i + j;
    Return(R);
```

（2）

```
SEQSTRING fun2(SEQSTRING S,int n1,int n2)
{//S 为顺序存储的串变量
    SEQSTRING T;
    int i;
    for(i = 0;i < n2;i++)
      T.ch[i] = S.ch[n1 + i-1];
    T.len = n2;
    Return(T);
}
```

7. 程序设计题

（1）编写一个递归算法来实现字符的逆序存储，要求不另设存储空间。

（2）编写算法实现将串 S 中的第 i 个字符到第 j 个字符之间的字符（不包括第 i 个字符和第 j 个字符）用串 T 替换。

（3）一个仅由字母组成的字符串 S，长度为 n，其结构为单链表，每个节点的数据域只存放一个字母。设计一个算法，去掉字符串中所有值为 x 的字母。

（4）编写算法，求串 S 中所含不同字符的总数和每种字符的个数。

（5）有两个串 S1 和 S2，设计一个算法，求一个串 T，使其中的字符是 S1 和 S2 中的公共字符。

第6章 树和二叉树

本章内容概要:

树(tree)形结构是一种重要的非线性结构,在计算机科学中有着广泛的应用。树是依据分支关系定义的层次结构,在这种结构中,每个数据元素至多只有一个前驱,但可以有多个后继;数据元素之间的关系是一对多的层次关系,其中以二叉树为最常用。在计算机的操作系统中,文件和文件夹(目录)就是以树形结构存储的,这为日益扩大的存储器和系统文件的管理提供了最大的方便;在编译程序中,可以用树来表示源程序的语法结构;在数据库系统中树形结构是信息的重要组织形式之一。本章重点讨论树与二叉树的概念、性质、存储结构及其各种运算,并研究一般树、森林和二叉树的转换;此外,作为树形结构的应用,介绍了哈夫曼树及哈夫曼编码。

6.1 树的定义和术语

6.1.1 树的定义

1. 树的定义

之前我们一直在谈的是一对一的线性结构,可现实中,还有很多一对多的情况需要处理,所以我们需要研究这种一对多的数据结构——"树",考虑其各种特性,来解决我们在编程中碰到的相关问题。

树(Tree)是 $n(n \geq 0)$ 个节点的有限集合。当 $n=0$ 时,集合为空集,称为空树,否则称为非空树。在任意一棵非空树 T 中:

(1) 有且仅有一个特定的,称为根(root)的节点。

(2) 当 $n > 1$ 时,除根节点以外的其余节点可分为 $m(m > 0)$ 个互不相交的集合 $T_1, T_2, \cdots, T_m$,其中每一个集合本身又是一棵树,并称其为根的子树(Subtree),如图 6.1(b)所示。

树的定义具有递归性,递归定义描述了树的递归特性,即一棵树是由根及若干棵子树构成的,而子树又可由更小的子树构成。例如,在图 6.1 中,图 6.1(a)是只有一个根节点的树;图 6.1(b)是有 11 个节点的一棵树,其中 A 是根,其余节点分成三个互不相交的子集: $T_1 = \{B, E, F, K\}, T_2 = \{C, G\}, T_3 = \{D, H, I, J\}$,而且它们都是 A 的子树,且其本身也是一棵树。

对于树的定义还需要强调两点:

- $n > 0$ 时根节点是唯一的,不可能存在多个根节点,别和现实中的大树混在一起,现实中的树有很多根须,那是真实的树,数据结构中的树是只能有一个根节点。

- $m > 0$ 时,子树的个数没有限制,但它们一定是互不相交的。

如图 6.1(d)、图 6.1(e)、图 6.1(f)所示的三个结构都不是树,因为它们都不满足树的定义,图 6.1(d)因为三个节点中出现了两个可称为根的节点,而树只能有一个根节点。在图 6.1(e)和图 6.1(f)中,如果把某个节点看成根的话,其余的节点构成子树出现了相交的情况。从图 6.1 可看出,树有层次关系,也有分支关系,树中不存在环路。

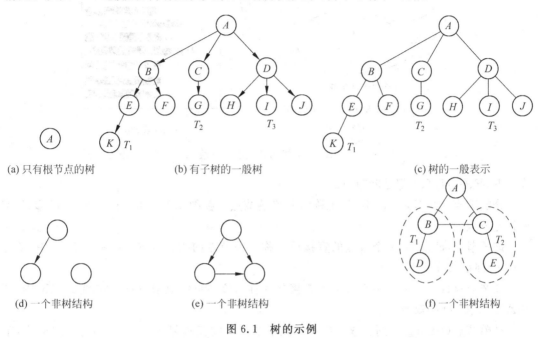

图 6.1 树的示例

在树中,只有根节点没有直接前驱,而根节点以外的其余节点均有一个且只有一个直接前驱。基于树的这一特点,我们在画树的示意图时一般都将根节点画在最上面,而节点之间的分支箭头就都省略了,图 6.1(b)中的树通常画成图 6.1(c)。

2. 树的其他表示法

树结构可以用不同的形式来表示,常用的表示形式有 4 种(以如图 6.1(b)所示的树为例):

(1) 树形表示法,如图 6.1(b)所示。

(2) 嵌套集合表示法,如图 6.2(a)所示。

(3) 凹入表表示法,如图 6.2(b)所示。

(4) 广义表表示法,如图 6.2(c)所示。

▲思考 树的定义还有其他表述方式吗?简述树的各种表示方法的优、缺点。

6.1.2 基本术语

节点(node):表示树中的元素,包含一个数据和若干指向其子树的分支。

节点的度(degree):一个节点的子树个数称为此节点的度。在图 6.1(b)中,节点 A 的度为 3,B 的度为 2,K 的度为 0。

叶节点(leaf):度为 0 的节点,即无后继的节点,也称为终端节点。在图 6.1 中(b)中,

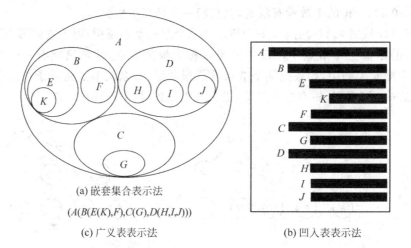

(a) 嵌套集合表示法

(A(B(E(K),F),C(G),D(H,I,J)))

(c) 广义表表示法　　　　　　　　　　(b) 凹入表表示法

图 6.2　树的其他表示方法

节点 K、F、G、H、I、J 都是叶节点。

分支节点：度不为 0 的节点，也称为非终端节点。在图 6.1(b) 中，节点 A、B、C、D、E 都是分支节点。

孩子节点(child)：一个节点的直接后继称为该节点的孩子节点。在图 6.1(b) 中，节点 B、C、D 都是 A 的孩子。

双亲节点(parents)：一个节点的直接前驱称为该节点的双亲节点。在图 6.1(b) 中，节点 A 是 B、C、D 的双亲。

兄弟节点(sibling)：同一双亲节点的孩子节点之间互称兄弟节点。在图 6.1(b) 中，节点 H、I、J 互为兄弟节点。

祖先节点：一个节点的祖先节点是指从根节点到该节点的路径上的所有节点。在图 6.1(b) 中，节点 K 的祖先是 A、B、E。

子孙节点：一个节点的直接后继和间接后继称为该节点的子孙节点。在图 6.1(b) 中，节点 B 的子孙是 E、F、K。

树的度：树中所有节点的度的最大值。在图 6.1(b) 中，树的度为 3。

节点的层次：从根节点开始定义，根节点的层次为 1，根的直接后继的层次为 2，以此类推。在图 6.1(b) 中，节点 B、C、D 在第 2 层，K 在第 4 层。

树的高度(深度)(depth)：树中所有节点的层次的最大值。在图 6.1(b) 中，树的高度为 4。

有序树和无序树：如果将树中节点的各子树看成从左至右是有次序的，则称该树为有序树，否则称为无序树。图 6.1(b) 即为一棵有序树。

森林(forest)：$m(m \geqslant 0)$ 棵互不相交的树的集合。将一棵非空树的根节点删去，树就变成一个森林；反之，给森林增加一个统一的根节点，森林就变成一棵树。

6.1.3　树的存储

一说到存储结构，我们就会想到前面章节中经常说到的顺序存储和链式存储两种结构。

先来看看顺序存储结构，用一段地址连续的存储单元依次存储线性表的数据元素。这对于线性表来说是很自然的,对于树这种一对多的结构呢?

树中某个节点的孩子可以有多个,这就意味着,无论按哪种顺序将树中所有节点存储到数组中,节点的存储位置都无法直接反映它们的逻辑关系,你想想看,数据元素挨个地存储,谁是谁的双亲,谁是谁的孩子呢? 简单的顺序存储结构是不能满足树的实现要求的。

不过充分利用顺序存储和链式存储结构的特点,完全可以实现对树的存储结构的表示。这里要介绍三种不同的表示法:双亲表示法、孩子链表表示法、带双亲的孩子链表表示法、孩子兄弟表示法(二叉链表表示法)。

1. 双亲表示法

人可能因为种种原因,没有孩子,但无论是谁都不可能像孙悟空一样是从石头缝里蹦出来的,孙悟空显然不能算人,所以是人就一定会有双亲。树这种结构也不例外,除了根节点外,其余每个节点,它不一定有孩子,但一定有且仅有一个双亲。

双亲表示法利用树中每个节点的双亲唯一性,在存储节点信息的同时,为每个节点附设一个指向其双亲的指针 parent,唯一地表示任何一棵树。也就是说,每个节点除了知道自己是谁以外,还知道它的双亲在哪儿。

这种方法是用一组连续的存储空间来存储树中的节点。即一维数组存储树中的各个节点,数组中的一个元素表示树中的一个节点,数组元素为结构体类型。每个节点含数据域和双亲域两个域,数据域中存放节点本身信息;双亲域指示本节点的双亲节点在数组中的位置。用 C 语言定义的存储结构如下:

```
typedef struct node
{
  datatype data;
  int parent;
}Node
Node t[m];
```

如图 6.3 所示为一棵树及其双亲表示的存储结构,数组中下标为 0 的单元不用。

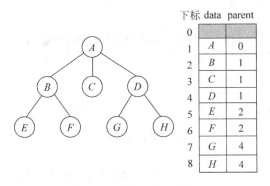

图 6.3　树的双亲表示法

用双亲表示法来表示树节点之间的关系,我们可以根据节点的 parent 指针很容易找到它的双亲节点,所用时间复杂度为 $O(1)$,直到 parent 为 0 时,表示找到了树节点的根。但是谁是该节点的孩子,如何才能找到该节点的孩子,用这种表示法却需要遍历整个结构才行,也就是说,双亲表示法找双亲容易,找孩子困难。

2. 孩子链表表示法

由于树中每个节点可能有多棵子树,可以考虑用多重链表,即每个节点有多个指针域,其中每个指针域指向一颗子树的根节点,我们把这种方法叫做多重链表表示法。不过,树的每个节点的度,也就是它的孩子个数是不同的,所以可以设计两种方法来解决。

一种是指针域的个数等于树的度,树的度是树各个节点度的最大值,如图 6.3 所示的树的度是 3,所以每个节点的指针域的个数是 3,图 6.4(a)为采用这种方法实现图 6.3 中所示树的存储结构示意图。

这种方法对于树中个节点的度相差很大时候,是很浪费空间的,因为有很多的节点,它的指针域都是空的。不过如果树的各节点度相差很小时,那就意味着开辟的空间被充分利用了,这时该存储结构的缺点反而成了优点。

既然这种方法很多指针域都可能为空,为什么不按需分配空间呢?于是我们有了另一种解决方法,该方法把每个节点的孩子节点用单链表存储,再用含 n 个元素的结构体数组指向每个孩子链表。

孩子表示法的存储结构包括两个部分:一部分是表头数组,表头数组中的元素是结构体数据,由一个数据域(节点数据,假设数据类型为 datatype)和一个指针域(指向节点的第一个孩子)构成;另一部分是孩子单链表,每个链表节点由一个整型数据(用来存放表头数组元素的下标)和一个指针域(指向下一个孩子)构成。用 C 语言定义的存储结构如下。

1) 孩子节点的存储结构

```
typedef struct node
{
    int child;                /*该孩子节点在表头数组中的下标*/
    struct node * next;       /*指向下一个孩子节点*/
}Node;
```

2) 表头节点的存储结构

```
#define M 100                 /*定义表头数组最大存储容量*/
typedef struct tnode
{
    Datatype data;            /*数据域*/
    struct node * fchild;     /*指向第一个孩子节点*/
}td;
td t[M+1];                    /*t[0]单元不用*/
```

如图 6.4(b)所示为图 6.3 中所示树的存储示意图,数组下标为 0 的单元不用。

孩子链表表示法这种存储结构的特点是找孩子容易,找双亲困难。

▲思考 孩子链表表示法中,我们对于表头节点的存储结构的定义是用 C 语言描述的,语句"struct node * fchild; /*指向第一个孩子节点*/"中"第一个孩子节点"是什么含义?

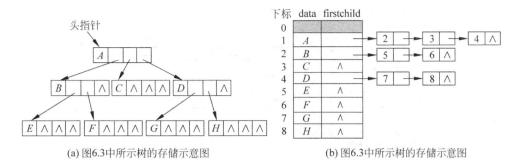

(a) 图6.3中所示树的存储示意图　　　　(b) 图6.3中所示树的存储示意图

图 6.4　孩子链表表示法

3. 带双亲的孩子链表表示法

用孩子链表表示法来表示节点之间的关系可以很容易找到节点的孩子,但是找它的双亲节点就比较困难。有没有一种表示法可以把前面两种表示法的优点都继承下来呢?为了让节点既容易找到它的双亲节点又容易找到孩子节点,可用带双亲的孩子链表来表示节点之间的存储关系。这种存储结构和孩子链表表示法有一点相似,只是在孩子链表表示法的表头数组中增加了一列来作为双亲域,用来存放该节点的双亲在表头数组中的位置。用 C 语言定义的存储结构如下。

1）孩子节点的存储结构

```
typedef struct node
{
    int child;              /*该孩子节点在表头数组中的下标*/
    struct node * next;     /*指向下一个孩子节点*/
}Node;
```

2）表头节点的存储结构

```
#define M 100               /*定义表头数组最大存储容量*/
typedef struct tnode
{
    datatype data;          /*数据域*/
    int parent ;            /*双亲域*/
    struct node * fchild;   /*指向第一个孩子节点*/
}td;
td t[M+1];                  /*t[0]单元不用*/
```

如图 6.5 所示为图 6.3 中树的带双亲的孩子链表表示法,数组下标为 0 的单元不用。这种存储方法的特点是找孩子和双亲都比较容易。

4. 孩子兄弟表示法

刚才我们分别从双亲的角度和孩子的角度研究树的存储结构,如果我们从树节点的兄弟的角度分析又会如何?我们观察后发现,任意一棵树,它的节点的第一个孩子如果存在就是唯一的,它的右兄弟如果存在也是唯一的。因此,我们设置两个指针,分别指向该节点的

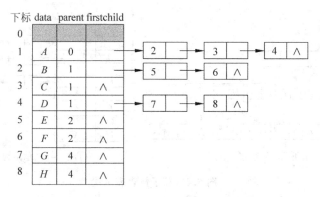

图 6.5　带双亲的孩子链表表示法

第一个孩子和此节点的右兄弟。节点结构如图 6.6(a)所示,其中 data 是数据域,firstchild 为指针域,存储该节点的第一个孩子节点的存储地址,rightsib 是指针域,存储该节点的右兄弟节点的存储地址。

节点定义代码如下:

```
/*树的孩子兄弟表示法结构定义*/
typedef struct CSNode
{
    dataType data;
    struct CSNode * firstchild, * rightsid;
}CSNode, * CSTree;
```

图 6.6(b)为图 6.3 中树的孩子兄弟表示法。这种表示法,给查找某个节点的某个孩子带来了方便,只需要通过 firstchild 指针域找到此节点的长子,然后再通过长子节点的 rightsib 指针域找到它的二弟,接着一直找下去,直到找到具体的孩子。当然,如果想找某个节点的双亲,这个表示法也是有缺陷的,当然,如果有必要,完全可以增加一个 parent 指针域来解决快速查找双亲的问题,这里不再细叙。

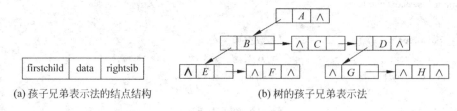

(a) 孩子兄弟表示法的结点结构　　　　　(b) 树的孩子兄弟表示法

图 6.6　树的孩子兄弟表示法

树的孩子兄弟表示法的最大好处是它把一棵复杂的树变成了一棵我们接下来即将重点讨论的二叉树,这样就可以充分利用二叉树的特性和算法来处理这棵树了。任何事物都有两面性,孩子兄弟表示法的特点是操作容易,但破坏了树的层次结构关系。树的孩子兄弟表示法存储结构也称二叉树表示法或二叉链表表示法,即用二叉链表作为树的存储结构。

▲思考　孩子兄弟表示法的存储结构用 C 语言定义如何表示?

6.2 二 叉 树

二叉树的结构简单,存储效率较高,运算的算法也相对简单。并且任何树或森林与二叉树之间可以通过简单的操作规则相互转换。在树的应用中,它起着举足轻重的作用。对于在某个阶段都是两种结果的情形,比如开和关、0 和 1、真和假、上和下、对与错,正面与反面等,都适合用二叉树结构来建模。

6.2.1 二叉树的定义

1. 定义

二叉树(Binary Tree)是 $n(n \geqslant 0)$ 个节点的有限集合,该集合或为空集(称为空二叉树),或由一个根节点和两棵分别称为左子树和右子树的互不相交的二叉树构成。

由此可知,二叉树的定义是一个递归定义,其特点可归纳如下:

(1) 每个节点最多有两棵子树,所以二叉树中不存在度大于 2 的节点。注意不是只有两棵子树,而是最多有两棵。没有子树或者有一棵子树都是可以的。

(2) 左子树和右子树是有顺序的,次序不能任意颠倒。就像人有双手、双脚,但显然左手、左脚和右手、右脚不一样。

(3) 即使树中某节点只有一棵子树,也要区分它是左子树还是右子树。

2. 二叉树的形态

二叉树可以有 5 种基本形态,如图 6.7 所示。

(a) 空二叉树　(b) 只有根节点 　(c) 右子树为空 　(d) 左子树为空 　(e) 左、右子树均
　　　　　　　的二叉树　　　　的二叉树　　　　的二叉树　　　　非空的二叉树

图 6.7　二叉树的 5 种基本形态

▲思考　具有 3 个节点的二叉树有哪几种不同的形态?

3. 二叉树的基本操作

(1) InitBTree(t):将 t 初始化为空二叉树。

(2) CreateBTree(t):创建一棵非空二叉树 t。

(3) DestoryBTree(t):销毁二叉树 t。

(4) EmptyBTree(t):判断二叉树 t 是否为空,空则返回 TRUE,否则返回 FALSE。

(5) Root(t):求二叉树 t 的根节点。若 t 为空二叉树,则函数返回"空"。

(6) Parent(t,x):求双亲函数。求二叉树 t 中节点 x 的双亲节点。若节点 x 是二叉树的根节点或二叉树 t 中无节点 x,则返回"空"。

(7) LeftChild(t,x):求左孩子。若节点 x 为叶子节点或 x 不在 t 中,则返回"空"。

(8) RightChild(t,x):求右孩子。若节点 x 为叶子节点或 x 不在 t 中,则返回"空"。

(9) Traverse(t):遍历操作。按某个次序依次访问二叉树中每个节点一次且仅一次。

(10) ClearBTree(t):清除操作。将二叉树 t 置为空树。

6.2.2 二叉树的性质

1. 特殊形态的二叉树

1) 满二叉树

若一棵二叉树的高度为 k,且共有 $2^k-1(k \geqslant 1)$ 个节点,则此二叉树称为满二叉树。这种树的特点是每层上的节点数都是最大节点数,满二叉树的终端节点都在同一层,如图 6.8 所示。除叶子节点外,其余节点都有左、右两个孩子。满二叉树中不存在度为 1 的节点。

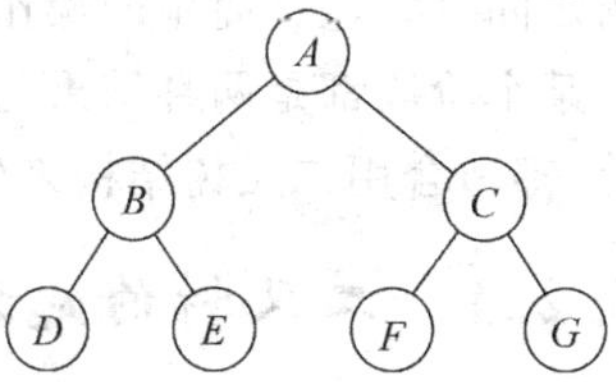

2) 完全二叉树

若在一棵高度为 $k(k>1)$ 的二叉树中,第一层到第 $k-1$ 层构成一棵深度为 $k-1$ 的满二叉树,第 k 层的节点不满 2^{k-1} 个节点,而这些节点都满放在该层最左边,则此二叉树称为完全二叉树。完全二叉树中的叶子节点只可能出现在二叉树中层次最大的两层上,最大一层的节点一定是从最左边开始向右满放的,如图 6.9(a) 所示是一棵完全二叉树。在完全二叉树中,若某个节点没有左孩子,则它一定没有右孩子,如图 6.9(b) 及图 6.9(c) 所示不是完全二叉树。

图 6.8 满二叉树

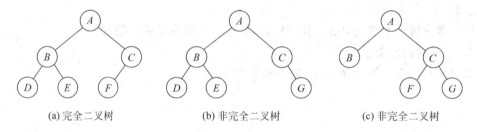

(a) 完全二叉树　　　　(b) 非完全二叉树　　　　(c) 非完全二叉树

图 6.9　完全二叉树与非完全二叉树

▲思考　满二叉树和完全二叉树有哪些区别和联系?

2. 二叉树的性质

性质 1　二叉树第 i 层上的节点数目至多为 $2^{i-1}(i \geqslant 1)$。

证明　用数学归纳法证明。

归纳基础:当 $i=1$ 时,整个二叉树只有一个根节点,此时 $2^{i-1}=2^0=1$,结论成立。

归纳假设:假设 $i=k$ 时结论成立,即第 k 层上节点总数最多为 2^{k-1} 个。现证明当 $i=k+1$ 时,结论成立。因为二叉树中每个节点的度最大为 2,因此第 $k+1$ 层的节点总数最多为第 k 层上节点最大数的 2 倍,即第 k 层每个节点都有两个孩子。因此,第 $k+1$ 层节点数最多是 $2 \times 2^{k-1}=2^{(k-1)+1}=2^k$,故结论成立。

性质 1 证毕。

性质 2　深度为 k 的二叉树至多有 2^k-1 个节点 $(k \geqslant 1)$。

证明　由性质 1 可知,深度为 k 的二叉树的节点数至多为:

$$\sum_{i=1}^{k}(第 i 层的最大节点数) = \sum_{i=1}^{k} 2^{i-1} = 2^k - 1$$

性质 2 证毕。

性质 3　对任何一棵二叉树 T，如果其叶子节点数为 n_0，度为 2 的节点数为 n_2，则 $n_0 = n_2 + 1$。

证明　设 n_1 为二叉树 T 中度为 1 的节点数，n 为二叉树 T 中的节点总数（n_0、n_2 分别表示二叉树 T 中度为 0 和度为 2 的节点数）。

因为二叉树中所有节点的度均小于或等于 2，所以该二叉树中节点总数为：

$$n = n_0 + n_1 + n_2 \tag{1}$$

二叉树中除根节点外其他节点都有一个指针与其双亲相连，若指针数为 B，则满足：

$$n = B + 1 \tag{2}$$

而这些指针又可以看成由度为 1 和度为 2 的节点与它们孩子之间的联系，于是 B 和 n_1、n_2 之间的关系为：

$$B = n_1 + 2n_2 \tag{3}$$

由式(1)、(2)、(3)得：

$$n_0 + n_1 + n_2 = n_1 + 2n_2 + 1$$

所以，$n_0 = n_2 + 1$。

性质 3 证毕。

性质 4　具有 n 个节点的完全二叉树的深度为 $\lfloor \log_2 n \rfloor + 1$。

符号 $\lfloor x \rfloor$ 表示取不大于 x 的最大整数，也叫下取整。

证明　设所求完全二叉树的深度为 k，则它的前 $k-1$ 层可视为深度为 $k-1$ 的满二叉树，共有 $2^{k-1} - 1$ 个节点，所以该完全二叉树的总节点数 n 满足下列式子：

$$n > 2^{k-1} - 1 \tag{4}$$

根据性质 2，可知：

$$n \leqslant 2^k - 1 \tag{5}$$

由式(4)和(5)，得：

$$2^{k-1} - 1 < n \leqslant 2^k - 1, \quad 2^{k-1} \leqslant n < 2^k$$

于是

$$k - 1 \leqslant \log_2 n < k \tag{6}$$

因为 k 是整数，所以 $k - 1 = \lfloor \log_2 n \rfloor$，$k = \lfloor \log_2 n \rfloor + 1$。

性质 4 证毕。

性质 5　对一棵有 n 个节点的完全二叉树（其深度为 $\lfloor \log_2 n \rfloor + 1$），按照从根节点起、自上而下、从左到右的约定对所有节点从 1 到 n 进行编号，并按此编号将该二叉树中各节点顺序地存放在一个一维数组中，则对于任意编号为 i 的节点（$1 \leqslant i \leqslant n$）有以下性质：

(1) 如果 $i = 1$，则节点 i 为根节点，无双亲。如果 $i > 1$，则 i 的双亲节点为 $\lfloor i/2 \rfloor$。

(2) 如果 $2i \leqslant n$，则节点 i 的左孩子为 $2i$，否则无左孩子。即满足 $2i > n$ 的节点为叶子节点。

(3) 如果 $2i + 1 \leqslant n$，则节点 i 的右孩子为 $2i + 1$，否则无右孩子。

(4) 如果节点 i 的序号为奇数且不等于 1，则它的左兄为 $i - 1$。

(5) 如果节点 i 的序号为偶数且不等于 n，则它的右兄弟为 $i + 1$。

(6) 节点 i 所在层数为 $\lfloor \log_2 i \rfloor + 1$。

注意：上述二叉树的五个性质，在使用时一定要注意它们各自的适用范围。性质 1、性质 2 及性质 3 适用于所有二叉树；性质 4 和性质 5 只适用于完全二叉树（满二叉树是完全二叉树的特殊情形)。

6.2.3 二叉树的存储

二叉树是非线性的,每一节点最多可有两个后继。二叉树的存储结构有两种:顺序存储结构和链式存储结构。

1. 顺序存储结构

前面我们已经谈到了树的存储结构,并且谈到顺序存储对树这种一对多的关系结构实现起来时比较困难的。但是二叉树是一种特殊的树,由于它的特殊性,使得用顺序存储结构也可以实现。

二叉树的顺序存储就是用一维数组存储二叉树中的节点,并且节点存储位置,也就是数组的下标要能体现节点之间的逻辑关系,比如双亲与孩子的关系,左右兄弟的关系等。否则二叉树上的基本操作在顺序存储结构上难以实现。

依据二叉树的性质(性质5),完全二叉树和满二叉树采用顺序存储比较合适,因为树中节点的序号可以唯一地反映出节点之间的逻辑关系,这样既能够最大可能地节省存储空间,又可以利用数组元素的下标值确定节点在二叉树中的位置,以及节点之间的关系。如图6.10(a)所示给出的是如图6.9(a)所示的完全二叉树的顺序存储示意。

对于一般的二叉树,如果仍按从上至下和从左到右的顺序将树中的节点顺序存储在一维数组中,则数组元素下标之间的关系不能够反映二叉树中节点之间的逻辑关系,只有增添一些并不存在的"虚节点",使之成为一棵完全二叉树的形式,然后再用一维数组顺序存储。如图6.10(b)所示给出了一棵一般二叉树改造后的完全二叉树形态和其顺序存储状态示意图,图中"/"表示不存在此节点,这种方法解决了一般二叉树的顺序存储问题。显然,对于这种需增加许多"虚节点"才能改造成为一棵完全二叉树进行存储的一般二叉树,会造成空间的大量浪费,不宜用顺序存储结构。

一种极端的情况是右单支树,如图6.10(c)所示,一棵深度为 k 的右单支树,只有 k 个节点,却需分配 2^k-1 个存储单元,这显然是对存储空间的浪费,所以,顺序存储结构一般只用于完全二叉树。

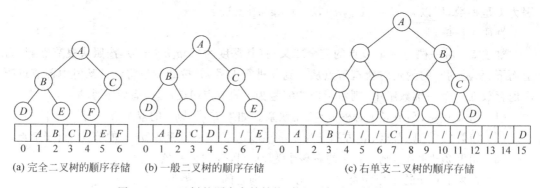

(a) 完全二叉树的顺序存储　　(b) 一般二叉树的顺序存储　　　　(c) 右单支二叉树的顺序存储

图 6.10　二叉树的顺序存储结构(数组下标为 0 的单元不用)

不难发现,采用顺序存储结构,实际上是对非线性数据结构的线性化,用线性结构来表示二叉树节点之间的逻辑关系。如图6.10所示,根据二叉树的性质5,可得根节点的编号为1,节点编号为 i 的左孩子的编号为 $2i$,右孩子的编号为 $2i+1$。

▲**思考** 二叉树在用顺序存储结构进行存储时,为什么数组下标为 0 的单元不用?

2. 链式存储结构

二叉树的链式存储结构是指用链表来表示一棵二叉树,即用指针来指示元素的逻辑关系。通常有下面两种形式。

1) 二叉链表存储

在二叉链表中,每个节点由三个域组成,除了用来存放二叉树节点数据信息的数据域(data)外,还有两个指针域,左指针域(lchild)指向该节点左孩子的指针(存储地址),右指针域(rchild)用来指向该节点右孩子的指针。当左孩子或右孩子不存在时,相应指针域值为空(用符号 ∧ 或 NULL 表示)。二叉链表节点的存储结构如图 6.11 所示,用 C 语言描述如下。图 6.12(b)给出了图 6.12(a)中二叉树的二叉链表存储结构。

```
typedef struct node                 //定义二叉树结构体
{
    datatype data;                  //定义数据域
    struct node * lchild;           //定义节点的左指针
    struct node * rchild;           //定义节点的右指针
} BinTNode , * BINTree;
```

其中,BINTree 为指向二叉链表节点结构的指针类型。

图 6.11　二叉链表存储方式的节点结构

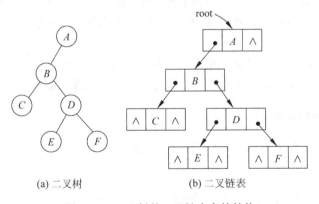

(a) 二叉树　　　　　　(b) 二叉链表

图 6.12　二叉树的二叉链表存储结构

2) 三叉链表存储

在二叉链表中查找某一节点的孩子节点是很方便的,但要查找该节点的双亲节点则十分困难。为了便于找到双亲节点,可以在二叉链表的基础上增加一个 Parent 域,用以指向该节点的双亲节点。三叉链表节点的存储结构如图 6.13 所示,图 6.14 给出了图 6.12(a)中二叉树的三叉链表存储结构。

lchild	data	parent	rchild

图 6.13　三叉链表存储方式的节点结构

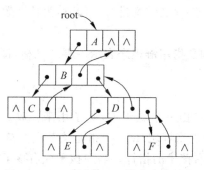

图 6.14　二叉树的三叉链表存储结构

用 C 语言描述如下：

```
typedef struct node              //定义二叉树结构体
{
  datatype data;                 //定义数据域
  struct node * lchild;          //定义节点的左指针
  struct node * parent;          //定义节点的双亲指针
  struct node * rchild;          //定义节点的右指针
}SNode, * BTree;
```

其中，BTree 为指向三叉链表节点结构的指针类型。

　　用三叉链表来存储的二叉树，既容易找到节点的左、右孩子节点，又容易找到其双亲节点。尽管在二叉链表中无法由节点直接找到其双亲，但由于二叉链表结构灵活，操作方便，对于一般情况的二叉树，甚至比顺序存储结构还节省空间。因此，二叉链表是最常用的二叉树存储方式。本书后面所涉及的二叉树的链式存储结构不加特别说明的都是指二叉链表结构。

　　▲思考　二叉链表及三叉链表是否可以用带头节点的方式存放？如果可以，请画出如图 6.12(a)所示二叉树的带头节点的二叉链表及三叉链表存储结构。

6.2.4　二叉树的建立

　　用二叉链表表示二叉树，建立二叉树的递归算法描述如下：

【程序 6-1】

```
/* ========================================== */
/*     程序实例：6-1.c                        */
/*     用二叉链表表示二叉树,递归算法建立二叉树 */
/* ========================================== */
# include < stdio.h >
# include < malloc.h >
typedef struct node                      //二叉树节点类型的定义
{
    char data;
    struct node * lchild;                //定义节点的左孩子指针
    struct node * rchild;                //定义节点的右孩子指针
}BinTNode;
```

```
BinTNode * CreateBinTree()                              //输入二叉树的先序遍历序列,创建二叉链表
{
    BinTNode * t;
    char ch;
    ch = getchar();
    if (ch == '0')                                      //如果读入 0,创建空树
        t = NULL;
    else
    {
        t = (BinTNode * )malloc(sizeof(BinTNode));      //申请根节点 * t 空间
        t -> data = ch;                                 //将节点数据 ch 放入根节点的数据域
        t -> lchild = CreateBinTree();                  //建左子树
        t -> rchild = CreateBinTree();                  //建右子树
    }
    return t;
}

void ListBinTree(BinTNode * t)                          //用广义表表示二叉树
{
    if (t != NULL)
    {
        printf(" % c", t -> data);
        if (t -> lchild != NULL || t -> rchild != NULL)
        {
            printf("(");
            ListBinTree(t -> lchild);
            if (t -> rchild != NULL)
                printf(",");
            ListBinTree(t -> rchild);
            printf(")");
        }
    }
}

void main()
{
    BinTNode * t = NULL;
    printf("请输入先序序列,虚节点用 0 表示(以如图 6.12(a)所示二叉树为例): \n");
    t = CreateBinTree();
    printf("广义表表示的二叉树的输出: \n");
    ListBinTree(t);
    printf("\n");
}
```

程序运行结果:

```
请输入先序序列,虚节点用 0 表示(以如图 6.12(a)所示二叉树为例):
ABC00DE00F000(回车)
广义表表示的二叉树的输出:
A (B (C, D(E, F)))
```

6.3 遍历二叉树

6.3.1 遍历二叉树

二叉树的遍历是指按照某种顺序访问二叉树中的每个节点,使每个节点被访问一次且仅被访问一次。

遍历是二叉树中经常要用到的一种操作。因为在实际应用问题中,常常需要按一定顺序对二叉树中的每个节点逐个进行访问,查找具有某一特点的节点,然后对这些满足条件的节点进行处理。

通过一次完整的遍历,可使二叉树中节点信息由非线性排列变为某种意义上的线性序列。也就是说,遍历操作使非线性结构线性化。二叉树的遍历次序不同于线性结构,最多也就是从头至尾、循环、双向等简单的遍历方式。树的节点之间不存在唯一的前驱和后继关系,在访问一个节点后,下一个被访问的节点面临着不同的选择。由于选择方式不同,遍历的次序就完全不同了。

由二叉树的定义可知,一棵二叉树由根节点、根节点的左子树和右子树三部分组成。因此,只要依次遍历这三部分,就可以遍历整个二叉树。若以 D、L、R 分别表示访问根节点、遍历根节点的左子树、遍历根节点的右子树,则二叉树的遍历方式有六种:DLR、LDR、LRD、DRL、RDL 和 RLD。如果限定先左后右,则只有前三种方式,即 DLR(称为先序遍历)、LDR(称为中序遍历)和 LRD(称为后序遍历),图 6.15 是二叉树的三种遍历序列示意图。

1. 先序遍历(DLR)

先序遍历也称先根遍历,其递归定义如下:若二叉树为空,遍历结束,否则,

(1) 访问根节点;

(2) 先序遍历根节点的左子树;

(3) 先序遍历根节点的右子树。

先序遍历二叉树的定义,可知其为递归定义,算法如下:

【算法 6.1】 先序遍历二叉树的递归算法。

```
void Preorder(BinTNode * bt)              /*先序遍历二叉树 bt*/
{
    if (bt!= NULL)                        /*递归调用的结束条件*/
    {
        printf("%d\t", bt->data);         /*访问节点的数据域*/
        Preorder(bt->lchild);            /*先序递归遍历 bt 的左子树*/
        Preorder(bt->rchild);            /*先序递归遍历 bt 的右子树*/
    }
}
```

对于如图 6.15(a)所示的二叉树,按先序遍历所得到的节点序列为:ABDGHCEIF。

2. 中序遍历(LDR)

中序遍历也称中根遍历,其递归过程为:若二叉树为空,遍历结束,否则,

(1) 中序遍历根节点的左子树;

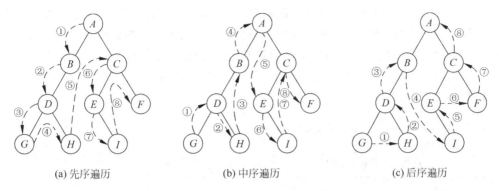

（a）先序遍历　　　　　　（b）中序遍历　　　　　　（c）后序遍历

图 6.15　二叉树的三种遍历序列示例

（2）访问根节点；

（3）中序遍历根节点的右子树。

中序遍历二叉树的递归算法如下：

【算法 6.2】　中序遍历二叉树的递归算法。

```
void Inorder(BinTNode * bt)                 /* 中序遍历二叉树 bt */
{
    if (bt!== NULL)                         /* 递归调用的结束条件 */
    {
        Inorder(bt->lchild);                /* 中序递归遍历 bt 的左子树 */
        printf("% d\t", bt->data);          /* 访问节点的数据域 */
        Inorder(bt->rchild);                /* 中序递归遍历 bt 的右子树 */
    }
}
```

对于如图 6.15(b)所示的二叉树，按中序遍历所得到的节点序列为：*GDHBAEICF*。

3. 后序遍历（LRD）

后序遍历也称后根遍历，其递归过程为：若二叉树为空，遍历结束，否则，

（1）后序遍历根节点的左子树；

（2）后序遍历根节点的右子树；

（3）访问根节点。

后序遍历二叉树的递归算法如下：

【算法 6.3】　后序遍历二叉树的递归算法。

```
void Postorder(BinTNode * bt)               /* 后序遍历二叉树 bt */
{
    if (b!= NULL) {                         /* 递归调用的结束条件 */
        Postorder(bt->lchild);              /* 后序递归遍历 bt 的左子树 */
        Postorder(bt->rchild);              /* 后序递归遍历 bt 的右子树 */
        printf("% d\t", bt->data);}         /* 访问节点的数据域 */
}
```

对于如图 6.15(c)所示的二叉树,按后序遍历所得到的节点序列为:$GHDBIEFCA$。

对于一棵二叉树,用上述三种不同的遍历算法所得到的结构都是线性序列,有且仅有一个开始节点和一个终端节点。但三个序列并不相同,因此必须指明序列的遍历算法。

下面通过一个程序来实现上述三种遍历算法,以便巩固所学的知识。

【程序 6-2】

```
/* ======================================= */
/*      程序实例:6-2.c                     */
/*      先序遍历、中序遍历、后序遍历          */
/* ======================================= */
# include < stdio. h >
# include < malloc. h >
typedef struct node                      //二叉树节点类型的定义
{
    char data;
    struct node * lchild;                //定义节点的左孩子指针
    struct node * rchild;                //定义节点的右孩子指针
} BinTNode;

BinTNode * CreateBinTree()               //输入二叉树的先序遍历序列,创建二叉链表
{
    BinTNode * t;
    char ch;
    ch = getchar();
    if (ch == '0')                       //如果读入 0,创建空树
        t = NULL;
    else
    {
        t = (BinTNode * )malloc(sizeof(BinTNode));  //申请根节点 * t 空间
        t -> data = ch;                  //将节点数据 ch 放入根节点的数据域
        t -> lchild = CreateBinTree();   //建左子树
        t -> rchild = CreateBinTree();   //建右子树
    }
    return t;
}

void ListBinTree(BinTNode * t)           //用广义表表示二叉树
{
    if (t!= NULL)
    {
        printf(" % c",t -> data);
        if (t -> lchild!= NULL||t -> rchild!= NULL)
        {
            printf("(");
            ListBinTree(t -> lchild);
            if (t -> rchild!= NULL)
                printf(",");
            ListBinTree(t -> rchild);
```

```c
            printf(")");
        }
    }
}

void preorder(BinTNode * t)                    //对二叉树进行先序遍历
{
    if(t!= NULL)
    {
        printf("%3c",t->data);
        preorder(t->lchild);
        preorder(t->rchild);
    }
}

void inorder(BinTNode * t)                      //对二叉树进行中序遍历
{
    if(t!= NULL)
    {
        inorder(t->lchild);
        printf("%3c",t->data);
        inorder(t->rchild);
    }
}

void postorder(BinTNode * t)                    //对二叉树进行后序遍历
{
    if(t!= NULL)
    {
        postorder(t->lchild);
        postorder(t->rchild);
        printf("%3c",t->data);
    }
}

void main()
{
    BinTNode * t = NULL;
    printf("请输入先序序列,虚节点用 0 表示(以如图 6.15 所示二叉树为例): \n");
    t = CreateBinTree();
    printf("广义表表示的二叉树的输出: \n");
    ListBinTree(t);                             //调用二叉树的广义表表示函数
    printf("\n 二叉树的前序遍历结果为: \n");
    preorder(t);                                //调用二叉树先序遍历函数
    printf("\n 二叉树的中序遍历结果为: \n");
    inorder(t);                                 //调用二叉树中序遍历函数
    printf("\n 二叉树的后序遍历结果为: \n");
    postorder(t);                               //调用二叉树后序遍历函数
    printf("\n");
}
```

程序运行结果:

```
请输入先序序列,虚节点用 0 表示(以如图 6.15 所示二叉树为例):
ABDG00H000CE0I00F00(回车)
广义表表示的二叉树的输出:
A(B(D(G,H)),C(E(,I),F))
二叉树的前序遍历结果为:
  A B D G H C E I F
二叉树的中序遍历结果为:
  G D H B A E I C F
二叉树的后序遍历结果为:
  G H D B I E F C A
```

4. 层次遍历

所谓二叉树的层次遍历,是指从二叉树的第一层(根节点)开始,从上至下逐层遍历,在同一层中,则按从左到右的顺序对节点逐个访问。对于如图 6.14 所示的二叉树,按层次遍历所得到的结果序列为:

$$A\ B\ C\ D\ E\ F\ G$$

下面讨论层次遍历的算法。

由层次遍历的定义可以推知,在进行层次遍历时,对一层节点访问完后,再按照它们的访问次序对各个节点的左孩子和右孩子顺序访问,这样一层一层进行,先遇到的节点先访问,这与队列的操作原则比较吻合。因此,在进行层次遍历时,可设置一个队列结构,遍历从二叉树的根节点开始,首先将根节点指针入队列,然后从队头取出一个元素,每取一个元素,执行下面两个操作:

(1) 访问该元素所指节点;

(2) 若该元素所指节点的左、右孩子节点非空,则将该元素所指节点的左孩子指针和右孩子指针顺序入队。此过程不断进行,当队列为空时,二叉树的层次遍历结束。

在下面的层次遍历算法中,二叉树以二叉链表存放,一维数组 queue[MAXNODE]用以实现队列,变量 front 和 rear 分别表示当前对首元素和队尾元素在数组中的位置。

【算法 6.4】 二叉树的层次遍历算法。

```c
void LevelOrder(BinTNode * t)                    /* 层次遍历二叉树 bt */
{
    BinTNode * queue[MAXNODE];
    int front, rear;
    if (t == NULL) return;
    front = - 1;
    rear = 0;
    queue[rear] = t;
    while(front!= rear)
    {
        front++;
        printf(" % c", queue[front] -> data);
                                /* 访问队首节点的数据域,假定数据类型为整型 */
        if (queue[front] -> lchild!= NULL)    /* 将队首节点的左孩子节点入队列 */
        {
```

```
            rear++;
            queue[rear] = queue[front] -> lchild;
        }
        if(queue[front] -> rchild!= NULL)        /*将队首节点的右孩子节点入队列*/
        {
            rear++;
            queue[rear] = queue[front] -> rchild;
        }
    }
}
```

有读者会问,研究这么多遍历的方法干什么呢?

用图形的方式来表现树的结构,应该说是非常直观和容易理解的,但对于计算机来说,它只有顺序、判断和循环等处理方式,也就是说,它只会处理线性序列,而我们刚才提到的遍历方法及相应的算法,其实都是在吧树中的节点变成某种意义的线性序列,这就给程序的实现带来了好处。不同的遍历提供了对节点依次处理的不同方式,可以在遍历过程中对节点进行各种处理。

二叉树遍历的算法及操作很多,如二叉树先序非递归算法、二叉树中序非递归算法、求二叉树的深度以及二叉树叶子节点个数等,将在二叉树的应用举例中给予介绍。

6.3.2 恢复二叉树

从二叉树的遍历可知,任意一棵二叉树节点的先序序列和中序序列都是唯一的。反过来,若已知节点的先序序列和中序序列,能否确定这棵二叉树呢?这样确定的二叉树是否唯一呢?回答是肯定的。

根据定义,二叉树的先序遍历是先访问根节点,其次再按先序遍历方式遍历根节点的左子树,最后按先序遍历方式遍历根节点的右子树。这就是说,在先序序列中,第一个节点一定是二叉树的根节点。另一方面,中序遍历是先遍历左子树,然后访问根节点,最后再遍历右子树。这样,根节点在中序序列中必然将中序序列分割成两个子序列,前一个子序列是根节点的左子树的中序序列,而后一个子序列是根节点的右子树的中序序列。根据这两个子序列,在先序序列中找到对应的左子序列和右子序列。在先序序列中,左子序列的第一个节点是左子树的根节点,右子序列的第一个节点是右子树的根节点。这样,就确定了二叉树的三个节点。同时,左子树和右子树的根节点又可以分别把左子序列和右子序列划分成两个子序列,如此递归下去,当取尽先序序列中的节点时,便可以得到一棵二叉树。

同样的道理,由二叉树的后序序列和中序序列也可唯一地确定一棵二叉树。因为,依据后序遍历和中序遍历的定义,后序序列的最后一个节点,就如同先序序列的第一个节点一样,可将中序序列分成两个子序列,分别为这个节点的左子树的中序序列和右子树的中序序列,再拿出后序序列的倒数第二个节点,并继续分割中序序列,如此递归下去,当倒着取尽后序序列中的节点时,便可以得到一棵二叉树。

下面通过一个例子,来给出由二叉树的先序序列和中序序列构造唯一的一棵二叉树的实现过程。

已知一棵二叉树的先序序列与中序序列分别为:

先序序列:$A\,B\,C\,D\,E\,F\,G\,H\,I$

中序序列:$B\,C\,A\,E\,D\,G\,H\,F\,I$

试恢复该二叉树。

首先，由先序序列可知，节点 A 是二叉树的根节点。其次，根据中序序列，在 A 之前的所有节点都是根节点左子树的节点，在 A 之后的所有节点都是根节点右子树的节点，由此得到如图 6.16(a)所示的状态。然后，再对左子树进行分解，得知 B 是左子树的根节点，又从中序序列知道，B 的左子树为空，B 的右子树只有一个节点 C；接着对 A 的右子树进行分解，得知 A 的右子树的根节点为 D，而节点 D 把其余节点分成两部分，即左子树为 E，右子树为 F、G、H、I，如图 6.16(b)所示。接下去的工作就是按上述原则对 D 的右子树继续分解下去，最后得到如图 6.16(c)所示的整棵二叉树。

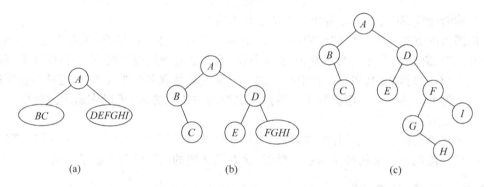

图 6.16　由前序和中序序列恢复二叉树的过程示意图

对上面所描述的恢复过程用直观的方式总结归纳如下：

（1）根据先序序列确定树的根（第一个节点），根据中序序列确定左子树和右子树；

（2）分别找出左子树和右子树的根节点，并把左、右子树的根节点连接到父（father）节点上去；

（3）再对左子树和右子树按此法找根节点和左、右子树，直到子树只剩下 1 个节点或 2 个节点或空为止。

对于上述的先序序列和中序序列：

$$\text{先序序列：} A\,B\,C\,D\,E\,F\,G\,H\,I$$
$$\text{中序序列：} B\,C\,A\,E\,D\,G\,H\,F\,I$$

首先，由先序序列可知，节点 A 是二叉树的根节点；其次，根据中序序列，在 A 之前的所有节点都是根节点左子树的节点，在 A 之后的所有节点都是根节点右子树的节点：

先序序列：　　A　B　C　D　E　F　G　H　I
　　　　　　　　根　左子树　　　右子树

中序序列：　　B　C　A　E　D　G　H　F　I
　　　　　　　左子树　根　　　右子树

继续对左、右子树进行分解：

左子树：　　　　　　　　　　　　　右子树：

先序前序：　B　　C　　　　　D　　E　　F　G　H　I
　　　　　　根　右子树　　　根　左子树　　右子树

中序前序：　B　　C　　　　　E　　D　G　H　F　I
　　　　　　根　右子树　　　左子树　根　　　右子树

再按同样的方法继续分解下去,最后得到如图 6.16(c)所示的整棵二叉树。

上述过程是一个递归过程,其递归算法的思想是:先根据先序序列的第一个元素建立根节点;然后在中序序列中找到该元素,确定根节点的左、右子树的中序序列;再在先序序列中确定左、右子树的先序序列;最后由左子树的先序序列与中序序列建立左子树,由右子树的先序序列与中序序列建立右子树。

▲思考 根据二叉树的中序和后序序列,如何确定一棵二叉树?根据二叉树的先序和后序序列能唯一确定一棵二叉树吗?为什么?

6.4 树、森林与二叉树的转换

前面已经讲过了树的定义和存储结构,对于树来说,在满足树的条件下可以是任意形状,一个节点可以有任意多个孩子,显然对树的处理要复杂得多,去研究关于树的性质和算法,真的不容易。有没有简单的办法解决对树处理的难题呢?

前面也讲了二叉树,尽管它也是树,但由于每个节点最多只能有左孩子和有孩子,面对的变化就少很多了。因此很多性质和算法都被研究出来了。如果所有的树都能像二叉树一样方便就好了,事实上,还真能这么做。

在讲树的存储结构时,我们提到了树的孩子兄弟表示法可以将一棵树用二叉链表进行存储,所以借助二叉链表,树和二叉树可以相互进行转换。从物理结构来看,它们的二叉链表也是相同的,只是解释不太一样而已。因此,只要设定一定的规则,用二叉树来表示树,甚至表示森林都是可以的,森林与二叉树也可以互相进行转换。

接下来,分别看看它们之间是如何进行转换的。

6.4.1 一般树转换为二叉树

如果对树或森林采用链表存储并设定一定的规则,就可用二叉树结构表示树和森林。这样,对树的操作实现就可以借助二叉树存储,利用二叉树上的操作来实现。

1. 树和二叉树的二叉链表存储结构比较

一般树是无序树,树中节点的各孩子的次序是无关紧要的;二叉树中节点的左、右孩子节点是有区别的。为避免发生混淆,我们约定树中每一个节点的孩子节点按从左到右的次序排列。如图 6.17 所示为一棵一般树,根节点 A 有 B、C、D 三个孩子,可以认为节点 B 为 A 的长子,节点 C 为 B 的次弟,节点 D 为 C 的次弟。如图 6.18(a)和图 6.18(b)所示分别为一般树和二叉树的二叉链表存储结构示意图。

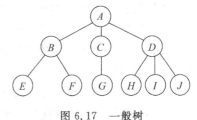

图 6.17 一般树

长子地址	节点信息	次弟地址

(a) 一般树的双链表存储结构

左子树地址	节点信息	右子树地址

(b) 二叉树的双链表存储结构

图 6.18 一般树和二叉树的二叉链表存储结构示意图

2. 树转换为二叉树的方法

（1）树中所有相邻兄弟之间加一条连线。

（2）对树中的每个节点，只保留其与第一个孩子节点之间的连线，删除其与其他孩子节点之间的连线。

（3）以树的根节点为轴心，将整棵树顺时针旋转一定的角度，使之结构层次分明。

可以证明，树做这样的转换所构成的二叉树是唯一的。如图 6.19 所示给出了将如图 6.19(a)所示的树转换为二叉树的转换过程。

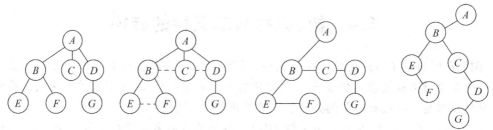

(a) 一般的树　　　(b) 相邻兄弟间连线　　　(c) 删除双亲与其他孩子间的连线　　　(d) 转换后的二叉树

图 6.19　一般树转换为二叉树的过程

通过转换过程可以看出，树中的任意一个节点都对应于二叉树中的一个节点。树中某节点的第一个孩子在二叉树中是相应节点的左孩子，树中某节点的右兄弟节点在二叉树中是相应节点的右孩子。也就是说，在二叉树中，左分支上的各节点在原来的树中是父子关系，而右分支上的各节点在原来的树中是兄弟关系。由于树的根节点没有兄弟，所以变换后的二叉树的根节点的右孩子必然为空。

事实上，一棵树采用孩子兄弟表示法所建立的存储结构与它所对应的二叉树的二叉链表存储结构是完全相同的，只是两个指针域的名称及解释不同而已。

▲思考　由树转换成的二叉树，其根节点为什么一定没有右子树？

6.4.2　森林转换为二叉树

森林是若干棵树的集合。树可以转换为二叉树，森林同样也可以转换为二叉树。其基本思想就是将森林中所有树的根节点视为兄弟。虽然树和森林都可以转换为二叉树。但二者却有所不同：树转换成的二叉树，其根节点必然无右孩子，而森林转换后的二叉树，其根节点可以有右孩子。

森林转换为二叉树的方法如下：

（1）将森林中的每棵树转换成相应的二叉树。

（2）第一棵二叉树不动，从第二棵二叉树开始，依次把后一棵二叉树的根节点作为前一棵二叉树根节点的右孩子，当所有二叉树连在一起后，所得到的二叉树就是由森林转换得到的二叉树。

如图 6.20 所示展示了森林转换为二叉树的过程。

6.4.3　二叉树转换为树和森林

树和森林都可以转换为二叉树，二者不同的是：树转换成的二叉树，其根节点无右分

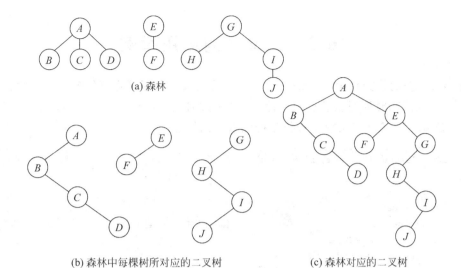

(a) 森林

(b) 森林中每棵树所对应的二叉树   (c) 森林对应的二叉树

图 6.20 森林及其转换为二叉树的过程

支;而森林转换后的二叉树,其根节点有右分支。显然这一转换过程是可逆的,即可以依据二叉树的根节点有无右分支,将一棵二叉树还原为树或森林,具体方法如下:

(1) 若某节点是其父节点的左孩子,则把该节点的右孩子、右孩子的右孩子,直到最后一个右孩子都与该节点的父节点连起来。

(2) 删掉原二叉树中所有的父节点与右孩子节点的连线。

(3) 整理由(1)、(2)两步所得到的树或森林,使之结构层次分明。

二叉树转换为森林的过程如图 6.21 所示。

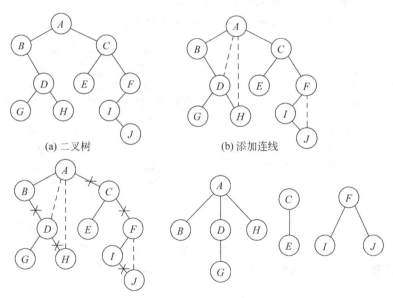

(a) 二叉树   (b) 添加连线

(c) 删除父节点与右孩子的连线   (d) 还原后的森林

图 6.21 二叉树转换为森林的过程

▲思考 二叉树的形态在什么情形下转换后为一般的树?请读者实现其转换过程。

树和二叉树

6.5 二叉树的应用举例

例 6.1 查找数据元素。Search(t,x)在 t 为二叉树的根节点指针的二叉树中查找数据元素 x。查找成功时返回该节点的指针；查找失败时返回空指针。

【算法 6.5】 在 t 二叉树中查找数据元素 x 的算法。

```
BinTNode Search(BiTree * t, elemtype x)      /* 在 t 为根节点指针的二叉树中查找数据元素 x */
{
    BinTNode * p;
    if (t->data == x)
        return t;                            /* 查找成功返回 */
    if (t->lchild!= NULL)
        return(Search(t->lchild,x))
        /* 在 t->lchild 为根节点指针的二叉树中查找数据元素 x */
        if (t->rchild!= NULL)
            return(Search(t->rchild,x));
            /* 在 t->rchild 为根节点指针的二叉树中查找数据元素 x */
            return NULL;                     /* 查找失败返回 */
}
```

例 6.2 统计以二叉链表为存储结构的二叉树的叶子节点数目。其基本思想是：若二叉树节点的左孩子和右孩子都为空，在二叉链表中则表现为其节点的左指针域和右指针域均为空，则该节点为叶子节点，计数器 count＋1；递归统计二叉链表中左子树的叶子节点数；递归统计二叉链表中右子树的叶子节点数。

【算法 6.6】 统计给定二叉树中叶子节点数目的算法。

```
void countLeaf(BinTNode * t)                      //求二叉树叶子节点数
{
    if(t!= NULL)                                  //若树不为空
        //开始时,t 为根节点所在的链节点的指针,返回值为 t 的叶子数
    {
        if(t->lchild == NULL&&t->rchild == NULL)
            count++;                              //若左子树和右子树都为空,count 计数器加 1
        countLeaf(t->lchild);                     //递归统计 T 的左子树叶子节点数
        countLeaf(t->rchild);                     //递归统计 T 的右子树叶子节点数
    }
}
```

例 6.3 求以二叉链表为存储结构的二叉树的节点数。其基本思想是：若二叉树根不为空，则计数器 count＋1；递归统计二叉链表中左子树的节点数；递归统计二叉链表中右子树的节点数。

【算法 6.7】 统计给定二叉树的节点数目的算法。

```
void Nodecount(BinTNode * t)                      //求二叉树总节点数
{
```

```
if(t!= NULL)
{
    count++;                    //如果二叉树不空,加上一个节点数
    Nodecount(t->lchild);       //递归统计 t 的左子树节点数
    Nodecount(t->rchild);       //递归统计 t 的右子树节点数
}
}
```

例 6.4 求以二叉链表为存储结构的二叉树的深度。其基本思想是:若二叉树根为空,则返回 0。否则,递归统计二叉树左子树的深度;递归统计二叉树右子树的深度;递归结束,返回其中大的那一个,即为二叉树的深度。

【算法 6.8】 求给定二叉树的深度。

```
int BintreeDepth(BinTNode * t)          //求二叉树深度
{
    int ldep,rdep;                      //定义两个整型变量,用以存放左、右子树的深度
    if(t == NULL)                       //若树空则返回 0
        return 0;
    else
    {
        ldep = BintreeDepth(t->lchild); //递归统计 t 的左子树深度
        rdep = BintreeDepth(t->rchild); //递归统计 t 的右子树深度
        if(ldep > rdep)                 //若左子树深度大于右子树深度,则返回左子树深度加 1
            return ldep + 1;
        else
            return rdep + 1;            //否则返回右子树深度加 1
    }
}
```

▲**注意** 例 6.1~例 6.4 的四个算法的具体实现请看本章后面的"上机实训"部分。

例 6.5 写出以二叉链表为存储结构的二叉树的先序遍历的非递归算法。在算法的过程中要用到栈,为此,设一维数组 stack[MAXNODE] 用来实现栈,变量 top 用来表示当前栈顶的位置。

【算法 6.9】 以二叉链表为存储结构的二叉树的先序遍历的非递归算法。

```
void DLROrder(BinTNode * t)             /* 先序遍历二叉树的非递归算法 */
{
    BinTNode * stack[MAXNODE], * p;
    int top;
    if (t == NULL) return 0;
    top = 1;
    p = t;
    while(!(p == NULL&&top == 0))
    {
        while(p!= NULL)
        {
            printf(" % c", p->data);    /* 访问节点的数据域,假设数据信息为字符型 */
```

```
            if (top < MAXNODE - 1)              /* 将当前指针 p 压栈 */
            {
                stack[top] = p;
                top++;
            }
            else
            {
                printf("栈溢出");
                    return NULL;
            }
            p = p -> lchild;                     /* 指针指向 p 的左孩子 */
        }
        if (top <= 0)
            return NULL;                         /* 栈空时结束 */
        else
        {
            top-- ;
            p = stack[top];                      /* 从栈中弹出栈顶元素 */
            p = p -> rchild;                     /* 指针指向 p 的右孩子节点 */
        }
    }
}
```

▲思考 以二叉链表为存储结构的二叉树的中序遍历和后序遍历能否用非递归算法实现？如何实现？

6.6 哈夫曼树及其应用

在计算机和互联网技术中，文本压缩是一种非常重要的技术。但凡对计算机有所了解的人几乎都会应用压缩和解压缩软件来处理文档，因为它除了可以减少文档在磁盘上的空间外，还有更重要的一点，就是可以在网络上以压缩的形式传输大量数据，使得保存和传递都更加高效。

我们都知道，压缩后的文档解压后所得到的内容一样，这个过程不出错是如何做到的呢？简单说，就是我们把要压缩的文档进行重新编码，以减少不必要的空间。尽管现在最新技术在编码上已经很好、很强大，但这一切都来自于曾经技术的积累，下面就介绍一下最基本的压缩编码方法——哈夫曼编码。

介绍哈夫曼编码前，我们必须先介绍哈夫曼树，哈夫曼树(Huffman)又称最优二叉树，是一类带权路径长度最短的树，有着广泛的应用。

6.6.1 哈夫曼树的引入

1. 几个术语
(1) 路径：从树中一个节点到另一个节点之间的分支序列构成这两个节点间的路径。
(2) 路径长度：路径上的分支数目，称做路径长度。
(3) 树的路径长度：从树根到每一个节点的路径长度之和。在节点数目相同的二叉树中,完全二叉树的路径长度最短。

（4）节点的权：在一些应用中,赋予树中节点的一个有某种意义的实数。例如,用权来表示节点的重要性或使用频率等。

（5）节点的带权路径长度：从该节点到树根之间路径长度与该节点上权的乘积。

（6）树的带权路径长度：树中所有叶子节点的带权路径长度之和,称为树的带权路径长度。

（7）最优二叉树：带权路径长度最小的二叉树,称为最优二叉树。

2. 如何求树的带权路径长度

设二叉树具有 n 个带权值的叶子节点,那么从根节点到各个叶子节点的路径长度与相应叶子节点权值的乘积之和叫做二叉树的带权路径长度（WPL）,记为：

$$WPL = \sum_{k=1}^{n} W_k \times L_k$$

其中,W_k——为第 k 个叶子节点的权值;

$\quad L_k$——为第 k 个叶子节点到根节点的路径长度。

如图 6.22 所示的三棵二叉树,它们都有 A、B、C、D 这 4 个叶子节点,且权值均为 2、4、5、7。请分别计算它们的带权路径长度。

这三棵二叉树的带权路径长度分别为：

（a）WPL＝$2 \times 2 + 4 \times 2 + 5 \times 2 + 7 \times 2 = 36$

（b）WPL＝$2 \times 1 + 4 \times 2 + 5 \times 3 + 7 \times 3 = 46$

（c）WPL＝$2 \times 3 + 4 \times 3 + 5 \times 2 + 7 \times 1 = 35$

三个图的叶子节点具有相同权值,由于其构成的二叉树形态不同,则它们的带权路径长度也各不相同。其中以如图 6.22(c)所示的带权路径长度最小,它的特点是权值越大的叶节点越靠近根节点,而权值越小的叶节点则远离根节点,事实上它就是一棵最优二叉树。由于构成最优二叉树的方法是由 D. Huffman 最早提出的,所以又称为哈夫曼树。

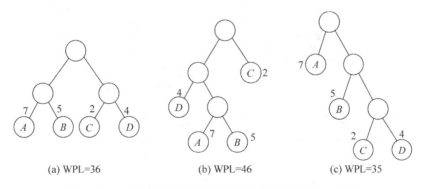

图 6.22　具有相同叶子节点和不同带权路径长度的二叉树

下面给出哈夫曼树的定义：假设有 n 个权值 $\{w_1, w_2, w_3, \cdots, w_n\}$,在以这些权值为叶子节点权值所构造的二叉树中,带权路径长度 WPL 最小的二叉树称为哈夫曼树（也称做哈弗曼树）,又称为最优二叉树。

3. 为什么要使用哈夫曼树

为了说明哈夫曼树的重要性,我们通过一个例子来分析。

一般在考试中都是用百分制来表示学科成绩的,但这也带来了一个弊端,就是很容易让学生、家长,甚至老师自己都以分取人,让分数代表了一切。比如 90 分和 95 分也许就是一道题目对错的差距，但却让两个人可能受到完全不同的待遇，这并不公平。在如今提倡素质教育的背景下，很多的学科，都将成绩改作了 A、B、C、D、E 这样模糊的等级，不再通报具体的分数。

但对于评卷老师而言，他在对试卷评分的时候，显然不能凭感觉给 A、B 或者 E 等成绩，因此一般都是先按百分制算出每个学生的成绩后，再根据统一的标准转换得出五级分制的成绩。比如下面的代码就实现了这样的转换：

```c
if (n<60) b = "E";
  else if (n<70) b = "D"
    else if (n<80) b = "C"
      else if (n<90) b = "B"
        else b = "A";
```

这个判定过程可以用如图 6.23（a）所示的判定树来表示。如果上述程序需反复使用，而且每次的输入量很大，则应考虑上述程序的质量问题，即其操作所需要的时间。因为在实际中，学生的成绩在五个等级上的分布是不均匀的，假设其分布规律如表 6.1 所示。

表 6.1　成绩分布规律示例

分数	0～59	60～69	70～79	80～89	90～100
比例数	5%	15%	40%	30%	10%
等级	E	D	C	B	A

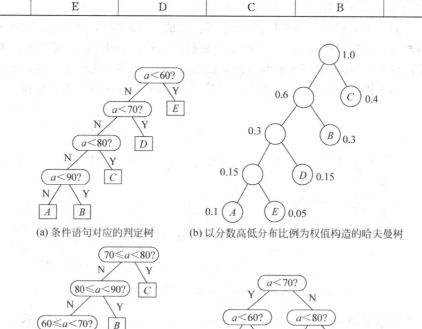

(a) 条件语句对应的判定树　　(b) 以分数高低分布比例为权值构造的哈夫曼树

(c) 哈夫曼树对应的判定树　　(d) 条件语句对应的另一棵判定树

图 6.23　转换五级分制的判定过程

80％以上的数据需进行三次或三次以上的比较才能得出结果。

假定以 0.05、0.1、0.15、0.3 和 0.4 为权构造一棵有五个叶子节点的哈夫曼树,则可得到如图 6.23(b)所示的哈夫曼树,把该哈夫曼树变形成如图 6.23(c)所示的判定过程,它可使大部分的数据经过较少的比较次数得出结果。但由于每个判定框都有两次比较,将这两次比较分开,得到如图 6.23(d)所示的判定树,按此判定树写出相应的程序,将大大减少比较的次数,从而提高运算的速度。

假设有 10 000 个输入数据,若按如图 6.23(a)所示的判定过程进行操作,则总共需进行 31 500 次比较;而若按如图 6.23(d)所示的判定过程进行操作,则总共仅需进行 22 000 次比较。

由此可见,同一个问题,采用不同的判定树来解决,效率是不一样的。我们希望出现概率高的结果能够被更快地搜索到,这样就提出了一个问题:以怎样的顺序搜索效率更高? 这就是最优二叉树要解决的问题。

6.6.2 哈夫曼树的建立

哈夫曼树的特点是权值越大的叶子节点越靠近根节点,而权值越小的叶子节点则远离根节点。哈夫曼(Huffman)依据这一特点提出了一种建立(构造)哈夫曼树的方法,该方法的基本思想是:

(1) 根据给出的 n 个权值 $\{w_1, w_2, w_3, \cdots, w_n\}$,构成 n 棵二叉树的集合 $F = \{T_1, T_2, \cdots, T_n\}$,其中每棵二叉树 T_i 中只有一个带权为 w_i 的根节点,其左右子树均为空;

(2) 在 F 中选取根节点的权值最小和次小的两棵二叉树作为左、右子树构造一棵新的二叉树,这棵新的二叉树根节点的权值为其左、右子树根节点权值之和;

(3) 在集合 F 中删除作为左、右子树的两棵二叉树,并将新建立的二叉树加入到集合 F 中;

(4) 重复(2)、(3)两步,当 F 中只剩下一棵二叉树时,这棵二叉树便是所要建立的哈夫曼树。

如图 6.24 所示给出了有 A、B、C、D、E 五个叶子节点且权值集合为 $W = \{2, 3, 4, 3, 3\}$ 的一棵哈夫曼树的构造过程。

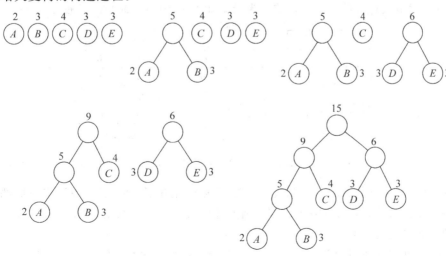

图 6.24　哈夫曼树的构造过程

在哈夫曼树构造时要说明的是：

（1）选取两棵根节点权值最小的二叉树时，当有权值相同的情况时，可以在相同权值的二叉树中任选一棵。

（2）两棵根节点最小的二叉树组成新的二叉树的左、右子树时，谁左谁右没有规定。

（3）哈夫曼树中，权值越大的叶子节点离根越近，这也是 WPL 最小的实际根据和哈夫曼树的应用依据。

（4）哈夫曼树中没有度为 1 的节点，二叉树的相关性质对哈夫曼树也适用。如根据二叉树性质 $n_0 = n_2 + 1$，可推得有 n 个叶子节点的哈夫曼树共有 $2n-1$ 个节点。

▲思考　由我们所介绍的哈夫曼树构造方法，构造的哈夫曼树唯一吗？

6.6.3　哈夫曼编码

1. 什么是哈夫曼编码

在数据通信中，经常需要将传送的文字转换成由二进制数码 0、1 组成的二进制代码，称为编码。如果在编码时考虑字符出现的频率，让出现频率高的字符采用尽可能短的编码，出现频率低的字符采用稍长的编码，构造一种不等长编码，则电文编码后的二进制代码串就可能更短。哈夫曼编码是一种用于构造使电文的编码总长最短的编码方案。接收方收到一系列 0、1 组成的二进制代码串后，再把它还原成文字，即为译码。

例如，需传送的电文为"ACDACAB"中，电文中只含有 A、B、C、D 四种字符，若这四种字符采用如图 6.25(a)所示的编码方案，则电文编码后的二进制代码串为 00101100100001，总长度为 14。接收方按 2 位一组进行分割，便可译码。在传送电文时，我们总是希望传送时间尽可能短，这就要求电文编码后的二进制代码串尽可能短，显然，如图 6.25(a)所示的编码方案产生的二进制代码串不够短。在这种编码方案中，4 种字符编码的长度均为 2 位，是一种等长编码。

如果在编码时考虑字符出现的频率，让出现频率高的字符采用尽可能短的编码，出现频率低的字符采用稍长的编码，构造一种不等长编码，则电文编码后的二进制代码串就可能更短。如字符 A、B、C、D 采用如图 6.25(b)所示编码方案，就是满足这种条件的编码方案，用此编码对上述电文进行编码所得的二进制代码串为 0101110100110，总长度为 13。

字符	编码
A	00
B	01
C	10
D	11

(a) 方案一

字符	编码
A	0
B	110
C	10
D	111

(b) 方案二

字符	编码
A	0
B	01
C	1
D	11

(c) 方案三

图 6.25　字符的 3 种不同编码方案

说到要求电文编码后的二进制代码串尽可能短，有的读者可能会说还有更好的编码方案。如用如图 6.25(c)所示的编码方案，则上述电文的二进制代码串为 011101001，总长度仅为 9 位，显然是缩短了。

但是，接收方收到用如图 6.25(c)所示编码方案对电文"ACDACAB"编码后的二进制代码串 011101001 后却无法译码。比如二进制代码串中的"01"是代表 B 还是代表 AC 呢?因此,若要设计长度不等的编码,必须使任一个字符的编码都不是另一个字符的编码的前缀,这种编码称为前缀编码。如图 6.25(b)所示编码方案就是前缀编码,利用哈夫曼树能构造出如图 6.25(b)所示能使电文编码的总长度最短的前缀编码。接下来介绍哈夫曼编码。

2. 哈夫曼编码的方法

实现哈夫曼编码可分为两部分:

(1) 构造哈夫曼树。设需要编码的字符集合为 $\{d_1, d_2, \cdots, d_n\}$,它们在电文中出现的频度(次数)集合为 $\{w_1, w_2, \cdots, w_n\}$。以 $d_1, d_2, \cdots, d_n$ 作为叶子节点,$w_1, w_2, \cdots, w_n$ 作为它们的权值,构造一棵哈夫曼树。

(2) 在哈夫曼树上求叶子节点的编码。规定哈夫曼树中的左分支代表 0,右分支代表 1,则从根节点到每个叶节点所经过的路径分支组成的 0 和 1 的序列便为该节点对应字符的编码,如图 6.24(e)所示哈夫曼树各叶子节点对应字符的编码为:

$$A:000 \quad B:001 \quad C:01 \quad D:10 \quad E:11$$

在哈夫曼编码树中,树的带权路径长度 WPL 的含义是各个字符的码长与其出现频度(次数)的乘积之和,也就是电文的二进制代码串总长。采用哈夫曼树构造的编码是一种能使电文二进制代码串总长为最短的、不等长编码。

下面举例说明如图 6.25(b)所示编码方案的编码过程。

在电文"ACDACAB"中,A、B、C、D 四个字符出现的次数分别为 3、1、2、1。我们构造一棵以 A、B、C、D 为叶子节点,其权值分别为 3、1、2、1 的哈夫曼树,按上述方法对分支进行标号,如图 6.26 所示,则可得到 A、B、C、D 的前缀编码分别为 0、110、10、111。此时,电文"ACDACAB"编码后的二进制代码串为:0101110100110。

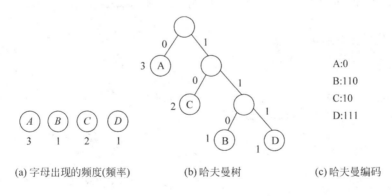

(a) 字母出现的频度(频率)   (b) 哈夫曼树   (c) 哈夫曼编码

图 6.26　哈夫曼编码设计示例

译码也是根据如图 6.26 所示的哈夫曼树实现的。从根节点出发,按代码串中"0"为左子树、"1"为右子树的规则,直到叶子节点。路径扫描到的二进制位串就是叶子节点对应的字符的编码。例如,对上述二进制代码串译码:0 为左子树的叶子节点 A,故 0 是 A 的编码;接着 1 为右子树,0 为左子树到叶子节点 C,所以 10 是 C 的编码;接着 1 是右子树,1 继续右子树,1 再右子树到叶子节点 D,所以 111 是 D 的编码……如此继续,即可正确译码。

3. 哈夫曼树及哈夫曼编码的源程序

```
/* ============================================== */
/*     程序实例: 6 - 3. c                          */
/*     哈夫曼树及哈夫曼编码的源程序                  */
/* ============================================== */
# include < stdio. h >
# define MAXLEN 100
typedef struct                                      //定义结构体
{
    int weight;                                     //定义一个整型权值变量
    int lchild, rchild, parent;                     //定义左、右孩子及双亲指针
}HTNode;
typedef HTNode HFMT [MAXLEN];                        //向量类型
int n;
void InitHFMT(HFMT T)                                //初始化
{
    int i;
    printf("\n\t\t 请输入共有多少个权值(小于 100): ");
    scanf("% d",&n);getchar();
    for (i = 0; i < 2 * n - 1; i++)
    {
        T[i]. weight = 0;
        T[i]. lchild = - 1;
        T[i]. rchild = - 1;
        T[i]. parent = - 1;
    }
}

void InputWeight(HFMT T)                             //输入权值
{
    int w;
    int i;
    for (i = 0; i < n; i++)
    {
        printf("\n\t\t 输入第 % d 个权值: ",i + 1);
        scanf("% d",&w);getchar();
        T[i]. weight = w;
    }
}
void SelectMin(HFMT T, int i, int * p1,int * p2)     //选择两个节点中小的节点
{
    long min1 = 999999;                             //预设两个值,并使它大于可能出现的最大权值
    long min2 = 999999;
    int j;
    for (j = 0;j < = i;j++)
    {
        if (T[j]. parent == - 1)
        {
            if (min1 > T[j]. weight)
            {
```

```
                min1 = T[j].weight;              //找出最小的权值
                    * p1 = j;                     //通过 * p1 带回序号
            }
        }
    }
    for (j = 0;j <= i;j++)
    {
        if (T[j].parent == -1)
        {
            if (min2 > T[j].weight&&j!= ( * p1))
            {
                min2 = T[j].weight;               //找出次最小的权值
                    * p2 = j;                     //通过 * p2 带回序号
            }
        }
    }
}                                                 //选择结束

void CreatHFMT(HFMT T)                            //构造哈夫曼树,T[2 * n-1]为其根节点
{
    int i,p1,p2;
    InitHFMT(T);
    InputWeight(T);
    for (i = n;i < 2 * n-1;i++)
    {
        SelectMin(T,i-1,&p1,&p2);
        T[p1].parent = T[p2].parent = i;
        T[i].lchild = T[p1].weight;
        T[i].rchild = T[p2].weight;
        T[i].weight = T[p1].weight + T[p2].weight;
    }
}


void PrintHFMT(HFMT T)                            //输出向量状态表
{
    printf("\n\t\t 哈夫曼树的各边显示: ");
    int i = 0,k = 0;
    for (i = 0; i < 2 * n-1; i++)
        while (T[i].lchild!= -1)
        {
            if (!(k % 2))
                printf ("\n");
            printf("\t\t( % d, % d),( % d, % d)",
                T[i].weight,T[i].lchild,T[i].weight,T[i].rchild);
            k++;break;
        }
        printf("\n\n");
}

void hfnode(HFMT T,int i,int j)
```

169

第 6 章

```
    {
        j = T[ i ]. parent;
        if (T[ j ]. rchild == T[ i ]. weight)
            printf("1");
        else
            printf("0");
        if(T[ j ]. parent != - 1)
            i = j, hfnode(T, i, j);
}
void huffmannode(HFMT T)                    //求哈夫曼编码
{
    printf("\t\t 输入的权值的对应哈夫曼编码: ");
    int i, j, a, k = 0;
    for (i = 0; i < n; i++)
    {
        j = 0;
        a = i;
        if (!(k % 2))
            printf("\n");
        printf("\t\t % i: ", T[ i ]. weight); k++;
        hfnode(T, i, j);
        i = a;
    }
}

void main()                                 //主函数
{
    HFMT HT;
    CreatHFMT(HT);
    PrintHFMT(HT);
    huffmannode(HT);
    printf("\n");
}
```

上 机 实 训

二叉树的基本操作及应用

1. 实验目的

(1) 通过实验,掌握二叉树的建立与存储;

(2) 通过实验,掌握二叉树的遍历方法。

2. 实验内容

(1) 练习二叉树的建立与存储;

(2) 练习二叉树的遍历。

3. 实验步骤

(1) 建立自己的头文件 BinTree. h,内容包括二叉链表的结构描述、二叉树的建立、二叉树的先序、中序与后序遍历算法；

(2) 建立二叉树,并通过调用函数,输出先序遍历、中序遍历与后序遍历的结果。

4. 实现提示

建立二叉树的代码如下：

```
BinTNode * CreateBinTree()                          //输入二叉树的先序遍历序列,创建二叉链表
{
    BinTNode * t;
    char ch;
    ch = getchar();
    if (ch == '0')                                  //如果读入 0,创建空树
        t = NULL;
    else
    {
        t = (BinTNode * )malloc(sizeof(BinTNode));  //申请根节点 * t 空间
        t -> data = ch;                             //将节点数据 ch 放入根节点的数据域
        t -> lchild = CreateBinTree();              //建左子树
        t -> rchild = CreateBinTree();              //建右子树
    }
    return t;
}
```

5. 思考与提高

(1) 如何用孩子兄弟表示法存储树？

(2) 熟悉并掌握哈夫曼树及其应用。

习　　题

1. 名词解释

(1) 节点；

(2) 节点的度；

(3) 树的度；

(4) 二叉树；

(5) 哈夫曼树。

2. 判断题(**下列各题,正确的请在前面的括号内打√；错误的打×**)

(　　)(1) 树结构中每个节点最多只有一个直接前驱。

(　　)(2) 完全二叉树一定是满二叉树。

(　　)(3) 由树转换成二叉树,其根节点的右子树一定为空。

(　　)(4) 在中序线索二叉树中,右线索若不为空,则一定指向其双亲。

(　　)(5) 在前序遍历二叉树的序列中,任何节点的子树的所有节点都是直接跟在该节点之后。

(　　)(6) 一棵二叉树中序遍历序列的最后一个节点,必定是该二叉树前序遍历的最后一个节点。

（　　）(7) 用一维数组来存储二叉树时,总是以前序遍历存储节点。

（　　）(8) 已知二叉树的前序遍历和后序遍历不能唯一确定这棵二叉树,这是因为不知道根节点是哪一个。

（　　）(9) 二叉树按某种顺序线索后,任一节点均有指向其前驱和后继的线索。

（　　）(10) 二叉树的前序遍历中,任意一个节点均处于其子树节点的前面。

3. 填空题

(1) 节点的度是_____。

(2) 叶子节点是_____节点。

(3) 树的度是_____。

(4) 树中节点的最大层次称为树的_____。

(5) 对于二叉树来说,第 i 层上至多有_____个节点。

(6) 深度为 h 的二叉树至多有_____个节点。

(7) 对于一棵具有 n 个节点的树,该树中所有节点的度数之和为_____。

(8) 在一棵二叉树中,度为 2 的节点有 5 个,度为 1 的节点有 6 个,则叶子节点数有_____个。

(9) 由一棵二叉树的前序序列和_____序列可唯一确定这棵二叉树。

(10) 有 20 个节点的完全二叉树,编码为 10 的节点的父节点的编号是_____。

(11) 有 20 个节点的完全二叉树,编码为 10 的节点的左子树节点的编号是_____。

(12) 一棵含有 n 个节点的完全二叉树,它的高度是_____。

(13) 树的存储结构有_____。

(14) 哈夫曼树是带权路径长度_____的二叉树。

(15) 某二叉树的前序遍历序列为 $DABEC$,中序遍历序列为 $DEBAC$,则后序遍历序列为_____。

给定如图 6.27 所示的二叉树:

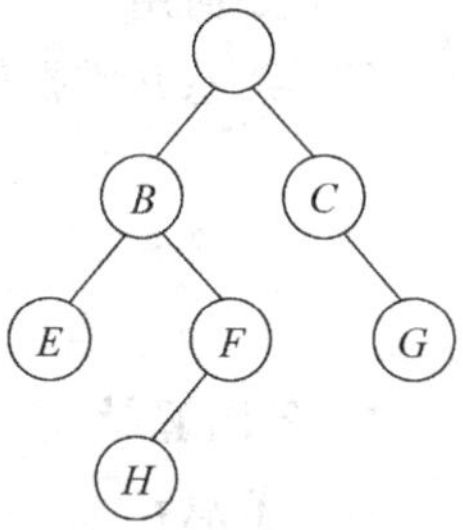

(16) 其前序遍历序列为_____。

(17) 其中序遍历序列为_____。

(18) 其后序遍历序列为_____。

(19) 节点最少的二叉树是_____。

(20) 前序为 A、B、C 且后序为 C、B、A 的二叉树共有_____种。

图 6.27　某二叉树

4. 单项选择题

(1) 深度为 h 的二叉树至多有(　　)个节点。

    A. 2^h　　　　　　B. 2^h-1　　　　　C. 2^{h-1}　　　　　D. $2^{h-1}-1$

(2) 对于二叉树来说,第 K 层至多有(　　)个节点。

    A. 2^K　　　　　　B. 2^K-1　　　　　C. 2^{K-1}　　　　　D. $2^{K-1}-1$

(3) 节点前序为 ABC 的不同二叉树有(　　)种形态。

    A. 3　　　　　　　B. 4　　　　　　　C. 5　　　　　　　D. 6

(4) 某二叉树的先序遍历序列为 $IJKLMNO$,中序遍历序列为 $JLKINMO$,则后序遍历序列为(　　)。

    A. $JLKMNOI$　　　B. $LKNJOMI$　　　C. $LKJNOMI$　　　D. $LKNOJMI$

(5) 某二叉树的后序遍历序列为 $DABEC$,中序遍历序列为 $DEBAC$,则先序遍历序列为（　　）。

  A. $ACBED$　　　　　B. $DECAB$　　　　　C. $DEABC$　　　　　D. $CEDBA$

(6) 具有 35 个节点的完全二叉树的深度为（　　）。

  A. 5　　　　　　　　B. 6　　　　　　　　C. 7　　　　　　　　D. 8

(7) 二叉树按某种顺序线索化后,任一节点均有指向其前驱和后继的线索,这种说法（　　）。

  A. 正确　　　　　　B. 错误　　　　　　C. 不确定　　　　　D. 都有可能

(8) 根据树的定义,具有 3 个节点的树有（　　）种树形。

  A. 2　　　　　　　　B. 3　　　　　　　　C. 4　　　　　　　　D. 5

(9) 在下列 4 棵树中,（　　）不是完全二叉树。

  A.　　　　　　　　B.　　　　　　　　C.　　　　　　　　D.

(10) 树最适合用来表示（　　）。

  A. 有序数据元素　　　　　　　　　　B. 无序数据元素

  C. 元素之间无联系的数据　　　　　　D. 元素之间有分支层次的关系

(11) 对于一棵满二叉树,m 个树叶,n 个节点,深度为 h,则（　　）。

  A. $n=h+m$　　　B. $h+m=2n$　　　C. $m=h-1$　　　D. $n=2^h-1$

(12) 一棵 n 个节点的二叉树,其空指针域的个数为（　　）。

  A. n　　　　　　　B. $n+1$　　　　　　C. $n-1$　　　　　D. 不确定

(13) 任何一棵二叉树的叶子节点在前序、中序、后序遍历序列中的相对次序（　　）。

  A. 不发生改变　　　B. 发生改变　　　C. 不能确定　　　D. 以上都不对

(14) A、B 为一棵二叉树上的两个叶子节点,在中序遍历时,A 在 B 前的条件是（　　）。

  A. A 在 B 的右方　　　　　　　　B. A 是 B 的祖先

  C. A 在 B 的左方　　　　　　　　D. A 是 B 的子孙

(15) 线索二叉树是一种（　　）结构。

  A. 物理　　　　　　B. 逻辑　　　　　　C. 逻辑和存储　　　D. 线性

5. 简答题

(1) 什么是一般树？什么是二叉树？

(2) 一棵度为 2 的树与一棵二叉树有何区别？

(3) 已知一棵树边的集合如下,请画出此树并回答问题。

$\{(L,M),(L,N),(E,L),(B,E),(B,D),(A,B),(G,J),(G,K),(C,G),(C,F),(H,I),(C,H),(A,C)\}$

  ① 哪个是根节点？

② 哪些是叶子节点?

③ 哪个是 G 的双亲?

④ 哪些是 G 的祖先?

⑤ 哪些是 G 的孩子?

⑥ 哪些是 E 的子孙?

⑦ 哪些是 E 的兄弟?哪些是 F 的兄弟?

⑧ 节点 B 和 N 的层次各是多少?

⑨ 树的深度是多少?

⑩ 以节点 C 为根的子树的深度是多少?

⑪ 树的度数是多少?

6. 应用题

(1) 二叉树按中序遍历的结果为 ABC,试问有几种不同形态的二叉树可以得到这一遍历结果?请画出这些二叉树。

(2) 分别画出具有 3 个节点的树和 3 个节点的二叉树的所有不同形态。

(3) 已知一棵二叉树的后序遍历和中序遍历的序列分别为 $ACDBGIHFE$ 和 $ABCDEFGHI$。请画出该二叉树,并写出它的先序遍历的序列。

(4) 已知一棵二叉树的先序遍历和中序遍历的序列分别为 $ABDGHCEFI$ 和 $GDHBAECIF$。请画出此二叉树,并写出它的后序遍历的序列。

(5) 已知一棵二叉树的层次序列为 $ABCDEFGHIJ$,中序序列为 $DBGEHJACIF$,请画出该二叉树。

(6) 把下列一般树转换为二叉树。

①   ②

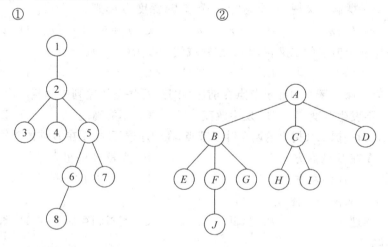

(7) 把下列森林转换为二叉树。

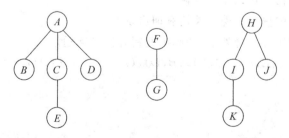

（8）把下列二叉树还原为森林。

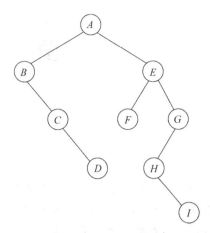

（9）给定一个权集 $W = \{4,5,7,8,6,12,18\}$，请画出相应的哈夫曼树，并计算其带权路径长度 WPL。

（10）给定一个权集 $W = \{3,15,17,14,6,16,9,2\}$，请画出相应的哈夫曼树，并计算其带权路径长度 WPL。

7. 算法设计题

以二叉链表为存储结构，设二叉树 t 结构为：

```
typedef struct BINTNODE
{   char data;
    BINTNODE * lchild;
    BINTNODE * rchild;
}BINTNODE;
```

（1）求二叉树中的度数为 2 的节点。

（2）求二叉树中值为最大的元素。

（3）将二叉树各节点存储到一维数组中。

（4）前序输出二叉树中各节点及其节点所在的层号。

（5）求二叉树的宽度。

（6）交换二叉树各节点的左、右子树。

（7）写出在二叉树中查找值为 x 的节点在树中层数的算法。

第7章　　图

本章内容概要:

图(Graph)是一种典型的比线性结构与树形结构更复杂的非线性结构。在线性结构中,数据元素满足唯一的线性关系,每个元素(第一个和最后一个除外)有且仅有一个直接前驱和一个直接后继;在树形结构中,数据元素有明显的层次关系,即每个元素只有一个直接前驱,但可以有多个直接后继;在图形结构中,数据元素之间的关系是任意的,每个元素可以有多个直接前驱,也可以有多个直接后继。图形结构被用于描述各种复杂的数据对象,在计算机科学、系统工程、数学、物理、日常生活等许多领域有着非常广泛的应用。本章将介绍图的基本概念和运算,图的相关遍历算法,以及图的相关应用。

7.1　图的定义和术语

7.1.1　图的定义

在线性表中,数据元素之间是被串起来的,仅有线性关系,每个数据元素只有一个直接前驱和一个直接后继。在树形结构中,数据元素之间有着明显的层次关系,并且每层上的数据元素可能和下一次中多个数据元素相关,但只能和上一层中一个元素相关。这和一对父母可以有多个孩子,但每个孩子却只能有一对父母是一个道理。可现实中,人与人之间的关系非常复杂,比如我认识的朋友,可能他们之间也相互认识,这就不是简单的一对一、一对多关系,研究人际关系很自然会考虑对多的情况。那就是本章研究的主题——图。图是一种比线性表和树更加复杂的数据结构。在图形结构中,节点之间的关系可以是任意的,图中任意两个数据元素之间都可能相关。

图(Graph)是由顶点的有穷非空集合和一个描述顶点之间关系——边(或者弧)的集合组成的。通常,图中的数据元素被称为顶点,顶点之间的关系用顶点对(边)表示。图通常用字母 G 表示,图的顶点通常用字母 V 表示,故图可定义为:

图 G 由两个集合 $V(G)$ 和 $E(G)$ 所组成,记做 $G=(V,E)$,其中 $V(G)$ 是图中顶点的有穷非空集合,$E(G)$ 是 $V(G)$ 中顶点的偶对(称为边)的有穷集合。

对于图的定义,需要明确几个注意的地方:

- 在线性表中,我们把数据元素叫元素,在树中将数据元素叫节点,对于图中的数据元素,我们则称之为顶点(Vertex)。

- 线性表中可以没有数据元素,称为空表。树中可以没有节点,叫做空树。然而对于图结构来说,不允许没有顶点,在图的定义中也说得很明白,若 $V(G)$ 是图 G 中顶点的集合,则强调了顶点集合 $V(G)$ 有穷非空。

- 线性表中,相邻的数据元素之间具有线性关系, 树结构中,相邻两层的节点具有层次关系,而图 中,任意两个顶点之间都可能有关系,顶点之间 的逻辑关系用边来表示,边集可以是空的。

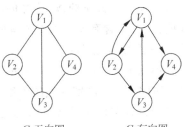

图 7.1　有向图和无向图示例

如图 7.1 所示的图 G_1 可描述为:

$G_1 = (V, E)$;

$V = \{V_1, V_2, V_3, V_4\}$;

$E = \{(V_1, V_2), (V_1, V_3), (V_1, V_4), (V_2, V_3), (V_3, V_4)\}$。

(V_i, V_j) 表示顶点 V_i 和顶点 V_j 之间有一条无向直接连线,也称为边。边 (V_1, V_3) 和 (V_3, V_1) 是同一条边。

如图 7.1 所示的图 G_2 可描述为:

$G_2 = (V, E)$;

$V = \{V_1, V_2, V_3, V_4\}$;

$E = \{<V_1, V_2>, <V_1, V_4>, <V_3, V_1>, <V_3, V_4>, <V_2, V_3>, <V_2, V_1>\}$。

$<V_i, V_j>$ 表示顶点 V_i 和顶点 V_j 之间有一条有向直接连线,也称为弧。其中 V_i 称为弧尾,V_j 称为弧头。边 $<V_2, V_1>$ 和边 $<V_1, V_2>$ 是两条不同的弧。

7.1.2　图的相关术语

无向图(Undigraph):在一个图中,如果任意两个顶点构成的偶对 $(V_i, V_j) \in E$ 是无序的,即顶点之间的连线是没有方向的,则称该图为无向图。如图 7.1 所示的图 G_1 就是一个无向图。

有向图(Digraph):在一个图中,如果任意两个顶点构成的偶对 $<V_i, V_j> \in E$ 是有序的,即顶点之间的连线是有方向的,则称该图为有向图。如图 7.1 所示的图 G_2 就是一个有向图。

无向完全图:若一个无向图有 n 个顶点,且每一个顶点与其他 $n-1$ 个顶点之间都有边,这样的图称为无向完全图,如图 7.2 所示 G_1 为无向完全图。可以证明,对于一个具有 n 个顶点的无向完全图,它共有 $n(n-1)/2$ 条边。

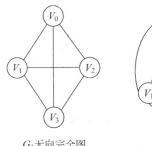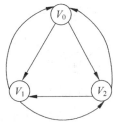

G_1 无向完全图　　　　G_2 有向完全图

图 7.2　完全图示例

有向完全图：若一个有向图有 n 个顶点，且每一个顶点与其他 $n-1$ 个顶点之间都有一条以该顶点为弧尾的弧，这样的图称为有向完全图，如图 7.2 所示 G_2 为有向完全图。可以证明，在一个含有 n 个顶点的有向完全图中，有 $n(n-1)$ 条边。

稠密图、稀疏图：若一个图接近完全图，称为稠密图；称边数很少的图为稀疏图。

顶点的度（Degree）：顶点的度（Degree）是指依附于某顶点 V 的边数，通常记为 TD(V)。在有向图中，要区别顶点的入度与出度的概念。顶点 V 的入度是指以顶点为终点的弧的数目，记为 ID(V)；顶点 V 的出度是指以顶点 V 为始点的弧的数目，记为 OD(V)。有 TD$(V)=$ ID$(V)+$OD(V)。

例如，在图 7.1 中的图 G_1 中有：

$$\text{TD}(V_1)=3,\quad \text{TD}(V_2)=2,\quad \text{TD}(V_3)=3,\quad \text{TD}(V_4)=2$$

在图 7.1 中的图 G_2 中有：

$$\text{ID}(V_1)=2,\quad \text{OD}(V_1)=2,\quad \text{TD}(V_1)=4$$
$$\text{ID}(V_2)=1,\quad \text{OD}(V_2)=2,\quad \text{TD}(V_2)=3$$
$$\text{ID}(V_3)=1,\quad \text{OD}(V_3)=2,\quad \text{TD}(V_3)=3$$
$$\text{ID}(V_4)=2,\quad \text{OD}(V_4)=0,\quad \text{TD}(V_4)=2$$

可以证明，对于具有 n 个顶点、e 条边的图，顶点 V_i 的度 TD(V_i) 与顶点的个数以及边的数目满足关系为：

$$e=\sum_{i=1}^{n}\text{TD}(V_i)\big/2$$

权（Weight）：权是指图中与边或弧有关的数据信息。在实际应用中，权值可以有某种含义。比如，在一个反映城市交通线路的图中，边上的权值可以表示该条线路的长度或者等级；对于一个电子线路图，边上的权值可以表示两个端点之间的电阻、电流或电压值；对于反映工程进度的图而言，边上的权值可以表示从前一个工程到后一个工程所需要的时间，等等。

网（Network）：边上带权的图称为网或带权图。网根据其边的方向性又可分为有向网和无向网。如果边是有方向的带权图，就是一个有向网；如果边是没有方向的带权图，就是一个无向网。如图 7.3 所示的图 G_1 和图 G_2 分别为无向网（无向带权图）和有向网（有向带权图）。

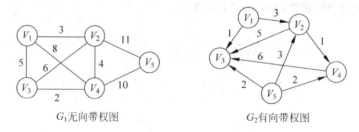

G_1 无向带权图　　　　　　　　G_2 有向带权图

图 7.3　有向网和无向网示例

路径、路径长度：在无向图 G 中，从顶点 V_p 到 V_q 的一条路径是顶点序列 $(V_p,V_{i1},V_{i2},\cdots,$ $V_{in},V_q)$ 且 (V_p,V_{i1})、(V_{i1},V_{i2})、$\cdots$、(V_{in},V_q) 是 $E(G)$ 中的边。路径上边的数目称为路径长度。例如图 7.2 中的图 G_1，(V_0,V_1,V_3,V_2) 与 (V_0,V_1,V_2) 是无向图 G_1 从顶点 V_0 到顶点 V_2

的两条路径,路径长度分别为 3 和 2。

对于有向图,其路径也是有向的,路径由弧组成。例如图 7.2 中的图 G_2,(V_0,V_1,V_2) 是有向图 G_2 的一条路径,其路径长度为 2。

▲思考 什么样的图中任意两顶点之间必存在路径?为什么?

简单路径、回路、简单回路:在一条路径中,如果路径序列中所有顶点除起始点和终止点之外彼此都是不同的,则称该路径为简单路径。如果一条路径中第一个顶点和最后一个顶点相同,则称该路径为回路或环(cycle)。简单路径中第一个顶点和最后一个顶点相同,该简单路径为简单回路。对于如图 7.2 所示的图 G_1,(V_0,V_1,V_3,V_2) 与 (V_0,V_1,V_3,V_2,V_0) 都是简单路径,而 $(V_0,V_1,V_2,V_3,V_1,V_0)$ 则不是一条简单路径。对于如图 7.2 所示的图 G_2,(V_0,V_1,V_2) 和 (V_0,V_1,V_2,V_0) 都是简单路径。

对于如图 7.2 所示的图 G_1,(V_0,V_1,V_3,V_2,V_0) 就是回路并且是简单回路,而 $(V_2,V_0,V_1,V_3,V_0,V_2)$ 则是回路但不是简单回路。对于如图 7.2 所示的图 G_2,(V_0,V_1,V_2,V_0) 是回路并且是简单回路,而 (V_0,V_1,V_2,V_1,V_0) 是回路但不是简单回路。

子图:对于图 $G=(V,E)$,$G'=(V',E')$,若存在 V' 是 V 的子集,E' 是 E 的子集,则称图 G' 是 G 的一个子图。

如图 7.4 所示是图 7.1 中无向图 G_1 的若干子图。

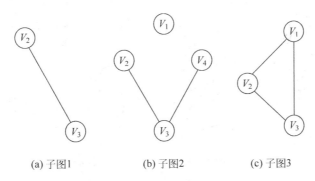

(a) 子图1　　　　　　(b) 子图2　　　　　　(c) 子图3

图 7.4　图 7.1 中 G_1 的若干子图

如图 7.5 所示是图 7.1 中有向图 G_2 的若干子图。

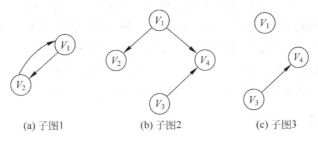

(a) 子图1　　　　　　(b) 子图2　　　　　　(c) 子图3

图 7.5　图 7.1 中 G_2 的若干子图

连通图、连通分量:在无向图中,若从顶点 V_i 到顶点 V_j 有路径,则称 V_i 和 V_j 是连通的。如果图 G 中的任意两个顶点都是连通的,则称该无向图为连通图,否则称为非连通图。无向图中的极大连通子图称为该无向图的连通分量。所谓极大连通子图,是指如果再往该子图中加入原图的任何一个顶点,子图就不能连通。显然,连通图的连通分量就是其本身的图;而非连通图则必有多个连通分量。例如,如图 7.1 所示的图 G_1 是一个连通图,只有一个连通分量,就是它自身。而如图 7.6(a)所示的则是一个非连通图,它有三个连通分量,如图 7.6(b)所示。

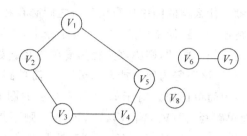

(a) 非连通图　　　　　　　　　(b) 图(a)中的三个连通分量

图 7.6　非连通图及其连通分量

强连通图、强连通分量:在有向图中,任意两顶点 V_i 和 V_j 都存在从 V_i 到 V_j 以及从 V_j 到 V_i 的路径,则称该有向图为强连通图,否则称为非强连通图;有向图的极大强连通子图称为该图的强连通分量。显然,强连通图的强连通分量就是其本身的图。例如,图 7.7(b)就是一个非强连通图,它有三个强连通分量,如图 7.7(c)所示。

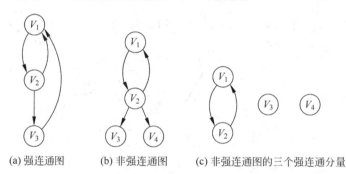

(a) 强连通图　　　(b) 非强连通图　　　(c) 非强连通图的三个强连通分量

图 7.7　强连通图与非强连通图示例

生成树:连通图 G 的一个子图如果是一棵包含 G 的所有顶点的树,则该子图称为 G 的生成树(Spanning Tree)。在生成树中添加任意一条属于原图中的边必定会产生回路,因为新添加的边使其所依附的两个顶点之间有了第二条路径。若生成树中减少任意一条边,则必然成为非连通的。可以证明,有 n 个顶点的连通图的生成树必有 $n-1$ 条边。

▲思考　非连通图有生成树吗?如果一个有向图恰好只有一个顶点的入度为 0,其余顶点的入度均为 1,则该有向图是一棵有向树,请画出这样一棵树。

7.1.3　图的基本操作

(1) CreatGraph(G):输入图 G 的顶点和边,建立图 G 的存储。

(2) DestroyGraph(G):释放图 G 占用的存储空间。

(3) DFSTraverse(G,V):在图 G 中,从顶点 V 出发深度优先遍历图 G。

(4) BFSTtaverse(G,V):在图 G 中,从顶点 V 出发广度优先遍历图 G。

7.2 图的存储表示

图的存储结构相比线性表与树来说更加复杂了。从图的逻辑结构定义来看,图上任何一个顶点都可被看成是第一个顶点,任一顶点的邻接点之间也不存在次序关系。

由于图的结构比较复杂,任意两个顶点之间都可能存在联系,因此无法以数据元素在内存中的物理位置来表示元素之间的关系,也就是说,图不可能用简单的顺序存储结构来表示。而对于我们在树结构中介绍的多重链表表示法,即以一个数据域和多个指针域组成的节点表示图中的一个顶点,尽管可以实现图结构,但这是有问题的。如果各个顶点的度数相差很大,按度数最大的顶点设计节点结构会造成很多存储单元的浪费,而若按每个顶点自己的度数设计不同的顶点结构,又会带来操作的不便。因此,对于图而言,如果对它实现物理存储是个难题,好在我们的前辈们已经解决了,这里只介绍三种前辈们提供的存储结构:邻接矩阵、邻接表和边集数组。

7.2.1 邻接矩阵

考虑到图是由顶点和边或弧两部分组成。合在一起比较困难,那就很自然地考虑到分两个结构来分别存储。顶点部分大小、主次,所以用一个一维数组来存储是不错的选择。而边或弧由于是顶点与顶点之间的关系,一维数组没法搞定,我们考虑用一个二维数组来存储。这就是邻接矩阵。

邻接矩阵(Adjacency Matrix)是表示顶点之间相邻关系的矩阵。设 $G=(V,E)$ 是具有 n 个顶点的图,顶点序号依次为 1、2、3、$\cdots$、n,则 G 的邻接矩阵是具有如下定义的 n 阶方阵:

$$A[i][j] = \begin{cases} 1, & \text{若无向图存在边}(V_i,V_j) \in E(G)\text{;有向图存在弧} <V_i,V_j> \in E(G) \\ 0, & \text{若}(V_i,V_j) \text{ 或 } <V_i,V_j> \text{ 不是 } E(G) \text{ 中的边} \end{cases}$$

如图 7.8 所示为无向图的邻接矩阵表示。

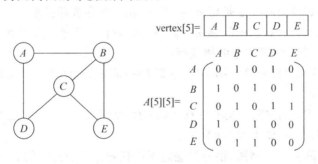

图 7.8 一个无向图的邻接矩阵表示

如图 7.9 所示为有向图的邻接矩阵表示。

若图 G 是网(带权图),则邻接矩阵可定义为:

$$A[i][j] = \begin{cases} W_i, & \text{若无向图中存在边}(V_i,V_j) \in E(G)\text{;} \\ & \text{有向图存在弧} <V_i,V_j> \in E(G)\text{;} W_i \text{ 为权} \\ \infty, & \text{若}(V_i,V_j) \text{ 或 } <V_i,V_j> \text{ 不是 } E(G) \text{ 中的边} \end{cases}$$

如图 7.10 所示为有向带权图(有向网)及其邻接矩阵表示。

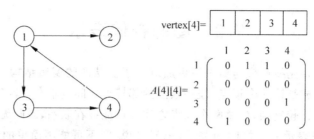

图 7.9　一个有向图的邻接矩阵表示

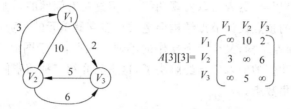

图 7.10　有向带权图（有向网）及其邻接矩阵

如图 7.11 所示为无向带权图（无向网）及其邻接矩阵表示。

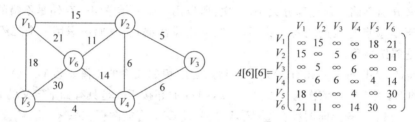

图 7.11　无向带权图（无向网）及其邻接矩阵

从图的邻接矩阵存储方法（或称数组存储法）容易看出这种表示具有以下特点：

（1）无向图的邻接矩阵一定是对称的，因此，在具体存放邻接矩阵时只需存放上（或下）三角矩阵的元素即可；而有向图的邻接矩阵不一定对称。用邻接矩阵来表示一个具有 n 个顶点的图时需要 n^2 个存储量来存储邻接矩阵。

（2）对于无向图，邻接矩阵的第 i 行（或第 i 列）非零元素（或非∞元素）的个数正好是第 i 个顶点的度 $TD(V_i)$。

（3）对于有向图，邻接矩阵的第 i 行（或第 i 列）非零元素（或非∞元素）的个数正好是第 i 个顶点的出度 $OD(V_i)$（或入度 $ID(V_i)$）。

（4）用邻接矩阵方法存储图，很容易确定图中任意两个顶点之间是否有边相连。但是，要确定图中有多少条边，则必须按行、按列对每个元素进行检测，所花费的时间代价很大。这是用邻接矩阵存储图的局限性。

用 C 语言表示图的邻接矩阵存储如下：

```
#define MAX_VEX 100
int cost[MAX_VEX][MAX_VEX]
```

根据邻接矩阵的定义，可得到建立图的邻接矩阵的算法程序如下（以建立有向图为例）：

【程序 7-1】

```
/* ========================================= */
/*     程序实例：7-1.c                        */
/*     建立图的邻接矩阵的算法程序              */
/* ========================================= */
#include <stdio.h>
#define MAX_VEX 100
int creatcost(int cost[][MAX_VEX])          /* cost 数组表示带权图的邻接矩阵 */
{
    int vexnum,arcnum,i,j,k,v1,v2;           /* 输入图的顶点数和边数(或弧数) */
    printf("\n 请输入顶点数和边数(输入格式为：顶点数,边数): ");
    scanf(" %d, %d",&vexnum,&arcnum);
    for(i=1;i<=vexnum;i++)                    /* 初始化带权图的邻接矩阵 */
        for(j=1;j<=vexnum;j++)
            cost[i][j]=0;                     /* 0 表示无穷大 */
    for(k=0;k<arcnum;k++)
    {
        printf("v1,v2 = ");
        scanf(" %d, %d",&v1,&v2);             /* 输入所有边(或弧)的一对顶点 v1,v2 */
        cost[v1][v2]=1;
        /* cost[v2][v1]=1; */                 /* 若建立无向图的邻接矩阵则应加上此句 */
    }
    return(vexnum);
}

main()
{
    int i,j,vexnum;
    int cost[MAX_VEX][MAX_VEX];
    vexnum=creatcost(cost);
    printf("所建图的邻接矩阵为：\n");
    for(i=1;i<=vexnum;i++)
    {
        for(j=1;j<=vexnum;j++)
            printf(" %3d",cost[i][j]);
        printf("\n");
    }
}
```

程序运行结果(以图 7.9 中的有向图为例)：

```
请输入顶点数和边数(输入格式为：顶点数,边数):4,4(回车)
v1,v2 = 1,2(回车)
v1,v2 = 1,3(回车)
v1,v2 = 3,4(回车)
v1,v2 = 4,1(回车)
所建图的邻接矩阵为：
0 1 1 0
0 0 0 0
0 0 0 1
1 0 0 0
```

183

第 7 章

图

▲思考 如何编写建立无向图、无向带权图（无向网）、有向带权图（有向网）的邻接矩阵的程序？请读者在本程序的基础上稍做改动完成。

7.2.2 邻接表

邻接矩阵是图的一种不错的存储结构，但我们也发现，对于边数相对顶点较少的图，这种存储结构对存储空间存在极大的浪费（请读者思考为何造成存储空间的浪费），因此我们有必要考虑另外一种存储结构。以前我们在研究线性表时谈到，顺序存储结构就存在预先分配内存可能造成存储空间浪费的问题，于是引出了链式存储结构。同样，也可以考虑对边或弧使用链式存储的方式来避免空间浪费的问题。

再回忆我们研究树的存储结构时，讲到了一种孩子链表表示法，将节点存入数组，并对节点的孩子进行链式存储，不管有多少孩子，也不会存在空间浪费问题。这个思路同样适用于图的存储，我们把这种数组与链表相结合的存储方法称为邻接表。

邻接表（Adjacency List）是图的一种顺序存储与链式存储相结合的存储方法。就是对于图 G 中的每个顶点 V_i，将邻接于 V_i 的所有顶点 V_j 链成一个单链表，单链表中的节点称为表节点，这个单链表就称为顶点 V_i 的邻接表。然后为对应于每个顶点的邻接表建立一个头节点，这些头节点通常以顺序结构的形式存储（也可用链式结构存储）。为了便于随机访问任意顶点的邻接表，可以将所有点的邻接表的头节点放到一个数组中，于是图就可以由这个头节点数组表示，这个头节点数组称为顶点表。因此，在图的邻接表表示中有两种节点结构，如图 7.12 所示。

图 7.12 邻接表表示的节点结构

一种是顶点表的节点结构，即头节点结构，它由存放图中某个顶点 V_i 信息的顶点域（vertex）和指向对应单链表中节点的指针域（firstedge）构成，邻接表将所有表头节点组成一个二维数组；另一种是单链表的节点结构，即表节点结构，它由存放与顶点 V_i 相邻接的顶点在二维数组中的序号的邻接顶点域（adjvex）和指向与顶点 V_i 相邻接的下一个顶点的表节点的指针域（next）所组成。

对于带权图（网），表节点的结构需在一般图的表节点结构的基础上再增设一个存储边上信息（如权值）的域（info），带权图（网）的表节点结构如图 7.12 所示。

如图 7.13 所示给出了无向图及其对应的邻接表表示。

(a) 无向图 G　　　　　(b) 图(a)中无向图 G 的邻接表

图 7.13 无向图 G 及其邻接表

如图 7.14 所示给出了有向图对应的邻接表及其逆邻接表表示。

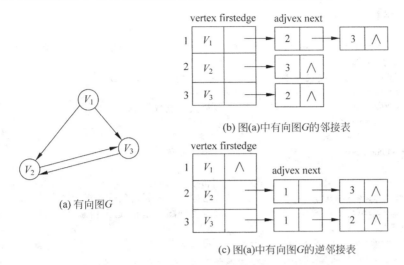

(b) 图(a)中有向图 G 的邻接表

(a) 有向图 G

(c) 图(a)中有向图 G 的逆邻接表

图 7.14　有向图 G 及其邻接表与逆邻接表

▲**思考**　请读者画一个带权图的邻接表表示。

关于邻接表的几点说明：

（1）一个图的邻接矩阵的表示是唯一的，但其邻接表表示不唯一。这是因为，邻接表表示中各边节点的链接次序取决于建立邻接表的算法及边的输入次序。也就是说，在邻接表的每个单链表中，各节点的顺序可以是任意的。通常情况下，为了编程的方便而把后输入的节点插入到先输入的节点之前，程序 7-2 建立的邻接表就是这样得到的。

（2）由邻接表可知，对于无向图，第 i 个顶点 V_i 的度，就是 i 号单链表中的节点个数。而在有向图中，i 号单链表中的节点个数只是顶点 V_i 的出度。为了便于确定有向图顶点的入度，可以为有向图建立逆邻接表，即对每个顶点 V_i 建立一个以顶点 V_i 为弧头的单链表。如图 7.14(a) 所示的有向图 G 的逆邻接表如图 7.14(c) 所示。

用 C 语言描述图的邻接表存储如下：

```
typedef struct node            //定义表节点
{
    int adjvex;                //邻接顶点域
    struct node * next;        //指向下一个邻接顶点的指针域
    /* char info; */           //若为网图,要表示边上信息,则应增加一个数据域 info
}ARCNODE;

typedef struct vexnode         //定义头节点
{
    int vertex;                //顶点域
    ARCNODE * firstarc;        //边表头指针
}VEXNODE;                      //VEXNODE 是以邻接表方式存储的图类型

VEXNODE adjlist[MAX_VEX];      /* 定义头节点数组 */
```

由此可以得出建立无向图邻接表完整程序：

【程序 7-2】

```
/* ============================================= */
/*      程序实例: 7-2.c                          */
/*      建立无向图邻接表完整程序                  */
/* ============================================= */
#define MAX_VEX 100                    //最大顶点数为 100
#include <stdio.h>
#include <malloc.h>
typedef struct node                    //定义表节点
{
    int adjvex;                        //邻接顶点域
    struct node * next;                //指向下一个邻接顶点的指针域
    /* char info; */                   //若为网图,要表示边上信息,则应增加一个数据域 info
} ARCNODE;
typedef struct vexnode                 //定义头节点
{
    int vertex;                        //顶点域
    ARCNODE * firstarc;                //边表头指针
} VEXNODE;                             //VEXNODE 是以邻接表方式存储的图类型

VEXNODE adjlist[MAX_VEX];              /* 定义头节点数组 */
int creatadjlist()                     /* 建立邻接表 */
{
    ARCNODE * ptr;
    int arcnum,vexnum,k,v1,v2;
    printf("请输入顶点数和边数(输入格式为: 顶点数,边数): ");
    scanf("%d,%d",&vexnum,&arcnum);  /* 输入图的顶点数和边数(弧数) */
    for(k=1;k<=vexnum;k++)
        adjlist[k].firstarc=0;         /* 为邻接链表的 adjlist 数组各元素的链域赋初值 */
    for(k=0;k<arcnum;k++)              /* 为 adjlist 数组的各元素分别建立各自的链表 */
    {
        printf("v1,v2=");
        scanf("%d,%d",&v1,&v2);
        ptr=(ARCNODE *)malloc(sizeof(ARCNODE));
        /* 给节点 v1 的相邻接节点 v2 分配内存空间 */
        ptr->adjvex=v2;        /* 将顶点 v2 插入到链表中,使得节点插入后单链表仍然有序 */
        ptr->next=adjlist[v1].firstarc;
        adjlist[v1].firstarc=ptr;     /* 将邻接点 v2 插入表头节点 v1 之后 */
        /* 对于有向图,接下来的四行语句要删除 */
        ptr=(ARCNODE *)malloc(sizeof(ARCNODE));
        /* 给节点 v2 的相邻接节点 v1 分配内存空间 */
        ptr->adjvex=v1;        /* 将顶点 v1 插入到链表中,使得节点插入后单链表仍然有序 */
        ptr->next=adjlist[v2].firstarc;
        adjlist[v2].firstarc=ptr;     /* 将邻接点 v1 插入表头节点 v2 之后 */
    }
    return(vexnum);
}
main()                                 /* 主函数 */
{
    int i,n;
```

```
ARCNODE  * p;
n = creatadjlist();              / * 建立邻接表并返回顶点个数 * /
printf("所建图的邻接表为: \n");
for(i = 1;i <= n;i++)            / * 输出邻接表中各链表的信息 * /
{
    printf(" % d ==>",i);
    p = adjlist[ i].firstarc;
    while(p!= NULL)
    {
        printf(" -- -->% d",p->adjvex);
        p = p->next;
    }
    printf("\n");
}
}
```

程序运行结果(以图 7.13(a)中的无向图 *G* 为例):

```
请输入顶点数和边数(输入格式为: 顶点数,边数): 4,5(回车)
v1,v2 = 1,2(回车)
v1,v2 = 1,3(回车)
v1,v2 = 1,4(回车)
v1,v2 = 2,3(回车)
v1,v2 = 3,4(回车)
所建图的邻接表为:
1 ==>-- -->4 -- -->3 -- -->2
2 ==>-- -->3 -- -->1
3 ==>-- -->4 -- -->2 -- -->1
4 ==>-- -->3 -- -->1
```

▲思考   如何建立有向图、无向带权图(无向网)、有向带权图(有向网)的邻接表? 请读者在本程序的基础上稍做改动完成。

7.2.3   边集数组

带权图(网)的另一种存储结构是边集数组,它适用于一些以边为主的操作。用边集数组表示带权图时,列出每条边所依附的两个顶点及边上的权,即每个数组元素代表一条边的信息,结构如图 7.15 所示。

其中,beginvertex 表示一条边的起始顶点,endvertex 表示终止顶点,weight 表示边上的权。图 7.16 及表 7.1 表示了边集数组的示例。

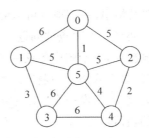

beginvertex	endvertex	weight

图 7.15   边集数组结构图

图 7.16   带权图

表 7.1　图 7.16 的带权图边集数组存储表

beginvertex	endvertex	weight
0	1	6
0	2	5
0	5	1
1	3	3
1	5	5
2	5	5
2	4	2
3	5	6
3	4	6
4	5	4

一个图的边集数组,其形式描述如下:

```
#define MAXEDGE 100              /*最大边数*/
typedef struct
{
    int head, tail;             /*边的起点与终点*/
    EdgeType data;              /*边信息,假定数据类型为 EdgeType*/
}Edge;
Edge EdgeArray[MAXEDGE];
```

▲思考　请读者实现一个带权图的边集数组存储方式的完整程序。

7.3　图 的 遍 历

所谓图的遍历(traversing graph),是指从图中的任一顶点出发,对图中的所有顶点访问一次且只访问一次。图的遍历和树的遍历类似,但由于图结构本身的复杂性,所以图的遍历操作较复杂,主要表现在以下四个方面:

(1) 在图结构中,没有一个"自然"的首节点,图中任意一个顶点都可作为第一个访问的节点。

(2) 在非连通图中,从一个顶点出发,只能够访问它所在的连通分量上的所有顶点,因此,还需考虑如何选取下一个出发点以访问图中其余的连通分量。

(3) 在图结构中,如果有回路存在,那么一个顶点访问之后,有可能沿回路回到该顶点。

(4) 在图结构中,一个顶点可以和其他多个顶点相连,当这样的顶点访问过后,存在如何选取下一个要访问的顶点的问题。

在图的遍历中,由于图中的任一顶点都可能和其余顶点相邻,因此在访问了某个顶点之后,又可能在沿着某条路径的遍历过程中再次回到该顶点。因而必须对每一个已访问的顶点做标记。为此,可以设一个辅助数组 visited[n],用于表示 1~n 个顶点是否访问过。其数组每个元素的初值均为 0,一旦顶点 i 访问过,则 visited[i]=1。

图的遍历是图的基本操作之一,很多需要对图中每个顶点依次进行的操作都可以在遍历过程中来完成。图的遍历通常有深度优先搜索和广度优先搜索两种方式,下面将分别进行介绍。

7.3.1 深度优先搜索

深度优先搜索(Depth-First Search)是指按照纵深方向搜索,它类似于树的先根遍历,是树的先根遍历的推广。

深度优先搜索连通子图的基本思想是:

(1) 从图中某个顶点 V_i 出发,首先访问 V_i。

(2) 选择一个与刚访问过的顶点 V_i 相邻接且未访问过的顶点 V_j,然后访问该顶点。以该顶点为新顶点,重复本步骤,直到当前顶点没有未访问的邻接点为止。

(3) 返回前一个访问过的且仍有未访问的邻接点的顶点,找出并访问该顶点的下一个未访问的邻接点,然后执行步骤(2)。

上述过程可直观地描述为:从图 G 的某个顶点 V_i 出发,访问 V_i,然后选择一个与 V_i 相邻接且未访问的顶点 V_j 访问,再从 V_j 出发选择一个与 V_j 相邻接且未访问的顶点 V_k 进行访问,以此继续。如果当前访问的顶点的所有邻接点都已访问,则退回到已访问顶点序列中最后一个拥有未访问邻接点的顶点 W,从 W 出发按同样方法向前遍历,直到图中所有顶点都访问过为止。这个过程是一个递归过程,其特点是尽可能向纵深方向进行搜索,这种搜索方式类似于树的先序遍历,是树的先序遍历的推广。

若访问的是非连通图,我们从某个顶点出发进行深度优先搜索后,则该顶点所在的连通分量的所有顶点都将被访问。此时,若图中还有顶点未访问,则另选图中一个未访问的顶点作为起始点,重复上述深度优先搜索过程,直至图中所有顶点均访问过为止。

对图进行深度优先搜索时,按访问顶点的先后次序得到的顶点的序列称为图的深度优先搜索序列,简称 DFS 序列。一个图的 DFS 序列可能不唯一,它与所采用的算法的存储结构和初始出发点密切相关。下面分别以图的邻接表和邻接矩阵为存储结构进行说明。

图以邻接表进行存储时,以图 7.17(a)为例说明深度优先搜索过程,其邻接表如图 7.18 所示。假定 V_1 是出发点,首先访问 V_1。因 V_1 有两个邻接点 V_2、V_3 均未访问,所以沿着它的一个邻接点往下走访问点 V_2。同 V_2 相邻接的顶点有 V_1、V_4、V_5,沿着它的一个邻接点往下走访问点 V_1,由于 V_1 已访问过,而 V_4、V_5 尚未访问过,于是继续沿着它的一个邻接点往下走访问点 V_4。重复上述搜索过程,继续依次访问 V_8、V_5。访问 V_5 之后,由于与 V_5 相邻接的顶点均已访问过,搜索退到 V_8。由于 V_8、V_4、V_2 都是已访问的顶点,因此搜索过程连续地从 V_8 退回到 V_4,再退回到 V_2,最后退回到 V_1。这时选择 V_1 的未访问过的邻接点 V_3,继续往下搜索,依次访问 V_3、V_6、V_7,从而遍历了图中全部顶点。该遍历过程可以从图 7.17(b)中看出。在这个过程中得到的 DFS 序列为 $V_1 V_2 V_4 V_8 V_5 V_3 V_6 V_7$。

对于不同的邻接表存储结构,还可能得到 $V_1 V_2 V_5 V_8 V_4 V_3 V_6 V_7$、$V_2 V_4 V_8 V_5 V_1 V_3 V_7 V_6$、$V_1 V_3 V_6 V_7 V_2 V_4 V_5 V_8$ 等不同的 DFS 序列。

由图中全部顶点和深度优先搜索过程所经过的边集,即构成了图的深度优先生成树。如图 7.17(c)所示就是按上述步骤遍历图 1.17(a)时产生的一棵 DFS 生成树。不同的邻接表存储结构可能得到不同的 DFS 序列,也就有不同的 DFS 生成树。如图 7.18 所示为图 7.17(a)的邻接表。

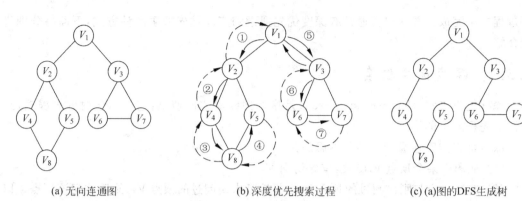

(a) 无向连通图　　　　　　　(b) 深度优先搜索过程　　　　　(c) (a)图的DFS生成树

图 7.17　无向图及其 DFS 生成树与深度优先搜索过程

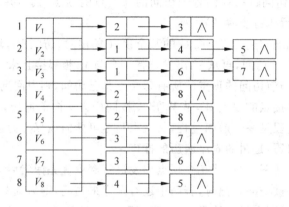

图 7.18　图 7.17(a)的邻接表

▲思考　在进行深度优先搜索遍历时,当图的邻接表存储结构以及遍历出发顶点都确定的情况下,DFS 序列是否唯一? 请说明原因。

用 C 语言实现以邻接表为存储结构的深度优先搜索遍历的算法如下:

【程序 7-3】

```
/* ======================================== */
/*      程序实例: 7-3.c                      */
/*      以邻接表为存储结构的深度优先搜索遍历的算法   */
/* ======================================== */
#define MAX_VEX 100                 //最大顶点数为 100
#include <stdio.h>
#include <malloc.h>
typedef struct node                 //定义表节点
{
    int adjvex;                     //邻接顶点域
    struct node * next;             //指向下一个邻接顶点的指针域
    /* char info; */                //若为网图,要表示边上信息,则应增加一个数据域 info
}ARCNODE;

typedef struct vexnode              //定义头节点
{
    int vertex;                     //顶点域
```

```c
        ARCNODE * firstarc;                    //边表头指针
    }VEXNODE;                                  //VEXNODE是以邻接表方式存储的图类型

    VEXNODE adjlist[MAX_VEX];                  /*定义头节点数组*/
    int creatadjlist()                         /*建立邻接表*/
    {
        ARCNODE * ptr;
        int arcnum,vexnum,k,v1,v2;
        printf("请输入顶点数和边数(输入格式为：顶点数,边数)：");
        scanf("%d,%d",&vexnum,&arcnum);       /*输入图的顶点数和边数(弧数)*/
        for(k=1;k<=vexnum;k++)
            adjlist[k].firstarc = 0;           /*为邻接链表的 adjlist 数组各元素的链域赋初值*/
        for(k=0;k<arcnum;k++)                  /*为 adjlist 数组的各元素分别建立各自的链表*/
        {
            printf("v1,v2 = ");
            scanf("%d,%d",&v1,&v2);
            ptr = (ARCNODE * )malloc(sizeof(ARCNODE));
            /*给节点 v1 的相邻接节点 v2 分配内存空间*/
            ptr->adjvex = v2;         /*将顶点 v2 插入到链表中,使得节点插入后单链表仍然有序*/
            ptr->next = adjlist[v1].firstarc;
            adjlist[v1].firstarc = ptr;        /*将邻接点 v2 插入表头节点 v1 之后*/
            /*对于有向图,接下来的四行语句要删除*/
            ptr = (ARCNODE * )malloc(sizeof(ARCNODE));
            /*给节点 v2 的相邻接节点 v1 分配内存空间*/
            ptr->adjvex = v1;         /*将顶点 v1 插入到链表中,使得节点插入后单链表仍然有序*/
            ptr->next = adjlist[v2].firstarc;
            adjlist[v2].firstarc = ptr;        /*将邻接点 v1 插入表头节点 v2 之后*/
        }
        return(vexnum);
    }


    void dfs(int v)
    {
        int w;
        ARCNODE * p;
        p = adjlist[v].firstarc;
        printf("%d ",v);                       /*输出访问顶点*/
        adjlist[v].vertex = 1;                 /*顶点标志域置 1,表明已经访问过*/
        while(p!= NULL)
        {
            w = p->adjvex;                     /*取出顶点 v 的某邻接点的序号*/
            if(adjlist[w].vertex == 0)
                dfs(w);
                /*如果该定点未访问过则递归调用,从该顶点出发,沿着它的各邻接点向下搜索*/
            p = p->next;
        }
    }


    main()                                     /*主函数*/
    {
```

```
    int i,n,v;
    ARCNODE * p;
    n = creatadjlist(); /* 建立邻接表并返回顶点个数 */
    printf("所建图的邻接表为: \n");
    for(i = 1;i <= n;i++) /* 输出邻接表中各链表的信息 */
    {
        printf("% d == >",i);
        p = adjlist[i].firstarc;
        while(p!= NULL)
        {
            printf("-- -->% d",p->adjvex);
            p = p->next;
        }
        printf("\n");
    }
    printf("输入深度优先搜索起始顶点 v: ");
    scanf("% d",&v);
    printf("图的深度优先搜索序列 DFS: ");
    dfs(v);
}
```

程序运行结果(以如图 7.17(a)所示的无向图为例):

```
请输入顶点数和边数(输入格式为: 顶点数,边数): 8,9(回车)
v1,v2 = 1,2(回车)
v1,v2 = 1,3(回车)
v1,v2 = 2,4(回车)
v1,v2 = 2,5(回车)
v1,v2 = 3,6(回车)
v1,v2 = 3,7(回车)
v1,v2 = 6,7(回车)
v1,v2 = 4,8(回车)
v1,v2 = 5,8(回车)
所建图的邻接表为:
1 == >-- -->3-- -->2
2 == >-- -->5-- -->4-- -->1
3 == >-- -->7-- -->6-- -->1
4 == >-- -->8-- -->2
5 == >-- -->8-- -->2
6 == >-- -->7-- -->3
7 == >-- -->6-- -->3
8 == >-- -->5-- -->4
输入深度优先搜索起始顶点 v: 1(回车)
图的深度优先搜索序列 DFS: 1  3  7  6  2  5  8  4
```

▲思考 在程序 7-3 中,对于某一个图而言,当我们输入图中各条边(弧)的次序不同时,建立的邻接表是否一样? 得到的 DFS 序列呢? 在图的邻接表存储结构不变的前提下,输入的搜索起始顶点不同,对 DFS 序列有何影响?

当图采用邻接矩阵进行存储时,仍以如图 7.17(a)所示的图为例说明深度优先搜索过程,其邻接矩阵如图 7.19 所示。设初始出发点是 V_1,首先访问 V_1,从 V_1 搜索到的第一个邻接点是 V_2,因 V_2 未曾访问,访问 V_2。然后从 V_2 搜索到的第一个邻接点是 V_1,但 V_1 已访问过,故继续搜索到第二个邻接点 V_4,V_4 未曾访问,访问 V_4。然后从 V_4 搜索到的第一个邻接点是 V_2,但 V_2 已访问过,故继续搜索到第二个邻接点 V_8,V_8 未曾访问,访问 V_8。然后从 V_8 搜索到的第一个邻接点是 V_4,但 V_4 已访问过,故继续搜索到第二个邻接点 V_5,V_5 未曾访问,访问 V_5。从 V_5 搜索到的两个邻接点依次是 V_2 和 V_8,因为它们均已访问过,所以返回到 V_8。又因为 V_8 的两个邻接点已搜索过,故继续返回到 V_4。类似地由 V_4 返回到 V_2。V_2 的邻接点 V_1 和 V_4 已被搜索过,但 V_2 的第三个邻接点 V_5 还尚未被搜索,故接下来由 V_2 搜索到 V_5,但因为 V_5 已访问过,所以继续返回到 V_1。V_1 的第一个邻接点已搜索过,故继续从 V_1 搜索到第二个邻接点 V_3,因为 V_3 未曾访问,访问 V_3。类似地依次访问 V_6、V_7 后,又由 V_7 依次返回到 V_6、V_3、V_1。此时,V_1 的所有邻接点都已搜索过,故搜索过程执行完毕。在这个过程中得到的 DFS 序列为 $V_1 V_2 V_4 V_8 V_5 V_3 V_6 V_7$。

从上面的搜索过程可以看出,当采用邻接矩阵对图进行存储时,其深度优先搜索过程和采用邻接表对图进行存储时的深度优先搜索过程非常相似。但因为图的邻接矩阵是唯一的,故对于指定的初始出发点,由 DFS 算法所得到的 DFS 序列也是唯一的。例如,我们对如图 7.17(a)所示的图采用如图 7.19 所示的邻接矩阵进行存储并确定 V_1 为初始出发点时,其 DFS 序列就唯一地确定为 $V_1 V_2 V_4 V_8 V_5 V_3 V_6 V_7$。

$$\begin{pmatrix} 0 & 1 & 1 & 0 & 0 & 0 & 0 & 0 \\ 1 & 0 & 0 & 1 & 1 & 0 & 0 & 0 \\ 1 & 0 & 0 & 0 & 0 & 1 & 1 & 0 \\ 0 & 1 & 0 & 0 & 0 & 0 & 0 & 1 \\ 0 & 1 & 0 & 0 & 0 & 0 & 0 & 1 \\ 0 & 0 & 1 & 0 & 0 & 0 & 1 & 0 \\ 0 & 0 & 1 & 0 & 0 & 1 & 0 & 0 \\ 0 & 0 & 0 & 1 & 1 & 0 & 0 & 0 \end{pmatrix}$$

图 7.19 图 7.17(a)的邻接矩阵

下面给出对图采用邻接矩阵存储时进行深度优先搜索算法的 C 语言描述:

【算法 7.1】 对图采用邻接矩阵存储时的深度优先搜索算法。

```
#define MAX_VEX 100                       /*最大顶点数*/
/*=========== 以下为邻接矩阵的结构描述 ===========*/
typedef char Vextype[3];                  /*顶点类型*/
typedef struct
{
    Vextype vexs[MAX_VEX];                /*顶点信息*/
    int cost[MAX_VEX][MAX_VEX];           /*邻接矩阵存储*/
    int vexnum,arcnum;                    /*顶点数、边数*/
} MGraph;
/*=================================== */
int visited[MAX_VEX];                     /*定义全局数组存储访问标志*/
void DFS(Mgraph G, int n)
    /*采用邻接矩阵存储法表示的从第 n 个顶点出发递归地深度优先搜索无向图 G*/
```

```
{
    int j;
    printf("This node is; % d\n", G->vexs[i]);    /* 访问每个节点 */
    visited[i] = TRUE;                              /* 为已访问的第 i 个顶点做标志 */
    for(j = 1, j <= n, j++)
        if ((G.cost [i][j] == 1)&&(!visited[j]))
            DFS(G,j);                               /* 对图的尚未访问的邻接顶点 j 递归调用 DFS */
}
```

▲**思考**　图采用邻接矩阵和邻接表两种不同存储方式进行存储时,用深度优先搜索算法对该图进行遍历所得到的 DFS 序列有什么影响? 请读者编程实现算法 7.1。

7.3.2　广度优先搜索

图的广度优先搜索(Breadth-First Search)过程类似于树的层次遍历,是树的层次遍历的推广。

广度优先搜索的基本思想是:

(1)从图中某个顶点 V_i 出发,首先访问 V_i。

(2)依次访问 V_i 的各个未访问的邻接点。

(3)分别从这些邻接点(端节点)出发,依次访问它们的各个未访问的邻接点(新的端节点)。访问时应保证:如果 V_i 和 V_j 为当前端节点,V_i 在 V_j 之前访问,则 V_i 的所有未访问的邻接点应在 V_j 的所有未访问的邻接点之前访问。重复步骤(3),直到所有端节点均没有未访问的邻接点为止。

上述过程可直观地描述为:首先访问初始点 V_i,并将其标记为已访问过,接着访问 V_i 的所有未访问过的邻接点 $V_{i1}, V_{i2}, \cdots, V_{it}$,并均标记为已访问过,然后再按照 $V_{i1}, V_{i2}, \cdots, V_{it}$ 的次序,访问每一个顶点的所有未访问过的邻接点,并均标记为已访问过。以此类推,直到图中所有和初始点 V_i 有路径相通的顶点都访问过为止。这种搜索方式类似于树的按层次遍历的过程。

在上述搜索过程中,若 V_{i1} 在 V_{i2} 之前访问,则 V_{i1} 的邻接点也将在 V_{i2} 的邻接点之前访问。因此,对于广度优先搜索算法,要记录与一个顶点相邻接的全部顶点。由于访问过这些顶点之后,还将按照先访问的顶点就要先去访问它的邻接点的方式进行广度优先搜索,因此我们用一个先进先出的队列来记录这些顶点。

若访问的是非连通图,我们从某个顶点出发进行广度优先搜索后,则该顶点所在的连通分量的所有顶点都将被访问。此时,若图中还有顶点未访问,则另选图中一个未访问的顶点作为起始点,重复上述广度优先搜索过程,直至图中所有顶点均访问过为止。

对图进行广度优先搜索时,按访问顶点的先后次序得到的顶点的序列称为图的深度优先搜索序列,简称 BFS 序列。一个图的 BFS 序列也可能不唯一,它与所采用的算法的存储结构和初始出发点密切相关。下面分别以图的邻接表和邻接矩阵为存储结构进行说明。

图以邻接表进行存储时,以如图 7.20(a)所示的图为例说明深度优先搜索过程,其邻接表如图 7.18 所示。首先从起点 V_1 出发访问 V_1。V_1 有两个未曾访问的邻接点 V_2 和 V_3。先访问 V_2,再访问 V_3。然后再访问 V_2 的未曾访问过的邻接点 V_4、V_5 及 V_3 的未曾访问过的邻

接点 V_6 和 V_7，最后访问 V_4 的未曾访问过的邻接点 V_8。至此图中所有顶点均已访问过。在这个过程中得到的 BFS 序列为 $V_1V_2V_3V_4V_5V_6V_7V_8$。

对于不同的邻接表存储结构，还可能得到 $V_1V_3V_2V_7V_6V_5V_4V_8$、$V_1V_2V_3V_5V_4V_7V_6V_8$ 等不同的 BFS 序列。

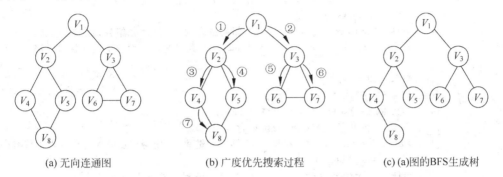

(a) 无向连通图   (b) 广度优先搜索过程   (c) (a)图的BFS生成树

图 7.20   无向图及其 BFS 树与广度优先搜索过程

由图中全部顶点和广度优先搜索过程所经过的边集，即构成了图的广度优先生成树。如图 7.20(c)所示就是按上述步骤遍历如图 7.20(a)所示的图时产生的一棵 BFS 生成树。不同的邻接表存储结构可能得到不同的 BFS 序列，也就有不同的 BFS 生成树。

▲思考   在进行广度优先搜索遍历时，当图的邻接表存储结构以及遍历出发顶点都确定的情况下，BFS 序列是否唯一？ 请说明原因。

用 C 语言实现以邻接表为存储结构的广度优先搜索遍历的算法如下：

【程序 7-4】

```
/* =========================================== */
/*      程序实例：7-4.c                          */
/*      以邻接表为存储结构的广度优先搜索遍历的算法        */
/* =========================================== */
#define MAX_VEX 100              //最大顶点数为100
#include <stdio.h>
#include <malloc.h>
typedef struct node             //定义表节点
{
    int adjvex;                 //邻接顶点域
    struct node * next;         //指向下一个邻接顶点的指针域
    /* char info; */            //若为网图,要表示边上信息,则应增加一个数据域 info
}ARCNODE;

typedef struct vexnode          //定义头节点
{
    int vertex;                 //顶点域
    ARCNODE * firstarc;         //边表头指针
}VEXNODE;                       //VEXNODE 是以邻接表方式存储的图类型

VEXNODE adjlist[MAX_VEX];       /* 定义头节点数组 */
int creatadjlist()              /* 建立邻接表 */
```

```
{
    ARCNODE * ptr;
    int arcnum, vexnum, k, v1, v2;
    printf("请输入顶点数和边数(输入格式为：顶点数,边数)：");
    scanf("%d,%d",&vexnum,&arcnum); /*输入图的顶点数和边数(弧数)*/
    for(k = 1;k <= vexnum;k++)
        adjlist[k].firstarc = 0;              /*为邻接链表的 adjlist 数组各元素的链域赋初值*/
    for(k = 0;k < arcnum;k++)              /*为 adjlist 数组的各元素分别建立各自的链表*/
    {
        printf("v1,v2 = ");
        scanf("%d,%d",&v1,&v2);
        ptr = (ARCNODE * )malloc(sizeof(ARCNODE));
        /*给节点 v1 的相邻接节点 v2 分配内存空间*/
        ptr -> adjvex = v2;        /*将顶点 v2 插入到链表中,使得节点插入后单链表仍然有序*/
        ptr -> next = adjlist[v1].firstarc;
        adjlist[v1].firstarc = ptr;        /*将邻接点 v2 插入表头节点 v1 之后*/
        /*对于有向图,接下来的四行语句要删除*/
        ptr = (ARCNODE * )malloc(sizeof(ARCNODE));
        /*给节点 v2 的相邻接节点 v1 分配内存空间*/
        ptr -> adjvex = v1;            /*将顶点 v1 插入到链表中,使得节点插入后单链表仍然有序*/
        ptr -> next = adjlist[v2].firstarc;
        adjlist[v2].firstarc = ptr;        /*将邻接点 v1 插入表头节点 v2 之后*/
    }
    return(vexnum);
}

void bfs(int v)                          /*从某顶点 v 出发按广度优先搜索进行图的遍历*/
{
    int queue[MAX_VEX];
    int front = 0, rear = 1;
    ARCNODE * p;
    p = adjlist[v].firstarc;
    printf("%d ",v);                        /*访问初始顶点*/
    adjlist[v].vertex = 1;
    queue[rear] = v;
    while(front != rear)
    {
        front = (front + 1) % MAX_VEX;
        v = queue[front];                  /*按访问次序依次出队*/
        p = adjlist[v].firstarc;          /*查找 v 的邻接点*/
        while(p != NULL)
        {
            if(adjlist[p -> adjvex].vertex == 0)
            {
                adjlist[p -> adjvex].vertex = 1;
                printf("%d ",p -> adjvex);                        /*访问该点并使之入队*/
                rear = (rear + 1) % MAX_VEX;
                queue[rear] = p -> adjvex;
            }
            p = p -> next;                  /*查找 v 的下一邻接点*/
```

```
            }
        }
    }

main()                              /* 主函数 */
{
    int i,n,v;
    ARCNODE * p;
    n = creatadjlist();             /* 建立邻接表并返回顶点个数 */
    printf("所建图的邻接表为: \n");
    for(i = 1;i <= n;i++)           /* 输出邻接表中个链表的信息 */
    {
        printf(" % d = = >",i);
        p = adjlist[i].firstarc;
        while(p!= NULL)
        {
            printf("-- -->% d",p->adjvex);
            p = p->next;
        }
        printf("\n");
    }
    printf("输入广度优先搜索起始顶点 v: ");
    scanf(" % d",&v);
    printf("图的广度优先搜索序列 BFS: ");
    bfs(v);
}
```

程序运行结果(以如图 7.20(a)所示的无向图为例):

```
请输入顶点数和边数(输入格式为:顶点数,边数):8,9(回车)
v1,v2 = 1,2(回车)
v1,v2 = 1,3(回车)
v1,v2 = 2,4(回车)
v1,v2 = 2,5(回车)
v1,v2 = 3,6(回车)
v1,v2 = 3,7(回车)
v1,v2 = 6,7(回车)
v1,v2 = 4,8(回车)
v1,v2 = 5,8(回车)
所建图的邻接表为:
1 = = >-- -->3-- -->2
2 = = >-- -->5-- -->4 -- -->1
3 = = >-- -->7-- -->6-- -->1
4 = = >-- -->8 -- -->2
5 = = >-- -->8-- -->2
6 = = >-- -->7 -- -->3
7 = = >-- -->6 -- -->3
8 = = >-- -->5-- -->4
```

```
输入广度优先搜索起始顶点 v: 1(回车)
图的广度优先搜索序列 BFS: 1 3 2 7 6 5 4 8
/ * ========== 再运行一次的结果 ======== * /
请输入顶点数和边数(输入格式为: 顶点数,边数): 8,9(回车)
v1,v2 = 8,5(回车)
v1,v2 = 8,4(回车)
v1,v2 = 7,6(回车)
v1,v2 = 7,3(回车)
v1,v2 = 6,3(回车)
v1,v2 = 5,2(回车)
v1,v2 = 4,2(回车)
v1,v2 = 3,1(回车)
v1,v2 = 2,1(回车)
所建图的邻接表为:
1 ==>-- -->2-- -->3
2 ==>-- -->1-- -->4-- -->5
3 ==>-- -->1-- -->6-- -->7
4 ==>-- -->2-- -->8
5 ==>-- -->2-- -->8
6 ==>-- -->3-->7
7 ==>-- -->3-->6
8 ==>-- -->4-- -->5
输入广度优先搜索起始顶点 v: 1(回车)
图的广度优先搜索序列 BFS: 1 2 3 4 5 6 7 8
```

▲**思考**　在程序 7-4 中,对于某一个图而言,当我们输入图中各条边(弧)的次序不同时,建立的邻接表是否一样? 得到的 BFS 序列呢? 在图的邻接表存储结构不变的前提下,输入的搜索起始顶点不同,对 BFS 序列有何影响?

　　当图采用邻接矩阵进行存储时,仍以如图 7.20(a)所示的图为例说明广度优先搜索过程,其邻矩阵如图 7.19 所示。首先从起点 V_1 出发访问 V_1,并将顶点 V_1 的序号 1 入队,第一个出队的元素序号是 1,从 V_1 出发搜索到两个邻接点依次为 V_2 和 V_3,对它们进行访问并将其序号 2、3 依次入队;第二个出队的元素是 2,从 V_2 出发搜索得到邻接点依次为 V_1、V_4 和 V_5,对其中未曾访问过的顶点 V_4 和 V_5 进行访问并将其序号 4、5 依次入队;第三个出队的元素序号是 3,访问 V_3 的邻接点 V_6 和 V_7 并将其对应得序号 6、7 依次入队;第四个出队的元素的序号是 4,访问 V_4 的邻接点 V_8 并将其序号 8 入队;此后依次出队的元素是 V_5、V_6、V_7 和 V_8 的序号 5、6、7、8。因为从这些顶点出发搜索的邻接点均已访问过,故没有元素再入队了,因此,当 8 出队后队列为空。至此图中所有顶点均已访问过,搜索过程结束,得到的 BFS 序列为 $V_1 V_2 V_3 V_4 V_5 V_6 V_7 V_8$。

　　从上面的搜索过程可以看出,当采用邻接矩阵对图进行存储时,其广度优先搜索过程和采用邻接表对图进行存储时的广度优先搜索过程非常相似。但因为图的邻接矩阵是唯一的,此时想得到该图的不同 BFS 序列,只能通过设定不同的初始出发点来实现。

　　下面给出对图采用邻接矩阵存储时进行广度优先搜索算法的 C 语言描述:

【算法 7.2】 对图采用邻接矩阵存储时的广度优先搜索算法。

```c
#define MAX_VEX 100                              /* 最大顶点数 */
/* ============ 以下为邻接矩阵的结构描述 ============ */
typedef char Vextype[3];                         /* 顶点类型 */
typedef struct
{
    Vextype vexs[MAX_VEX];                       /* 顶点信息 */
    int cost[MAX_VEX][MAX_VEX];                  /* 邻接矩阵存储 */
    int vexnum,arcnum;                           /* 顶点数、边数 */
} MGraph;
/* ================================================ */
int visited[MAX_VEX];                            /* 定义全局数组存储访问标志 */
void BFS (MGraph * G , int k)
    /* 采用邻接矩阵存储法表示的从第 k 个顶点出发深度优先搜索无向图 G */
{
    int queue[MAX_VEX],front = 0,rear = 0,i,j;
    /* 由 queue[MAX_VEX]、front 和 rear 组成队列 */
    printf(" ->% s",G-> vexs[k]);                /* 访问 Vk */
    visited[k] = 1;                              /* 顶点 Vk 已访问标志 */
    queue[rear] = k;
    rear++;                                      /* 节点 Vk 入队 */
    while(rear!= front)
    {
        i = queue[front];
        front++;                                 /* 出队操作 */
        for (j = 1;j <= G-> vexnum;j++)          /* 依次搜索 Vi 的邻接点 Vj */
            if (G-> cost [i][j] == 1 && !visited[j]) /* 若 Vj 未访问 */
            {
                printf(" ->% s",G-> vexs[j]);
                visited[j] = 1;
                queue[rear] = j;
                rear++;                          /* 访问过的 Vj 入队列 */
            }
    }
}
```

▲**思考**　图采用邻接矩阵和邻接表两种不同存储方式进行存储时,用广度优先搜索算法对该图进行遍历所得到的 BFS 序列有什么影响? 请读者编程实现算法 7.2。

7.4　生成树和最小生成树

7.4.1　生成树和生成森林

在本小节里,我们将给出通过对图的遍历,得到图的生成树或生成森林的方法。

连通图 G 的一个子图如果是一棵包含 G 的所有顶点的树,则该子图称为 G 的生成树(Spanning Tree)。由于 n 个顶点的连通图至少有 $n-1$ 条边,而所包含 $n-1$ 条边及 n 个顶点的连通图都是无回路的树,所以连通图的生成树是该图的一个极小连通子图。所谓极小,是指边数最少,在生成树中添加任意一条属于原图中的边必定会产生回路,因为新添加的边使其所依附的两个顶点之间有了第二条路径。若生成树中减少任意一条边,则必然成为非连通图。

对于给定的连通图,如何求其生成树呢?

设 $G=(V,E)$ 是一个具有 n 个顶点的连通图,E 为连通图 G 中所有边的集合,则从图中任一顶点出发进行深度优先(DFS)或广度优先(BFS)搜索图时,图 G 中的所有 n 个顶点都将访问到,而对于图 G 中所有边的集合 E 将分成两个集合 $T(E)$ 和 $B(E)$,其中 $T(E)$ 是搜索图过程中历经的边的集合,$B(E)$ 是剩余的边的集合。显然,$T(E)$ 和图 G 中所有 n 个顶点一起构成连通图 G 的极小连通子图,按照生成树的定义,它是连通图 G 的一棵生成树,并且由深度优先搜索得到的为深度优先生成树(简称 DFS 生成树);由广度优先搜索得到的为广度优先生成树(简称 BFS 生成树)。例如,如图 7.21(a)和图 7.21(b)所示分别为如图 7.20(a)所示连通图的深度优先生成树和广度优先生成树。

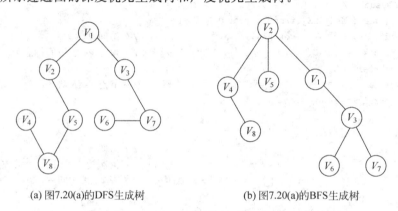

(a) 图7.20(a)的DFS生成树　　　　(b) 图7.20(a)的BFS生成树

图 7.21　图 7.20(a)得到的 DFS 生成树和 BFS 生成树

▲思考　对于给定的有 n 个顶点的连通图,用深度优先搜索和广度优先搜索求得最小生成树所历经的边集 $T(E)$ 中有多少条边?

上面给出的生成树的定义是从连通图观点出发、针对无向图而言的。由于从图的遍历求得生成树,因此也可以将生成树定义为:若从图的某顶点出发,可以访问到图中所有顶点,则遍历所经过的边和图中所有顶点所构成的子图称为该图的生成树。从定义可以看出,此定义不仅适用于无向图,对有向图以及非连通图都适用。如图 7.22 所示是有向图及其生成树与非连通图及其生成森林示例。

对于无向非连通图,要通过多次外部调用 DFS(或 BFS)算法才能完成对图的遍历。每一次外部调用,只能访问到图的一个连通分量的所有顶点,这些顶点和遍历时所历经的边构成该连通分量的一棵 DFS(或 BFS)生成树。图中各连通分量的 DFS(或 BFS)生成树组成了图的 DFS(或 BFS)生成森林。例如,如图 7.22(e)和图 7.22(f)所示为图 7.22(d)的深度优先生成森林和广度优先生成森林,它们都分别由两棵深度优先生成树和广度优先生成树组成。类似地,若图是非连通有向图,且初始出发点又不是该非连通有向图的根,则遍历时一般也只能得到该图的生成森林。

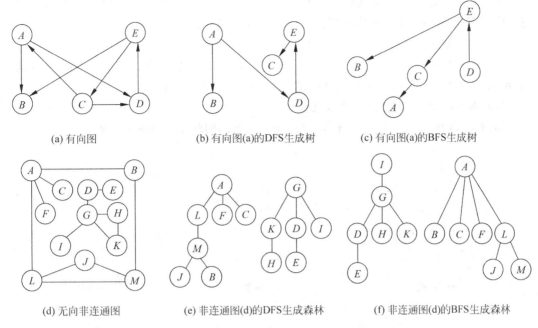

（a) 有向图   (b) 有向图(a)的DFS生成树   (c) 有向图(a)的BFS生成树

（d) 无向非连通图   (e) 非连通图(d)的DFS生成森林   (f) 非连通图(d)的BFS生成森林

图 7.22　有向图及其生成树与无向非连通图及其生成森林

7.4.2　最小生成树

如果连通图是一个网,称该网所有生成树中权值总和最小的生成树为最小生成树(也称最小代价生成树)。

最小生成树的概念可以应用到许多实际问题中。例如,要求建造连接 n 个城市之间的通信线路,需要建造 $n-1$ 条通信线路。可以把 n 个城市看做图的 n 个顶点,各个城市之间的通信线路看做边,相应的建设代价作为边的权值,这样就构成了一个网。由于在 n 个城市之间,可行线路有 $n(n-1)/2$ 条。那么,如何选择其中的 $n-1$ 条线路(边),使 n 个城市间建成全都能相互通信的网,并且总的建设花费为最小?这就是求该网络的最小生成树问题,即在连通图中,构造边上的代价总和最小的生成树。

图的生成树有很多,是不是用穷举的方法去找图的所有生成树,同时计算并比较它的各边上权值之和,从而决定最小生成树呢?显然,这种方法是不可取的。必须寻求其他求最小生成树的方法,其中大多数算法都利用了 MST 性质:设 $G=(V,E)$ 是一个连通带权图,U 是顶点集 V 的一个真子集。若 (u,v) 是 G 中一个端点在 U 中(即 $u \in U$)而另一个端点不在 U 中(即 $v \in V-U$)且具有最小权值的一条边,则一定存在一棵包含边 (u,v) 的最小生成树。

以下只讨论无向连通图的最小生成树问题。下面介绍两种依据 MST 性质得出的常用的构造最小生成树的方法:普里姆(Prim)算法和克鲁斯卡尔(Kruskal)算法。

7.4.3　普里姆(Prim)算法

普里姆(Prim)于 1957 年提出了构造最小生成树的一种算法。

普里姆(Prim)算法的基本思想如下:

设 $G=(V,E)$ 是一个连通图,构造的最小生成树 $T=(U,\text{TE})$,U 是顶点集 V 的一个非空子集,TE 为最小生成树中边的集合。求 T 的算法过程描述如下:

(1) 初始 $U=\{u_0\}(u_0 \in V)$,$\text{TE}=\{\}$;

(2) 在所有 $u \in U$,$v \in V-U$ 的边 $(u,v) \in E$ 中,选一条权值最小的边 (u_i,v_j) 并入集合 TE 时将 v_i 并入 U(即 $\text{TE}+\{(u_i,v_j)\}=>\text{TE}$,$\{v_i\}+U=>U$);

(3) 重复步骤(2),直到 $U=V$ 为止。

如图 7.23 所示给出了求如图 7.23(a)所示连通图的最小生成树的过程。

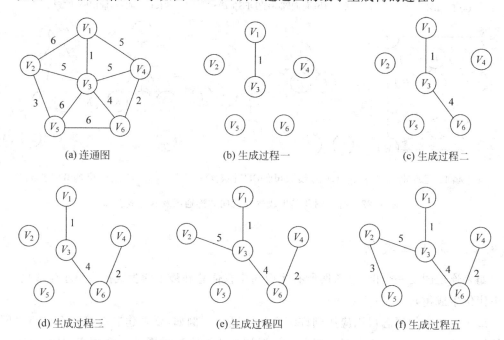

图 7.23 普里姆算法求连通图最小生成树过程示意图

为了描述的便利,把图中顶点 V_1、V_2、V_3、V_4、V_5、V_6 分别用数字 1、2、3、4、5、6 代替。

(1) $V=\{1,2,3,4,5,6\}$,$U=\{\}$,$\text{TE}=\{\}$。初始过程从 $u_0=1$ 开始,则 $U=\{1\}$,$V-U=\{2,3,4,5,6\}$。找一个顶点在 U 中,而另一个顶点在 $V-U$ 中,且权值最小的边,经分析边 $(1,3)$ 为最小生成树的第一条边,将边 $(1,3)$ 加入 TE,顶点 3 加入 U。所以现在 $U=\{1,3\}$,$\text{TE}=\{(1,3)\}$,$V-U=\{2,4,5,6\}$,如图 7.23(b)所示。

(2) $U=\{1,3\}$,$V-U=\{2,4,5,6\}$。以 U 中的顶点为出发点,$V-U$ 中的顶点为终止点的边中,找到权值最小的边 $(3,4)$ 作为最小生成树的第二条边加入 TE,顶点 6 加入 U。此时 $U=\{1,3,6\}$,$\text{TE}=\{(1,3),(3,6)\}$,$V-U=\{2,4,5\}$,如图 7.23(c)所示。

(3) $U=\{1,3,6\}$,$V-U=\{2,4,5\}$。以 U 中的顶点为出发点,$V-U$ 中的顶点为终止点的边中,找到权值最小的边 $(6,4)$ 作为最小生成树的第三条边加入 TE,顶点 4 加入 U。此时 $U=\{1,3,6,4\}$,$\text{TE}=\{(1,3),(3,6),(6,4)\}$,$V-U=\{2,5\}$,如图 7.23(d)所示。

(4) $U=\{1,3,6,4\}$,$V-U=\{2,5\}$。以 U 中的顶点为出发点,$V-U$ 中的顶点为终止点的边中,找到权值最小的边 $(3,2)$ 作为最小生成树的第四条边加入 TE,顶点 2 加入 U。此时 $U=\{1,3,6,4,2\}$,$\text{TE}=\{(1,3),(3,6),(6,4),(3,2)\}$,$V-U=\{5\}$,如图 7.23(e)所示。

(5) $U=\{1,3,6,4,2\}$,$V-U=\{5\}$。以 U 中的顶点为出发点,$V-U$ 中的顶点为终止点

的边中,找到权值最小的边(2,5)作为最小生成树的第五条边加入 TE,顶点 5 加入 U。此时 $U=\{1,3,6,4,2,5\}$,TE$=\{(1,3),(3,6),(6,4),(3,2),(2,5)\}$,$V-U=\{\}$,如图 7.23(f) 所示。

(6) $V=U$,算法结束,$U=\{1,3,6,4,2,5\}$,TE$=\{(1,3),(3,6),(6,4),(3,2),(2,5)\}$,$T=(U,TE)$,是连通图的最小生成树。

为实现 Prim 算法,需设置两个辅助一维数组 lowcost 和 closevertex,其中 lowcost 用来保存集合 $V-U$ 中各顶点与集合 U 中各顶点构成的边中具有最小权值的边的权值;数组 closevertex 用来保存依附于该边的在集合 U 中的顶点。假设初始状态时,$U=\{V_1\}$(V_1 为出发的顶点),这时有 lowcost[1]=0,它表示顶点 V_1 已加入集合 U 中,数组 lowcost 的其他各分量的值是顶点 V_1 到其余各顶点所构成的直接边的权值。然后不断选取权值最小的边 (V_i,V_k)($V_i\in U,V_k\in V-U$),每选取一条边,就将 lowcost[k] 置为 0,表示顶点 V_k 已加入集合 U 中。由于顶点 V_k 从集合 $V-U$ 进入集合 U 后,这两个集合的内容发生了变化,就需依据具体情况更新数组 lowcost 和 closevertex 中部分分量的内容。如表 7.2 所示给出了用上述方法构造如图 7.23(a)所示连通图的最小生成树过程中,数组 lowcost、closevert 及集合 U、$V-U$ 的变化情况。

表 7.2　用 Prim 算法构造如图 7.23(a)所示连通图最小生成树过程中各参数的变化示意

辅助数组 \ 参数	2	3	4	5	6	$V-U$	U	$V-U$ 与 U 之间权值最小的边
closevertex	V_1	V_1	V_1	V_1	V_1	$\{V_2,V_3,V_4,V_5,V_6\}$	$\{V_1\}$	$\{V_1,V_3\}$
lowcost	6	1	5	∞	∞			
closevertex	V_3	V_1	V_1	V_3	V_3	$\{V_2,V_4,V_5,V_6\}$	$\{V_1,V_3\}$	$\{V_3,V_6\}$
lowcost	5	0	5	6	4			
closevertex	V_3	V_1	V_6	V_3	V_3	$\{V_2,V_5,V_4\}$	$\{V_1,V_3,V_6\}$	$\{V_6,V_4\}$
lowcost	5	0	2	6	0			
closevertex	V_3	V_1	V_6	V_3	V_3	$\{V_2,V_5\}$	$\{V_1,V_3,V_4,V_6\}$	$\{V_3,V_2\}$
lowcost	5	0	0	6	0			
closevertex	V_3	V_1	V_6	V_2	V_3	$\{V_5\}$	$\{V_1,V_2,V_3,V_4,V_6\}$	$\{V_2,V_5\}$
lowcost	0	0	0	3	0			
closevertex	V_3	V_1	V_6	V_2	V_3	$\{\}$	$\{V_1,V_2,V_3,V_4,V_5,V_6\}$	
lowcost	0	0	0	0	0			

▲思考　在应用 Prim 算法对连通图求最小生成树时,若顶点集 $V-U$ 与顶点集 U 之间的最小权值多于一条时,我们该如何处理?

当无向网采用邻接矩阵存储时,实现 Prim 算法的 C 语言完整程序如下:

【程序 7-5】

```
/* ======================================== */
/*     程序实例:7-5.c                       */
/*     Prim算法的C语言完整程序              */
```

```
/* ========================================= */
#include<stdio.h>
#define MAX_VEX 50
int creatcost(int cost[][MAX_VEX])              /* cost 数组表示带权图的邻接矩阵 */
{
    int vexnum,arcnum,i,j,k,v1,v2,w;            /* 输入图的顶点数和边数(或弧数) */
    printf("\n请输入顶点数和边数(输入格式为:顶点数,边数): ");
    scanf("%d,%d",&vexnum,&arcnum);
    for(i=1;i<=vexnum;i++)                       /* 初始化带权图的邻接矩阵 */
        for(j=0;j<=vexnum;j++)
            cost[i][j]=32767;                    /* 32767 表示无穷大 */
    for(k=1;k<=arcnum;k++)
    {
        printf("v1,v2,w=");
        scanf("%d,%d,%d",&v1,&v2,&w);           /* 输入所有边(或弧)的一对顶点 v1、v2 和权值 */
        cost[v1][v2]=w;
        cost[v2][v1]=w;
    }
    return(vexnum);
}

void prime(int cost[][MAX_VEX],int vexnum)  /* Prime 算法产生从顶点 v1 开始的最小生成树 */
{
    int lowcost[MAX_VEX],closevert[MAX_VEX],i,j,k,min;
    for(i=1;i<=vexnum;i++)
    {
        lowcost[i]=cost[1][i];                  /* 初始化 */
        closevert[i]=1;                         /* 初始化 */
    }
    closevert[1]=-1;                            /* V1 选入 U */
    for(i=2;i<=vexnum;i++)                       /* 从 U 之外求离 U 中某一顶点最近的顶点 */
    {
        min=32767;
        k=0;
        for(j=1;j<=vexnum;j++)
            if(closevert[j]!=-1&&lowcost[j]<min)
            {
                min=lowcost[j];
                k=j;
            }
        if(k)
        {                                       /* 输出边及其权值 */
            printf("(%d,%d)%2d\n",closevert[k],k,lowcost[k]);
            closevert[k]=-1;                    /* k 选入 U */
            for(j=2;j<=vexnum;j++)
                if(closevert[j]!=-1&&cost[k][j]<lowcost[j])
                {
                    lowcost[j]=cost[k][j];       /* 由 k 的加入,修改 lowcost 数组 */
                    closevert[j]=k;  /* k 加入到 U 中 */
                }
```

```
            }
        }
    }

    main() / * 主程序 * /
    {
        int vexnum;
        int cost[MAX_VEX][MAX_VEX];
        vexnum = creatcost(cost); / * 建立图的邻接矩阵 * /
        printf("Prim算法构造的最小生成树的边及其权值: \n");
        prime(cost,vexnum);
    }
```

程序运行结果(以图 7.23(a)为例):

```
请输入顶点数和边数(输入格式为:顶点数,边数): 6,10(回车)
v1,v2,w = 1,2,6(回车)
v1,v2,w = 1,3,1(回车)
v1,v2,w = 1,4,5(回车)
v1,v2,w = 2,3,5(回车)
v1,v2,w = 2,5,3(回车)
v1,v2,w = 3,4,5(回车)
v1,v2,w = 3,5,6(回车)
v1,v2,w = 3,6,4(回车)
v1,v2,w = 4,6,2(回车)
v1,v2,w = 5,6,6(回车)
Prim算法构造的最小生成树的边及其权值:
(1,3) 1
(3,6) 4
(6,4) 2
(3,2) 5
(2,5) 3
```

注意:在应用 Prim 算法对连通图求最小生成树时,若连通图中存在权值相同的边,则得到的最小生成树可能不唯一,因此连通图的最小生成树不唯一。

7.4.4　克鲁斯卡尔(Kruskal)算法

此算法于 1956 年由克鲁斯卡尔(Kruskal)提出,它从另一途径求图的最小生成树。

克鲁斯卡尔(Kruskal)算法的基本思想是:

假设 $G = (V,E)$ 是连通图,将 G 中的边按权值从小到大的顺序排列。

(1) 将 n 个顶点看成 n 个集合。

(2) 按权值由小到大的顺序选择边,所选边应满足两个顶点不在同一个顶点集合内,即加入此边后不会在生成树中产生回路,将该边放到生成树边的集合中。同时将该边的两个顶点所在的顶点集合合并。

(3) 重复步骤(2),直到所有的顶点都在同一个顶点集合内。

如图 7.24 所示给出了由克鲁斯卡尔(Kruskal)算法求如图 7.24(a)所示连通图的最小

生成树的过程。

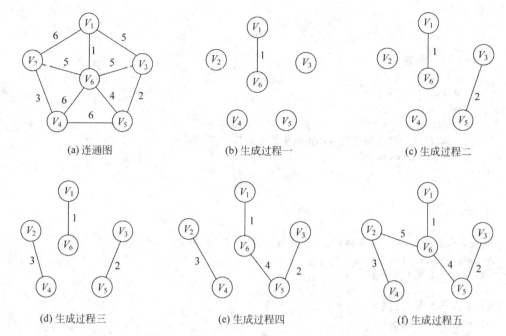

(a) 连通图　　　　　(b) 生成过程一　　　　　(c) 生成过程二

(d) 生成过程三　　　　　(e) 生成过程四　　　　　(f) 生成过程五

图 7.24　克鲁斯卡尔算法构造最小生成树的过程

为了描述的便利,把图中顶点 V_1、V_2、V_3、V_4、V_5、V_6 分别用数字 1、2、3、4、5、6 代替。此图用边集数组表示,且数组中各边的权值由小到大次序排列,如表 7.3 所示。

表 7.3　图 7.24(a)的边集数组

beginvertex	endvertex	weight
1	6	1
3	5	2
2	4	3
5	6	4
1	3	5
3	6	5
2	6	5
1	2	6
4	6	6
4	5	6

(1) 首先比较图中所有的边的权值,找到最小的权值的边(1,6),加入到生成树的边集中,TE={(1,6)}。

(2) 比较图中其余边的权值,找到最小的权值的边(3,5),且加入此边后不会使 TE 产生回路,TE={(1,6),(3,5)}。

(3) 比较图中其余边的权值,找到最小的权值的边(2,4),且加入此边后不会使 TE 产生回路,TE={(1,6),(3,5),(2,4)}。

(4) 比较图中其余边的权值,找到最小的权值的边(5,6),且加入此边后不会使 TE 产生回路，TE＝{(1,6),(3,5),(2,4),(5,6)}。

（5）比较图中其余边的权值，找到最小的权值的边(1,3)，但加入此边后将使 TE 产生回路，舍弃之。再找另一条最小权值的边，找到最小权值边(4,5)，但加入后仍然使 TE 产生回路，故舍弃。再找另外一条最小权值边，找到最小权值边(2,6)满足条件，所以将边(2,6)加入到生成树的边集中，TE＝{(1,6),(3,5),(2,4),(5,6),(2,6)}。

现在所产生的最小生成树中已经有了 $n-1$ 条边，求最小生成树的过程完成。最后所求得的最小生成树的边集为 TE＝{(1,6),(3,5),(2,4),(5,6),(2,6)}。

当无向网采用边集数组存储时，实现克鲁斯卡尔(Kruskal)算法的 C 语言完整程序如下：

【程序 7-6】

```
/* ======================================= */
/*      程序实例：7-6.c                     */
/*    克鲁斯卡尔(Kruskal)算法的完整程序       */
/* ======================================= */
#include <stdio.h>
#define MAX_VEX 50
typedef struct edges              /*定义边集数组元素结构*/
{
    int bv,ev,w;
}EDGES;
EDGES edgeset[MAX_VEX];           /*定义边集数组,用于存储图的各条边*/

int createdgeset()                /*建立边集数组函数*/
{
    int arcnum, i;
    printf("\n输入无向网的边数: ");
    scanf("%d",&arcnum);          /*输入图中的边数*/
    for(i=1;i<=arcnum;i++)
    {
        printf("bv,ev,w = ");     /*输入每条边的起、终点及边上的权值*/
        scanf("%d,%d,%d",&edgeset[i].bv,&edgeset[i].ev,&edgeset[i].w);
    }
    return(arcnum);               /*返回图中的边数*/
}

sort(int n)         /*对边集数组按权值升序排序,其中 n 为数组元素的个数,即图的边数*/
{
    int i,j;
    EDGES t;
    for(i=1;i<=n-1;i++)
        for(j=i+1;j<=n;j++)
            if(edgeset[i].w > edgeset[j].w)
            {
                t = edgeset[i];
                edgeset[i] = edgeset[j];
                edgeset[j] = t;
```

```
            }
    }

    int seeks(int set[ ], int v)           /* 确定顶点 v 所在的连通分量的根节点 */
    {
        int i = v;
        while(set[i]> 0)
            i = set[i];
        return(i);
    }

    kruskal(int e)                         /* Kruskal 算法求最小生成树,参数 e 为边集数组中的边数 */
    {
        int set[MAX_VEX],v1,v2,i;
        printf("Kruskal 算法构造的最小生成树: \n");
        for(i = 1;i <= MAX_VEX;i++)
            set[i] = 0;                    /* set 数组的初值为 0,表示每一个顶点自成一个分量 */
        i = 0;                             /* i 表示待获取的生成树中的边在边集数组中的下标 */
        while(i < e)
        {
            v1 = seeks(set,edgeset[i].bv); /* 确定边的起始顶点所在的连通分量的根节点 */
            v2 = seeks(set,edgeset[i].ev); /* 确定边的终止顶点所在的连通分量的根节点 */
            if(v1!= v2)                    /* 当边所依附的两个顶点不在同一连通分量时,将该边加入生
成树 */
            {
                printf("( % d, % d)  % d\n",edgeset[i].bv,edgeset[i].ev,edgeset[i].w);
                set[v1] = v2;             /* 将 v1,v2 设为在同一连通分量中 */
            }
            i++;
        }
    }


    main()                                 /* 主程序 */
    {
        int i,arcnum;
        arcnum = createdgeset();           /* 建立图的边集数组,并返回其中的边数 */
        sort(arcnum);                      /* 对边集数组按权值升序排序 */
        printf("按权值由小到大输出边信息: ");
        printf("\nbv ev w \n");
        for(i = 1;i <= arcnum;i++)         /* 输出排序后的边集数组 */
            printf(" % d           % d % d\n",edgeset[i].bv,edgeset[i].ev,edgeset[i].w);
        kruskal(arcnum);                   /* 利用克鲁斯卡尔算法求图的最小生成树 */
    }
```

程序运行结果(以图 7.24(a)为例):

```
输入无向网的边数: 10(回车)
bv,ev,w = 1,2,6(回车)
bv,ev,w = 1,3,5(回车)
```

```
bv,ev,w = 1,6,1(回车)
bv,ev,w = 2,4,3(回车)
bv,ev,w = 2,6,5(回车)
bv,ev,w = 3,5,2(回车)
bv,ev,w = 3,6,5(回车)
bv,ev,w = 4,5,6(回车)
bv,ev,w = 4,6,6(回车)
bv,ev,w = 5,6,4(回车)
按权值由小到大输出边信息:
bv ev  w
1  6   1
3  5   2
2  4   3
5  6   4
1  3   5
3  6   5
2  6   5
4  5   6
4  6   6
1  2   6
Kruskal算法构造的最小生成树:
(1,6) 1
(3,5) 2
(2,4) 3
(5,6) 4
(2,6) 5
```

▲思考　在应用 Kruskal 算法对连通图求最小生成树时,图的存储方式采用边集数组有什么好处?

比较运用克鲁斯卡尔(Kruskal)算法和普里姆(Prim)算法对同一连通图构造的最小生成树的结果,是否一致?

7.5　单源最短路径

7.5.1　单源最短路径的概念

我们先举一个例子来说明什么是最短路径。如果我们用顶点表示城市,用边表示城市之间的公路,则由这些顶点和边组成的图可以表示沟通各城市的公路网。若把两个城市之间的距离作为权值,赋给图中的边,就构成了带权图。

在实际生活中经常遇到这样的问题,从 A 城到 B 城有若干条通路,可以用一张带权图来表示,其中的权是经过各条路线所需费用。一个旅客要从 A 城到 B 城,如果他希望尽可能减少转车次数,这就是求图中 A 点到 B 点的最短路径问题,即求边数最少的路径。而如果旅客希望尽可能节约费用,就成了带权图中求最短路径问题,此时所找的路径是从 A 点到 B 点所经各条边上权值之和最小者。

本节所讨论的是带权有向图(有向网)的最短路径问题。通常称有向路径上的第一个顶点为源点，称最后一个顶点为终点。从某个源点到其他各顶点的最短路径又称为单源最短路径。单源最短路径的问题是：给定一个带权图 $G=(V,E)$ 和图中的一个源点 V_1，分别求出从 V_1 到图 G 中其他每个顶点的最短路径长度，即路径上权值的总和。

7.5.2　求单源最短路径的方法

下面就介绍解决这一问题的算法，即由迪杰斯特拉（Dijkstra）提出的一个按路径长度递增的顺序产生最短路径的算法。该算法的基本思想是：设置两个顶点的集合 S 和 $T=V-S$，集合 S 中存放已找到最短路径的顶点，集合 T 存放当前还未找到最短路径的顶点。初始状态时，集合 S 中只包含源点 V_1，然后不断从集合 T 中选取到顶点 V_1 路径长度最短的顶点 V_i 加入到集合 S 中，集合 S 每加入一个新的顶点 V_i，都要修改顶点 V_1 到集合 T 中剩余顶点的最短路径长度值，集合 T 中各顶点新的最短路径长度值为原来的最短路径长度值与顶点 V_i 的最短路径长度值加上 V_i 到该顶点的路径长度值中的较小值。此过程不断重复，直到集合 T 的顶点全部加入到 S 中为止。

Dijkstra 算法的正确性可以用反证法加以证明。假设下一条最短路径的终点为 V_j，那么，该路径必然或者是弧 (V_1,V_j)，或者是中间只经过集合 S 中的顶点而到达顶点 V_j 的路径。因为假若此路径上除 V_j 之外有一个或一个以上的顶点不在集合 S 中，那么必然存在另外的终点不在 S 中而路径长度比此路径还短的路径，这与我们按路径长度递增的顺序产生最短路径的前提相矛盾，所以此假设不成立。

按照"路径长度递增顺序"产生最短路径的含义是：从源点 V_1 到其他顶点的最短路径中，最短的一条最先求得，然后再求从源点 V_1 到其他各定点的最短路径中次短的一条路径，以此顺序产生从源点 V_1 到其他各顶点的最短路径。

对于图 7.25，假设源点为顶点 V_1，则初始状态 $S=\{V_1\}$，求得结果为：

$V_1 \rightarrow V_3$	$<V_1,V_3>$	10
$V_1 \rightarrow V_4$	$<V_1,V_3>,<V_3,V_4>$	25
$V_1 \rightarrow V_2$	$<V_1,V_3>,<V_3,V_4>,<V_4,V_2>$	45
$V_1 \rightarrow V_5$	$<V_1,V_5>$	45
$V_1 \rightarrow V_6$	$<V_1,V_6>$	无最短路径

在产生最短路径的过程中，V_3、V_4、V_2、V_5、V_6 依次进入集合 S，当 $S=\{V_1,V_3,V_4,V_2,V_5,V_6\}=V$ 时，源点到个顶点的最短路径都已经得到，整个过程结束。

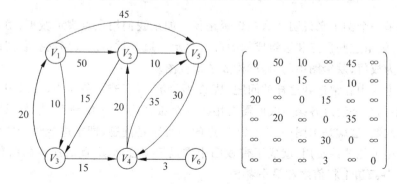

图 7.25　有向带权图及其邻接矩阵

下面介绍 Dijkstra 算法的实现思路：

首先，算法中引入一个辅助向量 dist[]。它的某一分量 dist[i] 表示当前求出的从 V_1 到 V_i 的最短路径长度。这个路径长度不一定是真正的路径长度。它的初始状态即是邻接矩阵 cost[][]中 V_1 行内各列的值。显然，从 V_1 到各顶点的最短路径中最短的一条路径长度应为：

$$\text{dist}[w] = \min\{\text{dist}[i]，其中 i 取 2,3,\cdots,n,n 为顶点个数\}$$

设第一次求得的一条最短路径为 $<V_1,W>$，这时顶点 W 从 $V-S$ 集合中删除而并入 S 集合中。之后修改 $V-S$ 集合中各顶点的最短路径长度（即向量 dist 的值）。对于 $V-S$ 集合中的某一顶点 V_i 来说，其当前的最短路径或者是 $<V_1,V_i>$，或者是 $<V_1,W,V_i>$，不可能是其他选择。也就是说，如果

$$\text{dist}[w] + \text{cost}[w][V_i] < \text{dist}[i]$$

则

$$\text{dist}[i] = \text{dist}[w] + \text{cost}[w][V_i]$$

当 $V-S$ 集合中各顶点的 dist 进行修改后，再从中挑选一个路径长度最小的顶点，从 $V-S$ 中删除，并入 S 中，以此类推，就能求出到各顶点的最短路径长度。

以图 7.25 为例，表 7.4 说明了迪杰斯特拉（Dijkstra）算法动态运行过程。

表 7.4　用 Dijkstra 算法对图 7.25 求 V_1 到其他顶点最短路径的动态运行过程

终　　点		从 V_1 到各终点的 dist[　]值和最短路径				
V_1	dist[1]	∞	∞	∞	∞	
V_2	dist[2]	50 $<V_1,V_2>$	50 $<V_1,V_2>$	**45** $<V_1,V_3,V_4,V_2>$		
V_3	dist[3]	**10** $<V_1,V_3>$				
V_4	dist[4]	∞	**25** $<V_1,V_3,V_4>$			
V_5	dist[5]	45 $<V_1,V_5>$	45 $<V_1,V_5>$	45 $<V_1,V_5>$	**45** $<V_1,V_5>$	
V_6	dist[6]	∞	∞	∞	∞	
W		V_3	V_4	V_2	V_5	V_6
S		$\{V_1,V_3\}$	$\{V_1,V_3,V_4\}$	$\{V_1,V_3,V_4,V_2\}$	$\{V_1,V_3,V_4,V_2,$ $V_5\}$	$\{V_1,V_3,V_4,V_2,$ $V_5,V_6\}$

表 7.5 为图 7.25 中的图按迪杰斯特拉（Dijkstra）算法求从顶点 V_1 出发到其他各顶点的最短路径的过程中，各辅助数组的变化过程。path 是路径数组，其中 path[i] 表示从源点到顶点 V_i 之间的最短路径上 V_i 的前驱顶点。如有路径 (V_1,V_3,V_5)，则 path[5]=3，表明顶点 V_3 是顶点 V_5 的前驱顶点。

表 7.5　Dijkstra 算法的动态执行过程中各辅助数组变化情况

循环	S	dist						path					
下标		1	2	3	4	5	6	1	2	3	4	5	6
初始化	$\{V_1\}$	∞	50	10	∞	45	∞		1	1		1	
1	$\{V_1,V_3\}$	∞	50	10	∞	45	∞		1	1	3	1	
2	$\{V_1,V_3,V_4\}$	∞	45	10	25	45	∞		4	1	3	1	
3	$\{V_1,V_3,V_4,V_2\}$	∞	45	10	25	45	∞		4	1	3	1	
4	$\{V_1,V_3,V_4,V_2,V_5\}$	∞	45	10	25	45	∞		4	1	3	1	
5	$\{V_1,V_3,V_4,V_2,V_5,V_6\}$	∞	45	10	25	45	∞		4	1	3	1	

▲思考　如果要求源点到某一特定顶点的最短距离,如何实现? 如果要求所有顶点对的最短距离,如何实现?

用迪杰斯特拉(Dijkstra)算法求从某一源点到其他各顶点的最短路径的完整程序如下:

【程序 7-7】

```
/* =========================================== */
/* 　程序实例: 7 - 7.c                         */
/* 　迪杰斯特拉(Dijkstra)算法求从某一源点到其他各  */
/* 　顶点的最短路径的完整程序                     */
/* =========================================== */
#include< stdio. h>
#define MAX_VEX 50
int creatcost(int cost[][MAX_VEX])          /* 建立图的邻接矩阵,cost 数组表示图的邻接矩阵 */
{
    int vexnum,arcnum,i,j,k,v1,v2,w;        /* 输入图的顶点数和弧数(或边数) */
    printf("\n 请输入顶点数和边数(输入格式为: 顶点数,边数): ");
    scanf(" %d, %d",&vexnum,&arcnum);
    for(i = 1;i <= vexnum;i++)
        for(j = 1;j <= vexnum;j++)
            cost[i][j] = 9999;              /* 设 9999 代表无限大 */
    for(k = 1;k <= arcnum;k++)
    {
        printf("v1,v2,w = ");
        scanf(" %d, %d, %d",&v1,&v2,&w);    /* 输入所有边或所有弧的一对顶点 v1、v2 */
        cost[v1][v2] = w;
    }
    return(vexnum);
}

void dijkstra(int cost[][MAX_VEX],int vexnum)
    /* Dijkstra 算法求从源点出发的最短路径 */
{
    int path[MAX_VEX],s[MAX_VEX],dist[MAX_VEX],i,j,w,v,min,v1;
    /* S 数组用于记录顶点 v 是否已经确定了最短路径,S[v] = 1,顶点 v 已经确定了最短路径,S[v]
    = 0,顶点 v 尚未确定最短路径.dist 数组表示当前求出的从 v1 到 vi 的最短路径.path 是路径数组,
    其中 path[i]表示从源点到顶点 vi 之间的最短路径上 vi 的前驱顶点,如有路径(v1,v3,v5),则
    path[5] = 3 */
```

```
printf("输入源点 v1: ");
scanf("% d",&v1);                  /＊输入源点 v1 ＊/
for(i = 1;i <= vexnum;i++)
{
    dist[i] = cost[v1][i]; /＊初始时,从源点 v1 到各顶点的最短路径为相应弧上的权＊/
    s[i] = 0;                      /＊初始化＊/
    if(cost[v1][i]< 9999)
        path[i] = v1;              /＊初始化,path 记录当前最短路径,即顶点的直接前驱＊/
}
s[v1] = 1;                         /＊将源点加入 S 集合中＊/
for(i = 1;i <= vexnum;i++)
{
    min = 9999;                    /＊本例设各边上的权值均小于 9999＊/
    for(j = 1;j <= vexnum;j++)          /＊从 S 集合外找出距离源点最近的顶点 w＊/
        if((s[j] == 0)&&(dist[j]<min))
        {
            min = dist[j];
            w = j;
        }
        s[w] = 1;                      /＊将 w 加入 S 集合,即 w 已是求出最短路径的顶点＊/
        for(v = 1;v <= vexnum;v++)      /＊根据 w 修改 dist[]＊/
            if(s[v] == 0)               /＊修改未加入的顶点的路径长度＊/
                if(dist[w] + cost[w][v]< dist[v])
                {
                    dist[v] = dist[w] + cost[w][v];
                                        /＊修改 V－S 集合中各顶点的最短路径长度＊/
                    path[v] = w;        /＊修改 V－S 集合中各顶点的最短路径＊/
                }
}
printf("源点 1 到其他各顶点的路径与值: \n",v1);
for(i = 2;i <= vexnum;i++)           /＊输出从某源点到其他各顶点的最短路径＊/
    if(s[i] == 1)
    {
        w = i;
        while(w!= v1)
        {
            printf("% d<－－ ",w);
            w = path[w];                /＊通过找到前驱顶点,反向输出最短路径＊/
        }
        printf("% d",w);
        printf("% d\n",dist[i]);
    }
    else
    {
    printf("% d<－－ % d",i,v1);
    printf(" 9999\n");                  /＊不存在路径时,路径长度设为 9999＊/
    }
}

main()                               /＊主程序＊/
```

图

```
{
    int vexnum;
    int cost[MAX_VEX][MAX_VEX];
    vexnum = creatcost(cost);          /*建立图的邻接矩阵*/
    dijkstra(cost,vexnum);
}
```

程序运行结果(以图 7.25 为例):

```
请输入顶点数和边数(输入格式为:顶点数,边数):6,11(回车)
v1,v2,w = 1,2,50(回车)
v1,v2,w = 1,3,10(回车)
v1,v2,w = 1,5,45(回车)
v1,v2,w = 2,3,15(回车)
v1,v2,w = 2,5,10(回车)
v1,v2,w = 3,1,20(回车)
v1,v2,w = 3,4,15(回车)
v1,v2,w = 4,2,20(回车)
v1,v2,w = 4,5,35(回车)
v1,v2,w = 5,4,30(回车)
v1,v2,w = 6,4,3 (回车)
输入源点 v1: 1(回车)
源点 1 到其他各顶点的路径与值:
2 <-- 4 <-- 3 <-- 1   45
3 <-- 1   10
4 <-- 3 <-- 1   25
5 <-- 1   45
6 <-- 1   9999
```

▲思考　请弄清楚程序中数组 path[ ]的含义和作用。

7.6　AOV 网与拓扑排序

7.6.1　AOV 网与拓扑排序

一个无环的有向图称做有向无环图,它是描述工程或系统进程的有效工具。几乎所有的工程都可以分为若干个小的工程,这些小的工程之间有时存在一定的约束,即有些子工程必须在其他子工程完成之后才可以开始实施,而有些子工程之间又没有这样的约束关系。如大学某个专业的课程学习问题,有些课程可以独立于其他课程开设,即无先行课程;有些课程必须在它的先行课程学完之后才能开设,如图 7.26 所示为几门课程的这种关系。这种以图中的顶点表示活动,弧表示活动之间优先关系的有向图称为 AOV 网(activity on vertex network)。在 AOV 网中,若从顶点 i 到顶点 j 之间存在一条有向路径,称顶点 i 是顶点 j 的前驱,或者称顶点 j 是顶点 i 的后继。若 $<i,j>$ 是图中的弧,则称顶点 i 是顶点 j 的直接前驱,顶点 j 是顶点 i 的直接后继。

AOV 网中的弧表示了活动之间存在的制约关系。例如,计算机专业的学生必须完成一系列规定的基础课和专业课才能毕业。学生按照怎样的顺序来学习这些课程呢? 这个问

课程代号	课程名称	先修课程
C_1	高等数学	无
C_2	计算机基础	无
C_3	C程序设计	C_1,C_2
C_4	离散数学	C_1
C_5	数据结构	C_2,C_3,C_4
C_6	编译方法	C_4,C_5
C_7	操作系统	C_5

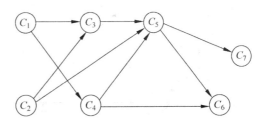

图 7.26 表示课程之间优先关系的 AOV 网

题可以看成是一个工程,其活动就是每一门课程的教学,这些课程的名称与相应代号如图 7.26 所示。C_1、C_2 是独立于其他课程的基础课,而有的课却需要有先行课程,比如,学完“计算机基础”和“高等数学”后才能学“C 程序设计”,先行条件规定了课程之间的优先关系。这种优先关系可以用如图 7.26 所示的有向图来表示。其中,顶点表示课程,有向边表示前提条件。若课程 i 为课程 j 的先行课,则必然存在有向边 $<i,j>$。在安排学习顺序时,必须保证在学习某门课之前,已经学习了其先行课程。类似的 AOV 网的例子还有很多,比如大家熟悉的计算机程序,任何一个可执行程序也可以划分为若干个程序段(或若干语句),由这些程序段组成的流程图也是一个 AOV 网。

在 AOV 网中不能出现有向环(或者称有向回路),因为环路说明某项“活动”能否进行要以自身任务的完成作为先决条件,表示顶点之间的先后关系进入了死循环,显然,这样的工程是无法完成的。如果图 7.26 中的有向图出现有向环,课表将无法编排。因此,对给定的 AOV 网首先要判定网中是否存在环路,只有有向无环图在应用中才具有现实意义。可以对有向图进行拓扑排序来检测图中是否存在环路,如果要检测一个工程是否可行,首先就得检查对应的 AOV 网是否存在回路。检查 AOV 网中是否存在回路的方法就是拓扑排序。

拓扑排序时会得到一个有向图的顶点序列。设 $G=(V,E)$ 是一个具有 n 个顶点的 AOV 网,V 表示 G 中所有顶点的集合,E 表示有向图中所有弧的集合。V 中顶点的序列必须满足下列条件才可成为有向图的拓扑序列:

(1) 在 AOV 网中,若顶点 V_i 是顶点 V_j 前驱,则在顶点序列中顶点 V_i 排在顶点 V_j 之前;

(2) AOV 网中原来没有优先关系的顶点,如图 7.26 中的 C_1 与 C_2 及 C_3 与 C_4,则在顶点序列中人为地建立一个先后关系,即或者顶点 V_i 排在顶点 V_j 之前,或者顶点 V_i 排在 V_j 之后。

若 AOV 网经过拓扑排序后所有顶点都在该顶点序列中,并且满足上述两个条件,则该顶点序列即为该 AOV 网的一个拓扑序列,可以判定该 AOV 网中必定不存在环。

7.6.2 拓扑排序的实现

对 AOV 网进行拓扑排序的方法和步骤是:

(1) 从网中选择一个没有前驱的顶点(入度为 0)并且输出它;

(2) 从网中删去该顶点,并且删去从该顶点发出的全部有向边;

(3) 重复上述两步,直到剩余的网中不再存在没有前驱的顶点为止。

这样操作的结果有两种:一种是网中全部顶点都被输出,这说明网中不存在有向回路;

另一种就是网中顶点未被全部输出,剩余的顶点均有前驱顶点,这说明网中存在有向回路。

如图 7.27 所示给出了对图 7.27(a)中 AOV 网进行拓扑排序的实施步骤。

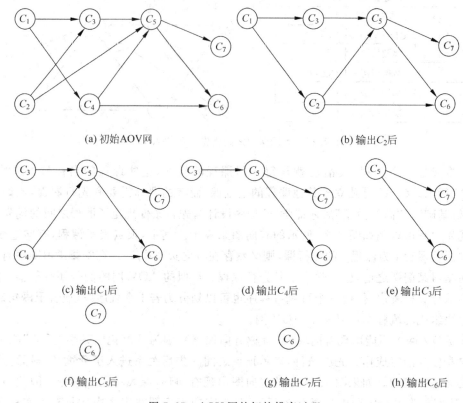

(a) 初始AOV网　　　　　　　　　　　(b) 输出C_2后

(c) 输出C_1后　　　　(d) 输出C_4后　　　　(e) 输出C_3后

(f) 输出C_5后　　　　(g) 输出C_7后　　　　(h) 输出C_6后

图 7.27　AOV 网的拓扑排序过程

根据图 7.27,可以得到拓扑序列为 C_2、C_1、C_4、C_3、C_5、C_7、C_6。根据拓扑排序的方法和步骤,如果输出时选取的顶点不同,对图 7.27 中 AOV 网的拓扑排序还可能有其他的拓扑序列,比如 C_1、C_2、C_3、C_4、C_5、C_6、C_7 和 C_2、C_1、C_3、C_4、C_5、C_7、C_6 等。因此,一个 AOV 网的拓扑序列并不是唯一的,并且对于某个 AOV 网,如果它的拓扑序列构造成功,则该网中不存在有向环,其各子工程可按拓扑序列的次序进行安排。

为了实现上述算法,对 AOV 网采用邻接表存储方式,而顶点的入度记录在头节点的顶点域 vertex 中,即入度记录在 adjlist[V]. vertex 中。分析以上的步骤可以看出,每当有入度为 0 的顶点时,就要对这些顶点输出,这就要求保存这些顶点,并使之处理有序。这种有序可以是后进先出,也可以是先进先出,故此可以用栈或者队列来辅助实现。在下面给出的用 C 语言描述的拓扑排序的算法实现中,我们采用队列来存放当前入度为 0 的节点,完成 C 语言程序如下:

【程序 7-8】

```
/* ========================================= */
/*    程序实例: 7-8.c                        */
/*    拓扑排序的算法实现                      */
/* ========================================= */
```

```
# include<malloc.h>
# include<stdio.h>
# define MAX_VEX 50
typedef struct arcnode                  /*定义表节点*/
{
    int adjvex;
    struct arcnode * next;
}ARCNODE;
typedef struct vexnode                  /*定义头节点*/
{
    int vertex;
    ARCNODE * firstarc;
}VEXNODE;

VEXNODE adjlist[MAX_VEX];               /*定义表头向量 adjlist*/
int creatadjlist()                     /*建立邻接表*/
{
    ARCNODE * ptr;
    int arcnum,vexnum,k,v1,v2;
    printf("\n请输入顶点数和边数(输入格式为:顶点数,边数):");
    scanf("%d,%d",&vexnum,&arcnum); /*输入图的顶点数和弧数(或边数)*/
    for(k=1;k<=vexnum;k++)
    {
        adjlist[k].firstarc=NULL;/*邻接链表的 adjlist 数组各元素的链域赋初值*/
        adjlist[k].vertex=0;        /*各顶点的入度赋初值 0*/
    }
    for(k=1;k<=arcnum;k++)         /*为 adjlist 数组的各元素分别建立各自的链表*/
    {
        printf("v1,v2 = ");
        scanf("%d,%d",&v1,&v2); /*输入弧<v1,v2>*/
        ptr=(ARCNODE * )malloc(sizeof(ARCNODE));
        /*给节点 v1 的相邻节点 v2 分配内存空间*/
        ptr->adjvex=v2;
        ptr->next=adjlist[v1].firstarc;
        adjlist[v1].firstarc=ptr;/*将相邻节点 v2 插入表头节点 v1 之后*/
        adjlist[v2].vertex++;       /*顶点 v2 的入度加 1*/
    }
    return(vexnum);
}

toposort(int n)                        /*拓扑排序算法,n 为图中顶点的个数*/
{
    int queue[MAX_VEX];
    int front=0,rear=0;
    int v,w,n1;
    ARCNODE * p;
    n1=0;
    for(v=1;v<=n;v++)              /*循环检测入度为 0 的顶点并入队*/
        if(adjlist[v].vertex==0)
```

图

```
        {
            rear = (rear + 1) % MAX_VEX;
            queue[rear] = v;
        }
        printf("拓扑排序的结果: \n");
        while(front != rear)
        {
            front = (front + 1) % MAX_VEX;
            v = queue[front];
            printf(" %d ",v);                    /* 输出入度为 0 的顶点并计数 */
            n1++;
            p = adjlist[v].firstarc;
            while(p != NULL)                     /* 删除由顶点 v 出发的所有的弧 */
            {
                w = p -> adjvex;
                adjlist[w].vertex --;            /* 将邻接于顶点 v 的顶点的入度减 1 */
                if(adjlist[w].vertex == 0)       /* 将入度为 0 的顶点入队 */
                {
                    rear = (rear + 1) % MAX_VEX;
                    queue[rear] = w;
                }
                p = p -> next;                   /* p 指向下一个邻接于顶点 v 的顶点 */
            }
        }
        if(n1 < n)                               /* 输出的顶点个数小于图的顶点个数,则拓扑排序失败 */
            printf("Not a set of partial order. \n");
}


main()                                           /* 主程序 */
{
    int n;
    n = creatadjlist();                          /* 建立邻接表并返回顶点的个数 */
    toposort(n);                                 /* 对于具有 n 个顶点的图进行拓扑排序 */
}
```

程序运行结果(以图 7.27(a)中的 AOV 网为例):

```
请输入顶点数和边数(输入格式为: 顶点数,边数): 7,9(回车)
v1,v2 = 1,3(回车)
v1,v2 = 1,4(回车)
v1,v2 = 2,3(回车)
v1,v2 = 2,5(回车)
v1,v2 = 3,5(回车)
v1,v2 = 4,5(回车)
v1,v2 = 4,6(回车)
v1,v2 = 5,6(回车)
v1,v2 = 5,7(回车)
拓扑排序的结果:
1 2 4 3 5 7 6
```

7.7 AOE 网与关键路径

7.7.1 概述

若在带权的有向图中,以顶点表示事件,以弧表示活动,弧的权值表示活动的开销(如该活动的持续时间),则此带权有向图称为用边表示活动的网(Activity On Edge Network),简称 AOE 网。通常,AOE 网可用来估算工程的完成时间。

如果用 AOE 网来表示一项工程,正常情况下,工程活动只有一个开始点和一个结束点,因此 AOE 网中只有一个入度为 0 的点,称源点;有一个出度为 0 的点,称汇点。对一项工程而言,仅仅考虑各个子工程之间的优先关系还不够,更多的是关心整个工程完成的最短时间是多少;哪些活动的延期将会影响整个工程的进度,而加速这些活动是否会提高整个工程的效率。因此,通常在 AOE 网中列出完成预定工程计划所需要进行的活动,每个活动计划完成的时间,要发生哪些事件以及这些事件与活动之间的关系,从而可以确定该项工程是否可行,估算工程完成的时间以及确定哪些活动是影响工程进度的关键。

AOE 网具有以下两个性质:

(1) 只有在某顶点所代表的事件发生后,从该顶点出发的弧所代表的活动才能开始。

(2) 只有在进入某顶点的各弧所代表的活动都已经结束,该顶点所代表的事件才能发生。

由于 AOE 网中的某些活动可以并行进行,故完成整个工程的最短时间是从源点到汇点的最大路径长度(这里的路径长度是指该路径上的各个活动所需时间之和)。具有最大路径长度的路径称为关键路径。关键路径上的活动称为关键活动。关键路径长度是整个工程所需的最短工期。这就是说,要缩短整个工期,必须加快关键活动的进度。

利用 AOE 网进行工程管理时要需解决的主要问题是:

(1) 计算完成整个工程的最短周期。

(2) 确定关键路径,找出哪些活动是影响工程进度的关键。

7.7.2 关键路径的确定

由于求关键路径的算法比较复杂,在此我们不详细讨论,只通过一个例子简单说明如何求关键路径。若有兴趣,读者可以自己查阅相关书籍资料。

在如图 7.28 所示的工程中,有 11 项活动 a、b、c、d、e、f、g、h、i、j、k;有 9 个事件 V_1、V_2、V_3、V_4、V_5、V_6、V_7、V_8、V_9,每个事件表示在它之前的活动已经完成,在它之后的活动可以开始。V_1 表示整个工程的开始,即它是源点;V_9 表示整个工程结束,即它是汇点;V_5 表示活动 d 和 e 已经完成,活动 g 和 h 可以开始。与每个活动相联系的数字是活动所需的时间,如活动 a 需 6 天完成,活动 b 需 4 天完成。与每个活动相关联的数字表示该活动所需要的时间,如活动 g 需要 9 天完成。从 V_1 到 V_9 的关键路径是(V_1、V_2、V_5、V_8、V_9)或者(V_1、V_2、V_5、V_6、V_8),路径长度为 18,及工程完成的必需时间是 18 天。活动 f 的最早开工时间是 5(c 活动完成),最迟开工时间是 8(i 和 k 各需 4 天),因此活动 f 的完成时间为:$18 - c - i - k = 18 - 5 - 4 - 4 = 5$(天),即 f 在 5 天内完成,就不会影响整个工程进度。活动 f 的预

第 7 章

图

算时间为 2 天，因此有 $5-2=3$ 天的余量，即把活动 f 提前 1 天完成，也不会加快整个工程进度。

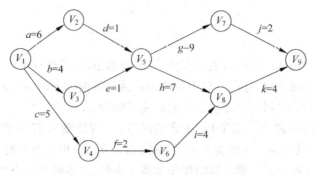

图 7.28　一个 AOE 网实例

是否可以无限地提高关键活动的完成时间呢？显然不是。当缩短关键路径上活动的完成时间到一定程度后，就不能再缩短了，因为如果继续缩短就可能不是最长路径了，即不是关键路径了。如在图 7.28 中，缩短活动 h 和 k 并不会缩短整个工程的进度，因为关键路径变为 $(V_1、V_2、V_5、V_7、V_9)$ 了，路径长度仍然是 18。提前完成活动 a 的时间 1 到 2 天，是可以提高工程进度的，但提前 3 天就行不通了，因为关键路径变为 $(V_1、V_3、V_5、V_8、V_9)$ 或者 $(V_1、V_3、V_5、V_8、V_9)$ 了。

对于有两条以上的关键路径的 AOE 网，若希望加快整个工程的进度，就必须同时缩短几条关键路径上的活动完成时间，如果只提高其中一条关键路径上的活动完成时间是不行的。

上 机 实 训

图的基本操作及应用

1. 实验目的
（1）掌握图的基本存储方法；
（2）掌握有关图的操作算法并用高级语言实现；
（3）熟练掌握图的两种搜索路径的遍历方法。

2. 实验内容
假设以一个带权有向图表示某一区域的公交线路网，图中顶点代表一些区域中的重要场所，弧代表已有的公交线路，弧上的权表示该线路上的票价（或搭乘所需时间）。试设计一个简易交通指南系统，指导前来咨询者以最低的票价或最少的时间从区域中的某一场所到达另一场所。

3. 实验步骤
（1）定义节点结构，定义图结构；
（2）存储图信息；
（3）定义求某顶点到其他所有顶点最短路径的函数；
（4）写出主函数。

4. 实现提示

```
int creatcost(int cost[][MAX_VEX])              /* 建立图的邻接矩阵,cost 数组表示图的邻接矩阵 */
{
    int vexnum,arcnum,i,j,k,v1,v2,w;            /* 输入图的顶点数和弧数(或边数) */
    printf("\n 请输入顶点数和边数(输入格式为:顶点数,边数): ");
    scanf("%d,%d",&vexnum,&arcnum);
    for(i=1;i<=vexnum;i++)
        for(j=1;j<=vexnum;j++)
            cost[i][j]=9999;                    /* 设 9999 代表无限大 */
    for(k=1;k<=arcnum;k++)
    {
        printf("v1,v2,w = ");
        scanf("%d,%d,%d",&v1,&v2,&w);           /* 输入所有边或所有弧的一对顶点 v1,v2 */
        cost[v1][v2]=w;
    }
    return(vexnum);
}


void dijkstra(int cost[][MAX_VEX],int vexnum)   /* Dijkstra 算法求从源点出发的最短路径 */
{
    int path[MAX_VEX],s[MAX_VEX],dist[MAX_VEX],i,j,w,v,min,v1;
    /* S 数组用于记录顶点 v 是否已经确定了最短路径,S[v]=1,顶点 v 已经确定了最短路径,S[v]
    =0,顶点 v 尚未确定最短路径.dist 数组表示当前求出的从 v0 到 vi 的最短路径.path 是路径数组,
    其中 path[i]表示从源点到顶点 vi 之间的最短路径上 vi 的前驱顶点,如有路径(v1,v3,v5),则
    path[5]=3 */
    printf("输入源点 v1: ");
    scanf("%d",&v1);                            /* 输入源点 v1 */
    for(i=1;i<=vexnum;i++)
    {
        dist[i]=cost[v1][i];        /* 初始时,从源点 v1 到各顶点的最短路径为相应弧上的权 */
        s[i]=0;                                 /* 初始化 */
        if(cost[v1][i]<9999)
            path[i]=v1;                 /* 初始化,path 记录当前最短路径,即顶点的直接前驱 */
    }
    s[v1]=1;                                    /* 将源点加入 S 集合中 */
    for(i=1;i<=vexnum;i++)
    {
        min=9999;                               /* 本例设各边上的权值均小于 9999 */
        for(j=1;j<=vexnum;j++)                  /* 从 S 集合外找出距离源点最近的顶点 w */
            if((s[j]==0)&&(dist[j]<min))
            {
                min=dist[j];
                w=j;
            }
        s[w]=1;                     /* 将 w 加入 S 集合,即 w 已是求出最短路径的顶点 */
        for(v=1;v<=vexnum;v++)                  /* 根据 w 修改 dist[] */
            if(s[v]==0)                         /* 修改未加入的顶点的路径长度 */
                if(dist[w]+cost[w][v]<dist[v])
```

```
                                {
                                    dist[v] = dist[w] + cost[w][v];
                                                            /* 修改 V-S 集合中各顶点的最短路径长度 */
                                    path[v] = w;             /* 修改 V-S 集合中各顶点的最短路径 */
                                }
                    }
                    printf("源点 1 到其他各顶点的路径与值: \n",v1);
                    for(i = 2;i <= vexnum;i++)               /* 输出从某源点到其他各顶点的最短路径 */
                        if(s[i] == 1)
                        {
                            w = i;
                            while(w!= v1)
                            {
                                printf(" % d < - - ",w);
                                w = path[w];                 /* 通过找到前驱顶点,反向输出最短路径 */
                            }
                            printf(" % d",w);
                            printf(" % d\n",dist[i]);
                        }
                        else
                        {
                            printf(" % d < - - % d",i,v1);
                            printf(" 9999\n");               /* 不存在路径时,路径长度设为 9999 */
                        }
    }
```

5. 思考与提高

(1) 判断两点是否可达。

(2) 练习图的拓扑排序。

习　　题

1. 名称解释

(1) 有向图;

(2) 无向图;

(3) 完全有向图;

(4) 最小生成树。

2. 判断题(下列各题,正确的请在前面的括号内打√;错误的打×)

(　　)(1) 图可以没有边,但不能没有顶点。

(　　)(2) 在有向图中,$<V_1,V_2>$ 与 $<V_2,V_1>$ 是两条不同的边。

(　　)(3) 邻接表只能用于有向图的存储。

(　　)(4) 用邻接矩阵法存储一个图时,在不考虑压缩存储的情况下,所占用的存储空间大小只与图中顶点个数有关,而与图的边数无关。

(　　)(5) 若以某个顶点开始,对有 n 个顶点的有向图 G 进行深度优先遍历,所得的遍历序列唯一,则可以断定其弧数为 $n-1$。

（　　）(6) 有向图不能进行广度优先遍历。

（　　）(7) 若一个无向图以顶点 V_1 为起点进行深度优先遍历,所得的遍历序列唯一,则可以唯一确定该图。

（　　）(8) 带权图最小生成树是唯一的。

3. 填空题

(1) 图有_____、_____等存储结构；遍历图有_____、_____等方法。

(2) 若图 G 中每条边都_____方向,则 G 为无向图。有 n 条边的无向图邻接矩阵中,1 的个数是_____。

(3) 若图 G 中每条边都_____方向,则 G 为有向图。有向图的边也称为_____。

(4) 图的邻接矩阵表示法是表示_____之间相邻关系的矩阵。

(5) 有向图 G 用邻接矩阵存储,其第 i 行的所有元素之和等于顶点 i 的_____。

(6) n 个顶点 e 条边的图若采用邻接矩阵存储,则空间复杂度为_____。

(7) 设有一稀疏图 G,则 G 采用_____存储比较节省空间；设有一稠密图 G,则 G 采用_____存储比较节省空间。

(8) 图的逆邻接表存储结构只适用于_____图。

(9) 图的深度优先遍历序列_____唯一的。

(10) n 个顶点 e 条边的图采用邻接矩阵存储,深度优先搜索遍历算法的时间复杂度为_____。

(11) n 个顶点的完全图有_____条边。

(12) 一个图的生成树的顶点是图的_____顶点。

4. 单项选择题

(1) 在一个图中,所有顶点的度数之和等于图的边数的（　　）倍。

    A. 1/2   B. 1   C. 2   D. 4

(2) 在一个有向图中,所有顶点的入度之和等于所有顶点的出度之和的（　　）倍。

    A. 1/2   B. 1   C. 2   D. 4

(3) 有 8 个节点的无向图最多有（　　）条边。

    A. 14   B. 28   C. 56   D. 112

(4) 有 8 个节点的无向连通图最少有（　　）条边。

    A. 5   B. 6   C. 7   D. 6

(5) 有 8 个节点的有向完全图有（　　）条边。

    A. 14   B. 28   C. 56   D. 112

(6) 用邻接表表示图进行广度优先遍历时,通常采用（　　）来实现算法。

    A. 栈   B. 队列   C. 树   D. 图

(7) 用邻接表表示图进行深度优先遍历时,通常采用（　　）来实现算法。

    A. 栈   B. 队列   C. 树   D. 图

(8) 深度优先遍历类似于二叉树的（　　）。

    A. 先序遍历   B. 中序遍历   C. 后序遍历   D. 层次遍历

(9) 广度优先遍历类似于二叉树的（　　）。

A. 先序遍历   B. 中序遍历   C. 后序遍历   D. 层次遍历

（10）任何一个无向连通图的最小生成树（   ）。

     A. 只有一棵   B. 一棵或多棵   C. 一定有多棵   D. 可能不存在

（11）生成树的构造方法只有（   ）。

     A. 深度优先   B. 深度优先和广度优先

     C. 无前驱的顶点优先   D. 无后继的顶点优先

（12）无向图顶点 V 的度是关联于该顶点（   ）的数目。

     A. 顶点   B. 边   C. 序号   D. 下标

5. 简答题

（1）已知习题图如图 7.29 所示，画出邻接矩阵和邻接表。

（2）已知一无向图有 6 个节点、9 条边，这 9 条边依次为 (0,1)、(0,2)、(0,4)、(0,5)、(1,2)、(2,3)、(2,4)、(3,4)、(4,5)。试画出该无向图，并从顶点 0 出发，分别写出按深度优先搜索和广度优先搜索进行遍历的节点序列。

（3）已知一个无向图的顶点集为：$\{a,b,c,d,e\}$，其邻接矩阵如下：

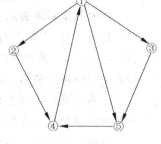

图 7.29 习题图

$$
\begin{array}{c}
a \\ b \\ c \\ d \\ e
\end{array}
\begin{bmatrix}
0 & 1 & 0 & 0 & 1 \\
1 & 0 & 0 & 1 & 0 \\
0 & 0 & 0 & 1 & 1 \\
0 & 1 & 1 & 0 & 0 \\
1 & 0 & 1 & 1 & 0
\end{bmatrix}
$$

① 画出该图的图形；

② 根据邻接矩阵从 a 出发进行深度优先搜索遍历和广度优先搜索遍历，写出相应的遍历序列。

（4）图 G 的邻接矩阵如下，试画出该图并画出它的一棵最小生成树。

$$
\begin{array}{cccccc}
 & 1 & 2 & 3 & 4 & 5 \\
1 & \infty & 8 & 10 & 11 & \infty \\
2 & 8 & \infty & 3 & \infty & 13 \\
3 & 10 & 3 & \infty & 4 & \infty \\
4 & 11 & \infty & 4 & \infty & 7 \\
5 & \infty & 13 & \infty & 7 & \infty
\end{array}
$$

6. 算法题

（1）编写一个将无向图的邻接矩阵转换成邻接表的算法。

（2）已知有 n 个顶点的有向图邻接表，设计算法分别实现以下功能：

① 求出图 G 中每个顶点的出度、入度；

② 求出图 G 中出度最大的一个顶点，输出其顶点序号；

③ 计算图中度为 0 的顶点数。

第8章　　　　　　查　　找

本章内容概要：

本书的前几章介绍了各种线性和非线性的数据结构，讨论了它们的逻辑结构、存储结构和相关的算法，本章中将讨论基于这些数据结构的一种重要操作——查找。查找不是一种数据结构，而是一种基于数据结构的对数据进行处理时经常使用的一种操作。查找又称为检索，它是计算机科学中重要的研究课题之一，查找的目的就是从确定的数据集合中找出某个特定的元素。查找的方法很多，而且与数据的结构密切相关，查找算法的优劣对计算机系统的运行效率影响很大。本章主要学习查找的基本概念、顺序查找算法、二分查找算法、二叉排序树和散列查找算法等。

8.1　查找的基本概念

简单地说，查找(Searching)就是确定一个已给的数据是否出现在某个数据元素(或记录)集合中。例如，学生高考成绩表存放着某地区全体考生的记录，每个记录包含有考生的准考证号、姓名以及语文、数学等各科成绩和总成绩，当按准考证号或姓名进行成绩查找时，就是数据查找问题，也称查表。查找是计算机科学中典型的问题，有着极为广泛的应用，对你而言，在互联网上查找信息是家常便饭，当你在搜索引擎上输入一个单词，单击"搜索"按钮时，在不到 1 秒的时间，带着单词奔向搜引数据库的每个"神经末梢"，检索到所有包含搜索词的网页，依据它们的浏览次数与关联性等一系列算法确定网页级别，排列出顺序，最终呈现在网页上。

在计算机科学领域，查找也称检索，是数据处理领域中经常使用的一种操作，作为学习编程的人，面对查找或者搜索(Search)这种最为频繁的操作，理解它的原理并学习应用它是非常必要的事情。下面介绍几个基本概念。

查找表：由同一类型的数据元素(或记录)构成的集合。如表 8.1 所示的学生高考成绩表。由于"集合"中数据元素(或记录)之间的关系是完全松散的，因此查找表是一种非常灵活的数据结构，可利用任意数据结构实现。只能进行查找操作、不能进行插入和删除操作的查找表称为静态查找表；既可以进行查找操作，又能向表中插入或删除数据元素(或记录)的查找表称为动态查找表。

对查找表进行的操作：查询某个特定的数据元素(或记录)是否在查找表中；检索某个特定数据元素(或记录)的属性；在查找表中插入一个数据元素(或记录)；在查找表中删除一个数据元素(或记录)。

表 8.1　某地区学生高考成绩表(理科)

准考证号	姓名	语文	数学	英语	理科综合	总分
⋮	⋮	⋮	⋮	⋮	⋮	⋮
20010983	张三	100	110	90	138	438
20010984	李四	92	98	86	154	430
20010985	王五	77	110	102	156	445
⋮	⋮	⋮	⋮	⋮	⋮	⋮
20010998	张三	96	100	102	160	458
⋮	⋮	⋮	⋮	⋮	⋮	⋮

静态查找(Static Search Table)：在查找过程中仅查找某个特定元素是否存在或它的属性的查找，称为静态查找。

动态查找(Dynamic Search Table)：在查找过程中对查找表进行插入元素或删除元素的操作，称为动态查找。

关键字(Key)：数据元素(或记录)中某个数据项的值，用它可以标识数据元素(或记录)。当数据元素(或记录)只有一个数据项时，其关键字即为该数据元素(或记录)的值。

主关键字(Primary Key)：可以唯一地标识一个记录的关键字称为主关键字，如表 8.1 中的"准考证号"。

次关键字(Secondary Key)：可以标识若干个数据元素(或记录)的关键字称为次关键字，如表 8.1 中的"姓名"，其中"张三"就有两位。

查找(Searching)：根据给定的关键字值，在特定的查找表中确定一个关键字值与给定值相同的数据元素(记录)，并返回该数据元素在列表中的位置。若找到相应的数据元素(记录)，则称查找是成功的；否则称查找是失败的，此时应返回空地址及失败信息。

内部查找和外部查找：若整个查找过程全部在内存进行，则称为内部查找；若在查找过程中还需要访问外存，则称为外部查找。本书仅介绍内部查找。

平均查找长度(Average Search Length，ASL)：为确定所查的元素(记录)在查找表中的位置而与给定值进行比较的关键字个数的平均值，是衡量一个查找算法效率的依据。因为查找的过程实际上就是将查找表中各元素的关键字与给定值进行比较的过程，所以比较次数越少，查找所需时间就越短，效率就越高。

对一个含 n 个记录的表，查找成功时的平均查找长度为：

$$ASL = \sum_{i=1}^{n} P_i \cdot C_i$$

其中，P_i 为查找第 i 个记录的概率，且有：

$$\sum_{i=1}^{n} P_i = 1$$

C_i 为查找第 i 个记录所用的比较次数，不同的查找方法有不同的 C_i，而且其值相差很大。

掌握对查找算法的时间分析是本章学习的重点。查找过程中经常执行的操作是将记录的关键字和给定值作比较，查找过程也是对记录的检索过程。查找算法的执行时间可能会在很大的一个范围内浮动。以顺序结构的查找表为例，查找记录成功有多种可能情况：有可能表中的第一个记录恰恰就是要找的记录，于是只要比较一个记录就可以了，这是算法运行时间的最佳情况；如果表中最后一个记录才是要找的记录，此时要比较所有的记录，这是算法运行时间的最差情况；如果对应的记录是在表中的其他位置，就会发现，算法平均查找的记录是总的记录个数的一半，这是算法运行时间的平均情况。

一般来说，算法的最佳情况没有实际意义，因为它发生的概率很小，而且对条件的要求也很苛刻。而分析算法的最差情况可以知道算法的最差运行时间是否在算法设计的要求之内，这一点在实际应用中尤为重要。通常我们更希望知道算法运行的平均情况，它是算法运行的"典型"表现。查找是数据处理和软件设计最常用的，也是最消耗时间的一种操作。因此，选用一个好的查找方法会大大提高系统的运行效率和性能。

8.2 静态查找表

只能进行查找操作、不能进行插入和删除操作的查找表称为静态查找表。静态查找表通常是将数据元素（或记录）组织为一个线性表，其物理存储结构有顺序存储结构和链式存储结构两种，分别定义如下：

（1）顺序存储结构定义：

```
#define max_len 100              /* 定义线性表的最大长度 */
typedef struct
{
    KeyType key;                 /* 记录关键字域定义 */
    DataType data;               /* 记录信息域定义 */
}Record;                         /* 数据元素(记录)类型定义 */

typedef struct
{
    Record r[max_len];           /* r[0]元素为工作单元 */
    int length;                  /* 定义查找表长度 */
}seqTable;
```

（2）链式存储结构节点定义：

```
typedef struct NODE
{
    DataType data;               /* 节点的数据域 */
    struct NODE * next;          /* 下一个节点指针 */
}NodeType;
```

对应于静态表查找，分为顺序查找、二分查找和索引顺序查找 3 种。

8.2.1 顺序查找

1. 基本思想

顺序查找（Sequential Search）又称为线性查找，是一种最简单的查找方法。其基本思想是：用所给关键字值与线性表中各数据元素（记录）的关键字值逐个比较，直到成功或失败。顺序查找的查找具体过程为：从表中最后一个记录开始，逐个将记录的关键字值和给定值进行比较,若某个记录的关键字值和给定值相等,则查找成功,找到所查记录;反之,若一直找到第一个记录,其关键字值和给定值都不相等,则表明线性表中没有所查元素,查找不成功。

2. 算法实现

顺序查找的 C 语言程序如下:

【程序 8-1】

```
/* ===================================== */
/*     程序实例: 8-1.c                    */
/*     顺序查找的C语言程序                 */
/* ===================================== */
# include <stdio.h>
# define max_len 20
typedef struct
{
    int key;                    /* 假设关键字的数据类型为整型 */
    char data;                  /* 记录的信息域定义 */
}Record;

typedef struct
{
    Record r[max_len+1];        /* r[0]未存放记录 */
    int length;
}seqTable;

int SeqSearch(seqTable st, int k)
    /* 在顺序表 st 中顺序查找其关键字为 k 的元素,
      若找到,则函数值为该元素在表中的位置,否则为 0 */
{
    int i;
    st.r[0].key = k;
    i = st.length;
    while (st.r[i].key!= k) i-- ;
    return(i);
}

void main()
{
    seqTable st;
    int rec,k,i,len,ch;
    printf("输入查找表的长度: ");
    scanf(" %d",&len);
    st.length = len;
    printf("输入 %d 个记录的关键字值(用空格隔开): \n",len);
    for(i=1; i<= len; i++)
    {
        scanf(" %d",&ch);
        st.r[i].key = ch;
    }
    printf("输入要查找的元素: ");
    scanf(" %d",&k);
```

```
        rec = SeqSearch(st,k);
        if(rec == 0)
            printf("该元素不存在!\n");
        else
            printf("该元素在表中的位置为: % d\n",rec);
}
```

程序运行结果：

输入查找表的长度: 8(回车)
输入 8 个记录的关键字值(数据之间用空格隔开):
6 17 8 53 27 98 60 80 (回车)
输入要查找的元素: 53(回车)
该元素在表中的位置为: 4

若输入要查找的元素为 5,则会显示该元素不存在。

这个程序使用了一点小技巧,开始时将给定的关键字值 k 放入 st.r[0].key 中,然后从 n 开始倒着查,当某个 st.r[i].key＝k 时,表示查找成功,自然退出循环。若一直查不到,则直到 $i=0$,由于 st.r[0].key 必然等于 k,所以此时也能退出循环。由于 st.r[0] 起到"监视哨"的作用,所以在循环中不必控制下标 i 是否越界,这就使得运算量大约减少一半。

监视哨的作用:

(1) 省去判定循环中下标越界的条件,从而节约比较时间。

(2) 保存查找值的副本,查找时若遇到它,则表示查找不成功。这样在从后向前查找失败时,不必判查找表是否检测完,从而达到算法统一。

▲思考　请读者实现采用链式存储结构存储记录(或数据元素)时的顺序查找程序。

3. 性能分析

对于长度为 n 的查找表,查找第 i 个记录时需进行 $n-i+1$ 次比较,即 $C_i=n-i+1$。假设查找每个记录的概率相等,即 $P_i=1/n$,则顺序查找算法的平均查找长度为:

$$\text{ASL} = \sum_{i=1}^{n} P_i C_i = \frac{1}{n}\sum_{i=1}^{n}(n-i+1) = \frac{1}{2}(n+1)$$

这说明查找成功时的平均查找长度为 $(n+1)/2$。显然,查找不成功时,关键字的比较次数总是 $n+1$ 次。

算法中的基本工作就是关键字的比较,因此,查找长度的量级就是查找算法的时间复杂度,为 $O(n)$。

顺序查找的缺点是当 n 很大时,平均查找长度 ASL 较大,效率低;优点是使用面广,对查找表的存储结构没有要求,查找表可以是无序表,也可以是有序表。另外,对于线性链表,只能进行顺序查找。

8.2.2　二分查找

二分法查找(Binary Search)也叫折半查找,是一种效率较高的查找方法,但前提是查找表中元素必须按关键字有序(按关键字递增或递减)排列,并且其存储结构只能是顺序存储结构。

1. 基本思路

在有序查找表(假设为升序)中,先取表的中间记录的关键字值与给定关键字的值相比较,如果给定值比该记录的关键字值大,则要查找的记录一定在表的后半部分;若给定值比该记录的关键字值小,则要查找的记录一定在表的前半部分。每次将表的长度缩小一半之后,再从中间位置的记录开始比较,又可将表的长度缩小一半。依次反复进行,在最坏的情况下,当表长缩小为1时必然能找到;否则就表明找不到要查找的记录。

二分查找的具体查找过程为:

(1) 查找区域初始化为 low=1、high=length。其中,low 和 high 是两个位置指示器,分别指向当前查找表区域的第一个和最后一个记录。

(2) 对当前查找表区域做如下处理:

① 求当前区域的中间位置,语句为 mid=(low+high)/2,mid 为中间记录位置指示器。

② 将待查找记录的关键字值与 mid 指示的中间位置记录的关键字值相比较。若相等,查找结束,返回中间位置的值 mid;若大于该值,则将查找区域缩小至中间位置的右半区域,此时只要改变 low 值,使 low=mid+1,而 high 不变;若小于该值,则将查找区域缩小至中间位置的左半区域,此时只要改变 high 值,使 high=mid-1,low 不变。

③ 重复执行步骤②直至找到此记录,返回此记录的位置 mid;或者没有找到相应记录(此时 low>high),返回 0。

2. 二分查找举例

例 8.1 一组记录的关键字的有序顺序表为 5、12、16、20、24、28、31、35、36、42、46、50、58,在查找表中查找关键字为 12 和 23 的记录。

(1) 查找关键字为 12 的过程:

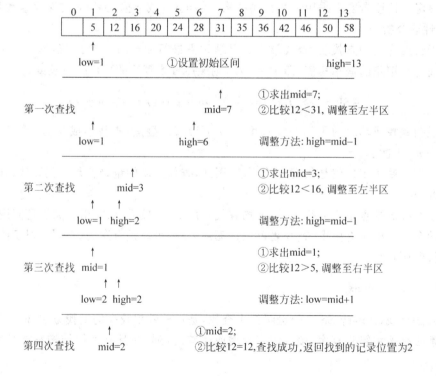

（2）查找关键字为 23 的过程：

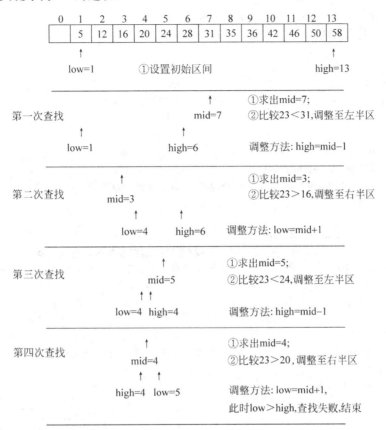

3．算法实现

二分查找的 C 语言程序如下：

【程序 8-2】

```
/* ============================================ */
/*     程序实例：8-2.c                           */
/*     二分查找的C语言程序                        */
/* ============================================ */
#include<stdio.h>
#define max_len 20
typedef struct
{
    int key;                   /* 假设关键字的数据类型为整型 */
    char data;                 /* 记录的信息域定义 */
}Record;
typedef struct
{
    Record r[max_len+1];       /* r[0]为工作单元 */
    int length;
}seqTable;
```

```
int BinarySearch(seqTable sq, int k)
    /* 在有序表 sq 中折半查找其关键字等于 k 的元素,
    若找到,则函数值为该元素在表中的位置 */
{
    int low,high,mid;
    low = 1;
    high = sq.length;                /* 设置初始查找区间 */
    while(low <= high)
    {
        mid = (low + high)/2;
        if(sq.r[mid].key < k)
            low = mid + 1;           /* 继续在右半区间进行查找 */
        else
        {
            if(sq.r[mid].key > k)
                high = mid - 1;      /* 未找到,则继续在左半区间进行查找 */
            else                     /* 等于待查的关键字,查找结束 */
                break;
        }
    }
    if(low > high)
        return (0);                  /* 查找不成功,返回 0 作为结束标志 */
    else
        return (mid);
}

void main()
{
    seqTable sq;
    int rec,k,i,len,ch;
    printf("输入查找表的长度: ");
    scanf(" %d",&len);
    sq.length = len;
    printf("输入 %d 个记录的关键字值(数据之间用空格隔开): \n",len);
    for(i = 1;i <= len;i++)
    {
        scanf(" %d",&ch);
        sq.r[i].key = ch;
    }
    printf("输入要查找的元素: ");
    scanf(" %d",&k);
    rec = BinarySearch(sq,k);
    if(rec == 0)
        printf("该查找表中没有这条记录!\n");
    else
        printf("该元素在表中的位置为 %d\n",rec);
}
```

程序运行结果：

若输入要查找的元素为 32,则会显示该查找表中没有这条记录。

4. 性能分析

通过以上查找步骤和查找举例可以看出,每次查找都是以查找表的中点位置的数据元素(或记录)与待排序的数据元素(或记录)进行比较,并以中间位置将表分割为左、右两个子表,对定位到的子表继续做同样的操作。所以,对表中每个数据元素(或记录)的查找过程,可用如图 8.1 所示的二叉判定树来描述。

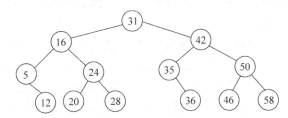

图 8.1 例 8.1 描述二分查找过程对应的二叉判定树

从图 8.1 可以看出,查找第一层的根节点 31,只需要比较一次;查找第二层的节点 16 和 42 需比较两次;查找第三层的节点 5、24、35、50 需比较三次;查找第四层的节点 12、20、28、36、46、58 需比较四次。

显然,二分查找法查找表中任一元素(记录)的过程是从根节点到与该数据元素(或记录)对应节点的路径,所需要的比较次数恰好是相应节点在二叉判定树中的层次数。对于 n 个节点的判定树,树的深度为 k,则有 $2^{k-1}-1<n\leqslant 2^k-1$,即 $k-1<\log_2(n+1)\leqslant k$,所以 $k=\lfloor\log_2 n\rfloor+1$。因此,二分查找在查找成功时,比较次数不会超过二叉判定树的深度 $k=\lfloor\log_2 n\rfloor+1$;查找成功的最佳情况是一次比较成功。

现以树的深度为 k 的满二叉树($n=2^k-1$)为例。假设表中每个元素的查找是等概率的,即 $P_i=1/n$,则树的第 i 层有 2^{i-1} 个节点。二分查找的平均查找长度为：

$$\text{ASL}=\sum_{i=1}^{n}P_iC_i=P_i\sum_{i=1}^{n}\text{第}\ i\ \text{层节点的个数}\times\text{该层节点层号}$$

$$=\frac{1}{n}\sum_{i=1}^{k}i\cdot 2^{i-1}=\log_2(n+1)-1$$

所以,二分查找的时间复杂度为 $O(\log_2 n)$。

二分查找的优点是效率高。但前提是记录的关键字必须按有序,而且必须是顺序存储结构,所以进行插入、删除操作必须移动大量的节点。二分查找适用于那种一经建立就很少改动,而又经常需要查找的线性表。但对需要频繁执行插入或删除操作的数据集来说,维护有序的排序会带来不小的工作量,这种情况下不建议使用。

8.2.3 索引顺序查找

1. 基本思想

索引顺序查找又称分块查找,它是顺序查找方法的一种改进方法,是介于顺序查找和二分法查找之间的一种折中查找方法。索引顺序查找要求将查找表分成若干个块(子表),要求块与块之间的元素(或记录)有序,分块有序指第二个子块中所有记录的关键字均大于第一子块中的最大关键字,第三子块中的所有记录关键字均大于第二子块中的最大关键字,以此类推,所以索引表一定是按关键字项有序排列的。而子块内元素可以是任意排序,即可以无序。并对各块建立索引表,查找表的每一块(子表)由索引表中的索引项确定。索引项包括两个字段:关键字字段(存放对应块中的最大关键字值)和指针字段(存放指向对应块的指针),并且要求索引项按关键字字段有序。查找时,先用给定值 K 在索引表中检测索引项,以确定所要进行的查找在查找表中的查找分块(由于索引项按关键字字段有序,可用顺序查找或二分查找),然后再对该分块进行顺序查找(因为块内无序)。若被查找表是有序表时,块内也可用二分查找。

索引顺序查找的思想应该说是很容易理解的,我们在整理书架时,通常都会考虑不同的层板放置不同类别的图书。例如,我家就是最上层放最不太常阅读的小说书,中层放经常用到的如育儿、菜谱、字典、词典等生活和工具用书,最下层放大开本比较重的计算机书。这是分块的概念,并且让它们块间有序了。至于上层中《水浒传》是应该放在《西游记》的左边还是右边,并不是很重要。毕竟要找小说《水浒传》,只需要对这一层的图书用眼睛扫过一遍就能很容易地找到。

2. 索引顺序查找举例

例 8.2 一组记录的关键字集合为:22、12、8、13、20、43、32、50、35、58、88、78、74、80、82,按关键字值 22、58、88 分为三块建立查找表。查找关键字值 $K=35$ 的记录。

根据索引顺序查找的定义,建立关键字集合的索引顺序查找结构,如图 8.2 所示。要查找关键字值 $K=35$ 的记录,先将 K 和索引表 3 个关键字进行比较,因为 22<35<58,则关键字为 35 的记录如果存在,必定在第二个子块中。再从第二个子块的第一个记录的位置序号 6 开始,按记录顺序查找,自第 6 个记录起按顺序查找至 10 个记录,每个记录的关键字和 K 比较,都不相等,则查找不成功。本例中,当 K 与位置序号为 9 的记录的关键字进行比较时,即可查到关键字为 35 的记录。

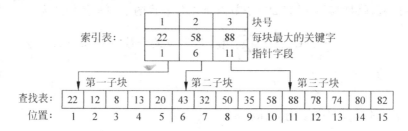

图 8.2 索引顺序查找结构示意图

3. 性能分析

索引顺序查找的平均查找长度由两个部分组成:$ASL=E_b+E_w$,E_b 为确定某一块所需的平均查找长度,E_w 为在块内的平均查找长度。假设线性表中共有 n 个数据元素,平均分成 b 块,每块 s 个元素,并假设查找各块概率相等,如果仅考虑成功的查找,则查找某一块的概率为 $1/b$。若在索引表内和块内查找均用顺序查找方法,则索引顺序查找的平均查找长度为:

$$ASL = E_b + E_w = (1/b)\sum_{j=1}^{b} j + (1/s)\sum_{i=1}^{s} i = (b+1)/2 + (s+1)/2 = (1/2)(n/s+s) + 1$$

可见,此时的平均查找长度不仅和表长 n 有关,而且和每一块中的元素个数 s 有关。在给定 n 的前提下,s 是可以选择的。容易证明,当 s 取 $\sqrt{n}$ 时,ASL 取最小值 $\sqrt{n+1}$。也就是说,如果要查找的线性表有 10 000 个数据元素,把它分成 100 个块,每块中 100 个元素,用索引顺序查找时平均需要做 101 次比较,用顺序查找平均需要 5000 次比较,用二分查找法则最多需要 14 次比较。由此可见,索引顺序查找的速度比顺序查找有了很大的改进,但远不及二分查找。索引顺序查找的速度比顺序查找要快得多,但又不如二分法查找。如果线性表元素个数很多,且被分成的块数 b 很大时,对索引表的查找可以采用二分法查找,还能进一步提高查找速度。

索引顺序查找的优点是:在线性表中插入或删除一个元素时,只要找到元素应属于的块,然后在块内进行插入和删除运算。由于块内元素的存放是任意的,所以插入和删除比较容易,不需要移动大量元素。

8.3 动态查找表

静态查找表一旦生成,所含记录在查找过程中一般是固定不变的,查找表本身的结构不会发生变化,查找算法一般是基于顺序存储结构,因此在插入和删除操作上,就需要耗费大量的时间。有没有一种即可以使得插入和删除效率不错,又可以比较高效率地实现查找算法呢?动态查找表就能实现,接下来我们将研究什么样的结构可以实现动态查找表的高效率。动态查找表在操作过程中,对表中的记录需要进行插入和删除操作,因此查找表结构可能发生变化。动态查找的这种特性要求采用灵活的存储结构来组织查找表中的记录,一般采用树形链表,因而动态查找表也称为树表查找,主要有二叉排序树、平衡二叉树和 B 树等。本节主要介绍二叉排序树查找。

8.3.1 二叉排序树定义

二叉排序树(Binary Sort Tree,BST)又称二叉查找树,是一种增加了限制条件的特殊二叉树,定义为:二叉排序树或者是一棵空树;或者是一棵具有如下性质的二叉树:

(1) 若它的左子树不空,则左子树上的所有节点的关键字均小于它的根节点的关键字;

(2) 若它的右子树不空,则右子树上的所有节点的关键字均大于它的根节点的关键字;

(3) 它的左子树、右子树分别也是二叉排序树。

显然,二叉排序树的定义是一个递归定义。如图 8.3 所示为一棵二叉排序树。

二叉排序树中任意节点的关键字大于其左子树上所有节点的关键字,且小于其右子树上的所有节点的关键字。这就给查找操作的实现提供了简洁的思路:在一棵以二叉链表为存储结构的二叉排序树中,找比某节点 K 小的节点,只需通过节点 K 的左指针到它的左子

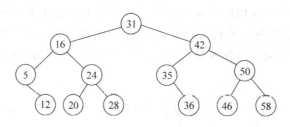

图 8.3　二叉排序树示例

树中去找；而要找比节点 K 大的节点，只需通过节点 K 的右指针到它的右子树中去找。

可以证明：若构造了一棵二叉排序树，则其中序遍历的序列是按节点关键字递增排序的有序序列。所以，对于任意序列的关键字构造一棵二叉排序树，实际就是对关键字进行排序，使之变成有序序列，如图 8.3 所示二叉排序树的中序遍历序列是 5,12,16,20,24,28, 31,35,36,42,46,50,58。

根据二叉排序树的特点，使用二叉链表作为其存储结构，其节点结构定义如下：

```
typedef struct Node                    /*二叉排序树节点结构*/
{
    KeyType key;                       /*关键字值*/

    struct node * lchild, * rchild;    /*左右指针*/

}BSTNode;
```

8.3.2　二叉排序树的插入和生成

1. 基本思路

对于任意一组关键字的节点序列，将一个关键字值为 key 的节点 s 插入到二叉排序树中，要保证插入后仍符合二叉排序树的定义。插入的关键是确定节点的插入位置，可以用下面的方法进行：

(1) 从空二叉树开始，读入的第一个节点作为二叉树的根节点。

(2) 从读入的第二个节点起，将读入节点的关键字和根节点的关键字进行比较：

① 读入节点的关键字等于根节点的关键字，则说明树中已有此节点，不作处理；

② 读入节点的关键字大于根节点的关键字，则将此节点插到根节点的右子树中；

③ 读入节点的关键字小于根节点的关键字，则将此节点插到根节点的左子树中；

④ 在子树中插入过程和前面的步骤①、②、③相同。

2. 二叉排序树插入和生成举例

例 8.3　设一组节点的关键字输入次序为：42、25、50、8、32、78。按二叉排序树的生成方法生成一棵二叉排序树。

按上述关键字输入次序生成的一棵二叉排序树的过程如图 8.4 所示。

构造一棵二叉排序树的目的，其实并不是为了排序，而是为了提高查找、插入和删除关键字的速度。无论如何，在一个有序数据集上的查找，速度总是要快于无序的数据集的，而二叉排序树这种非线性的结构，也有利于插入和删除的实现。

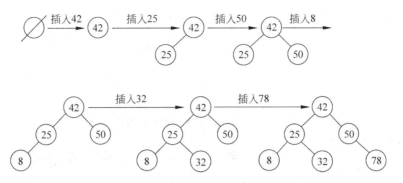

图 8.4　二叉排序树生成过程示意图

▲思考　生成二叉排序树时,为何要强调关键字的输入次序?

3. 插入和生成算法

从上例可以看出,生成二叉排序树的过程就是一个反复进行节点插入的过程,生成二叉树算法的核心就是调用插入函数。下面给出插入算法和生成算法,具体实现见 8.3.4 节的程序 8-3。

1) 二叉排序树的插入算法

二叉排序树的插入算法有递归和非递归两种方法,算法 8.1 是插入的非递归算法,插入的递归算法见程序 8-3 中的二叉排序树插入算法。

【算法 8.1】 二叉排序树插入非递归算法。

```
int InsertBST(BSTNode ** bst, int K)        /*在二叉排序树中插入关键字为K的记录*/
{
    BSTNode * f, * q, * s;
    s = (BSTNode * )malloc(sizeof(BSTNode));/*申请新的节点s*/
    s -> key = K;                           /*将K放入新申请的节点空间*/
    s -> lchild = NULL;                     /*左子树置空*/
    s -> rchild = NULL;                     /*右子树置空*/
    if ( * bst == NULL )                    /*二叉排序树为空,关键字为K的记录作为根节点*/
    {
        * bst = s;
        return 1;
    }
    f = NULL;
    q = * bst;
    while(q)
    {
        if (q -> key == K)                  /*K等于q所指的关键字,停止插入 */
            return 0;
        if(K < q -> key)                    /* K小于q所指的关键字,在q的左子树查找*/
        {
            f = q;
            q = q -> lchild;
        }
```

```
        else                  /* K 大于 q 所指的关键字,在 q 的右子树查找 */
        {
            f = q;
            q = q->rchild;
        }
    }
    if (K<f->key)             /* K 大于关键字 f,K 关键字代表的记录作为 f 左孩子 */
        f->lchild = s;
    else                      /* K 小于关键字 f,K 关键字代表的记录作为 f 右孩子 */
        f->rchild = s;
    return 1;
}
```

2) 二叉排序树的生成算法

假若给定一个元素序列,我们可以利用算法 8.1 创建一棵二叉排序树。首先,将二叉排序树初始化为一棵空树,然后逐个读入元素,每读入一个元素,就建立一个新的节点并插入到当前已生成的二叉排序树中,即调用上述二叉排序树的插入算法将新节点插入。生成二叉排序树的算法如下。

【算法 8.2】 二叉排序树生成算法(二叉排序树的生成算法就是多次调用插入算法)。

```
void CreateBST(BSTNode ** bst)        /* 从键盘输入记录的值,创建相应的二叉排序树 */
{
    int key;
    * bst = NULL;
    scanf(" % d", &key);
    while (key!= 0)                   /* 输入 0 时结束 */
    {
        InsertBST(bst, key);
        scanf(" % d", &key);
    }
}
```

8.3.3 二叉排序树的删除

从二叉排序树中删除一个节点,不能把以该节点为根的子树都删去,只能删掉该节点,并且还应保证删除后所得的二叉树仍然满足二叉排序树的性质不变。也就是说,在二叉排序树中删去一个节点相当于删去有序序列中的一个节点。

1. 删除的基本情形及其举例

删除操作前首先要进行查找,以确定被删节点是否在二叉排序树中。若不在,则不做任何操作;否则,假设要删的节点 P 由指针 p 所指,其双亲节点 F 由指针 f 所指,并假设节点 P 是节点 F 的左孩子(右孩子的情况类似)。被删节点 P 的左子树和右子树分别用 P_L 和 P_R 表示。下面分几种情况讨论如何删除该节点。

1) 删除的节点是叶子节点

若 P 节点为叶子节点,即 p->lchild 及 p->rchild 均为空,则由于删去叶子节点后不破坏整棵树的结构,因此,只需修改 P 节点的双亲节点指针即可:f->lchild(或 f->rchild)＝NULL,如图 8.5 所示。

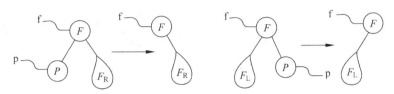

图 8.5 删除二叉排序树中的叶子节点

2) 删除的节点只有一棵子树

若 P 节点只有左子树或者只有右子树,此时只需用 P 的左子树或右子树的根节点取代 P 成为双亲 F 的左子树(或右子树),即令 f->lchild(或 f->rchild)＝p->lchild,或 f->lchild(或 f->rchild)＝p->rchild,如图 8.6 所示。

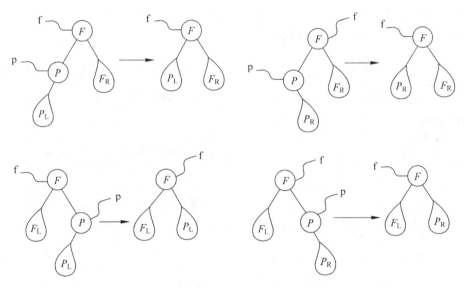

图 8.6 二叉排序树中只有左子树或只有右子树的节点的删除过程

3) 删除的节点有两棵子树(两种方法)

若 P 节点的左、右子树均不空,此时不能像上面那样简单处理,删除 P 节点时应考虑将 P 的左子树、右子树连接到适当的位置,并保证二叉排序树的特性。有两种方法:

(1) 首先找到 P 节点在中序序列中的直接前驱节点 S,可以证明,此时 S 肯定是没有右子树,否则就不是 P 的中序直接前驱节点。如图 8.7(b)所示,然后将 P 的左子树改为 F 的左子树,而将 P 的右子树改为 S 的右子树:f->lchild＝p->lchild;s->rchild＝p->rchild;free(p)(其中 s 为指向节点 S 的指针);结果如图 8.7(c)所示。

(2) 首先找到 P 节点在中序序列中的直接前驱 S 节点,如图 8.7(b)所示,然后用 S 节点的值替代 P 节点的值,再将 S 节点删除,原 S 节点的左子树改为 S 的双亲节点 Q 的右子树:p->data＝s->data;q->rchild＝s->lchild;free(s);结果如图 8.7(d)所示。

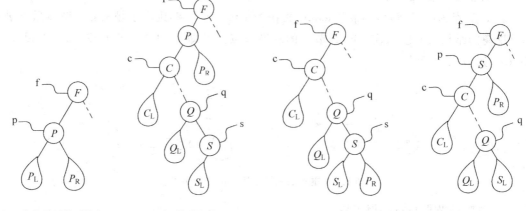

| (a) P左右子树均不为空 | (b) S为P的直接前驱 | (c) 将(b)中P的左子树改为F的左子树,将P的右子树改为S的右子树 | (d) 将(b)中P节点的值改为S节点的值,删除原S节点并将S的左子树改为Q的右子树 |

图 8.7　二叉排序树中既有左孩子又有右孩子的节点的删除过程

2. 删除算法

【算法 8.3】 二叉排序删除算法。

```
BSTNode * DelBST(BSTNode * t, int k)          /*在二叉排序树 t 中删去关键字为 k 的节点*/
{
    BSTNode * p, * f, * s , * q;
    p = t;
    f = NULL;
    while(p)                                    /*查找关键字为 k 的待删节点 p*/
    {
        if(p->key == k) break;                  /*找到则跳出循环*/
            f = p;                              /*f 指向 p 节点的双亲节点*/
        if(p->key > k)
            p = p->lchild;
        else
            p = p->rchild;
    }
    if(p == NULL) return t;                     /*若找不到,返回原来的二叉排序树*/
    if(p->lchild == NULL)                       /*p 无左子树*/
    {
        if(f == NULL)
            t = p->rchild;                      /*p 是原二叉排序树的根*/
        else
            if(f->lchild == p)                  /*p 是 f 的左孩子*/
                f->lchild = p->rchild ;         /*将 p 的右子树链到 f 的左链上*/
            else                                /*p 是 f 的右孩子*/
                f->rchild = p->rchild ;         /*将 p 的右子树链到 f 的右链上*/
        free(p);                                /*释放被删除的节点 p*/
    }
```

```
        else                              /* p 有左子树 */
        {
            q = p;
            s = p - > lchild;
            while(s - > rchild)           /* 在 p 的左子树中查找最右下节点 */
            {
                q = s;
                s = s - > rchild;
            }
            if(q == p)
                q - > lchild = s - > lchild;    /* 将 s 的左子树链到 q 上 */
            else
                q - > rchild = s - > lchild;
            p - > key = s - > key;         /* 将 s 的值赋给 p */
            free(s);
        }
        return t;
}
```

8.3.4 二叉排序树上的查找

1. 基本思路及举例

由二叉排序树的定义和二叉排序树的中序遍历结果可知,二叉排序树可看做是一个有序表,所以在二叉排序树上进行查找与折半查找类似,只不过是从根节点开始进行查找的,也是一个逐步缩小查找范围的过程。根据二叉排序树的特点,具体查找思路描述如下。

(1) 若二叉排序树为空,查找失败。

(2) 若二叉排序树非空,将待查关键字 Key 与根节点进行比较。

① 如果 Key 与根节点的关键字相等,查找成功,此时查找结束。

② 如果 Key 大于根节点关键字,则将根节点的右子树当作当前二叉排序树,转步骤(1)。

③ 如果 Key 小于根节点关键字,则将根节点的左子树当作当前二叉排序树,转步骤(1)。

显然,这是一个递归查找过程。由此得出,在二叉查找树中进行查找的过程为从根节点出发,沿着左分支或右分支递归进行查询,直至关键字等于给定值的节点;或者从根节点出发,沿着左分支或右分支递归进行查询直至子树为空树止。

例 8.4 在如图 8.8(a)所示二叉排序树中查找关键字为 32 的节点。

32 小于根节点关键字值 42,因而向它的左子树查找;32 大于左子树根节点的关键字的值 25,然后向右子树找;此时的右子树根节点关键字值为 32,与所找节点的值相同,查找成功。其过程如图 8.8 所示。

2. 查找算法

二叉排序树的查找算法分为递归和非递归两种,算法 8.4 为查找的非递归算法,二叉排序树查找的递归算法见程序 8-3 中二叉排序树的查找算法。

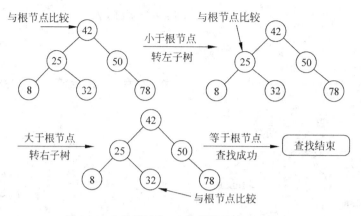

图 8.8 查找关键字 32 的节点的过程示意图

【算法 8.4】 二叉排序查找的非递归算法。

```
BSTNode * SearchBST(BSTNode * bst, int key)
/ *在根指针 bst 所指二叉排序树 bst 上,查找关键字等于 key 的节点,
若查找成功,返回指向该记录节点指针,否则返回空指针 * /
{
    BSTNode * q;
    q = bst;
    while(q)
    {
        if (q - > key = = key)
            return q;                    / * 查找成功 * /
        if (q - > key > key)
            q = q - > lchild;            / * 在左子树中查找 * /
        else
            q = q - > rchild;            / * 在右子树中查找 * /
    }
    return NULL;                         / * 查找失败 * /
}
```

至此,介绍了二叉排序树的插入、生成、删除及查找算法,现通过一个程序来应用这些算法。程序 8-3 是一个关于二叉排序树的各种算法的综合应用。

【程序 8-3】

```
/ * ================================= * /
/ *    程序实例: 8 - 3.c                  * /
/ *    二叉排序树的各种算法程序             * /
/ * ================================= * /
# include < stdio. h >
# include < malloc. h >
typedef struct node
{
    int key;                            / * 定义关键字,假定为整型 * /
    struct node * lchild, * rchild;      / * 左右指针 * /
```

```
}BSTNode;

void InsertBST(BSTNode ** bst, int key)
    /* 若在二叉排序树中不存在关键字等于 key 的记录,插入该记录 */
{
    BSTNode *s;
    if (* bst == NULL)                              /* 递归结束条件 */
    {
        s = (BSTNode * )malloc(sizeof(BSTNode));     /* 申请新的节点 s */
        s -> key = key;
        s -> lchild = NULL;
        s -> rchild = NULL;
         * bst = s;
    }
    else
        if (key<( * bst) -> key)
            InsertBST(&(( * bst) -> lchild), key);   /* 将 s 插入左子树 */
        else
            if (key > ( * bst) -> key)
                InsertBST(&(( * bst) -> rchild), key)/* 将 s 插入右子树 */
}


void CreateBST(BSTNode ** bst)                 /* 从键盘输入记录的值,创建相应的二叉排序树 */
{
    int key;
     * bst = NULL;
    scanf(" % d", &key);
    while (key!= 0)                              /* 输入 0 时结束 */
    {
        InsertBST(bst, key);
        scanf(" % d", &key);
    }
}


void inOrder(BSTNode * root)                    /* 中序遍历二叉树,root 为指向二叉树根节点的指针 */
{
    if (root!= NULL)
    {
        inOrder(root -> lchild);                     /* 中序遍历左子树 */
        printf(" % d ",root -> key);                 /* 输出节点 */
        inOrder(root -> rchild);                     /* 中序遍历右子树 */
    }
}


BSTNode * SearchBST(BSTNode * bst, int key)
    /* 在根指针 bst 所指二叉排序树中,递归查找某关键字等于 key 的记录,
    若查找成功,返回指向该记录节点指针,否则返回空指针 */
{
    if (!bst)
        return NULL;
```

```
        else
            if(bst->key == key)
                return bst;                                      /*查找成功*/
            else
                if(bst->key > key)
                    return SearchBST(bst->lchild, key);/*在左子树继续查找*/
                else
                    return SearchBST(bst->rchild, key);/*在右子树继续查找*/
}

BSTNode * DelBST(BSTNode * t, int k)                /*在二叉排序树 t 中删去关键字为 k 的节点*/
{
    BSTNode * p, * f, * s, * q;
    p = t;
    f = NULL;
    while(p)                                        /*查找关键字为 k 的待删节点 p*/
    {
        if(p->key == k) break;                      /*找到则跳出循环*/
        f = p;                                      /*f 指向 p 节点的双亲节点*/
        if(p->key > k)
            p = p->lchild;
        else
            p = p->rchild;
    }
    if(p == NULL) return t;                          /*若找不到,返回原来的二叉排序树*/
    if(p->lchild == NULL)                            /*p 无左子树*/
    {
        if(f == NULL)
            t = p->rchild;                           /*p 是原二叉排序树的根*/
        else
            if(f->lchild == p)                       /*p 是 f 的左孩子*/
                f->lchild = p->rchild ;              /*将 p 的右子树链到 f 的左链上*/
            else                                     /*p 是 f 的右孩子*/
                f->rchild = p->rchild ;              /*将 p 的右子树链到 f 的右链上*/
        free(p);                                     /*释放被删除的节点 p*/
    }
    else                                             /*p 有左子树*/
    {
        q = p;
        s = p->lchild;
        while(s->rchild)                             /*在 p 的左子树中查找最右下节点*/
        {
            q = s;
            s = s->rchild;
        }
        if(q == p)
            q->lchild = s->lchild ;                  /*将 s 的左子树链到 q 上*/
        else
            q->rchild = s->lchild;
        p->key = s->key;                             /*将 s 的值赋给 p*/
```

```
            free(s);
        }
        return t;
}


void main()
{
    BSTNode * T;
    int k,rec;
    BSTNode * result;
    printf("建立二叉排序树,请输入序列(输入 0 结束): \n");
    CreateBST(&T);
    printf("二叉排序树中序遍历序列为: \n");
    inOrder(T);
    printf("\n 请输入要查找的记录:");
    scanf(" % d",&k);
    result = SearchBST(T,k);
    if (result!= NULL)
    {
        printf("要查找的记录存在,值为 % d\n",result - >key);
        result = DelBST(T,k);
        printf("查找到的记录被删除后的中序序列: \n");
        inOrder(result);
    }
    else
        printf("该记录不存在!,只能进行插入操作");
    printf("\n 输入要插入的记录:");
    scanf(" % d",&rec);
    InsertBST(&T,rec);
    printf("插入记录后二叉排序树的中序序列: \n");
    inOrder(T);
}
```

程序运行结果:

```
建立二叉排序树,请输入序列(输入 0 结束): (回车)
17   6   43   12   123   26   34   40   8   90   45   0(回车)
二叉排序树中序遍历序列为:
6   8   12   17   26   34   40   43   45   90   123
输入要查找的记录: 123(回车)
要查找的记录存在,值为 123
查找到的记录被删除后的中序序列:
6   8   12   17   26   34   40   43   45   90
输入要插入的记录: 98(回车)
插入记录后二叉排序树的中序序列:
6   8   12   17   26   34   40   43   45   90   98
```

245

3. 性能分析

显然,在二叉排序树上进行查找,若查找成功,则是从根节点出发走了一条从根节点到待查节点的路径。若查找不成功,则是从根节点出发走了一条从根到某个叶子节点的路径。因此二叉排序树的查找与折半查找过程类似,在二叉排序树中查找一个记录时,其比较次数不超过树的深度。但是,对长度为 n 的表而言,无论其排列顺序如何,折半查找对应的判定树是唯一的,而含有 n 个节点的二叉排序树却是不唯一的。所以对于含有同样关键字序列的一组节点,节点插入的先后次序不同,所构成的二叉排序树的形态和深度也不同。

而二叉排序树的平均查找长度 ASL 与二叉排序树的形态有关,二叉排序树的各分支越均衡,树的深度越浅,其平均查找长度 ASL 越小。例如,图 8.9 为两棵二叉排序树,它们对应同一元素集合,但排列顺序不同,分别是(45,24,53,12,37,93)和(12,24,37,45,53,93)。假设每个元素的查找概率相等,则它们的平均查找长度分别为:

$$ASL_{(a)} = (1+2+2+3+3+3)/6 = 14/6 \quad ASL_{(b)} = (1+2+3+4+5+6)/6 = 21/6$$

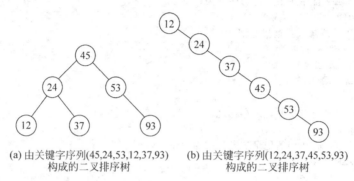

(a) 由关键字序列(45,24,53,12,37,93)
构成的二叉排序树

(b) 由关键字序列(12,24,37,45,53,93)
构成的二叉排序树

图 8.9 同一关键字集合对应的不同形态的二叉排序树

由此可见,在二叉排序树上进行查找时的平均查找长度与二叉排序树的形态有关。在最坏情况下,二叉排序树是通过把一个有序表的 n 个节点依次插入生成的,由此得到二叉排序树蜕化为一棵深度为 n 的单支树,它的平均查找长度和单链表上的顺序查找相同,也是 $(n+1)/2$。在最好情况下,二叉排序树在生成过程中,树的形态比较均匀,最终得到的是一棵形态与二分查找的判定树相似的二叉排序树,此时它的平均查找长度大约是 $\log_2 n$。若考虑把 n 个节点按各种可能的次序插入到二叉排序树中,则有 $n!$ 棵二叉排序树(其中有的形态相同)。可以证明,对这些二叉排序树的查找长度进行平均,得到的平均查找长度仍然是 $O(\log_2 n)$。

8.4 散 列 表

8.4.1 散列表与散列函数

前面讨论的各种结构(线性表、树等)中,记录在结构中的相对位置是随机的,各种查找方法是建立在给定值和记录关键字比较的基础上的。查找的效率依赖查找过程中所进行的比较次数。

理想的情况是不经过任何比较,通过计算就能直接得到记录所在的存储地址,散列查找(Hashed search)就是基于这一设计思想的一种查找方法。散列法亦称哈希(HASH)法、杂凑法或关键字地址计算法,它是一种重要的存储方式,又是一种查找方法。按散列法存储方式构造的动态查找表称为散列表（Hash table）。散列法查找的核心是散列函数（Hashed function），又称哈希函数。散列法查找的基本思想是：以记录中关键字的值 K 为自变量，通过确定的散列函数 H 进行计算，求出对应的函数值 $H(K)$，并把这个函数值作为关键字值为 K 的记录的存储地址，将该记录（或记录的关键字）存放在这个位置上，查找时仍按这个确定的散列函数 H 进行计算，获得的将是待查关键字所在记录的存储地址。这样，每个记录的关键字通过散列函数 H 计算都对应得到一个记录的存储地址：

$$\text{Addr}(i) = H(\text{第 } i \text{ 个记录的关键字 } K_i)$$

其中，H 为确定的散列函数；$\text{Addr}(i)$ 是计算得到的第 i 个记录的存储地址。

下面通过几个简单的例子来理解散列法查找即散列函数的含义。

例 8.5 设有 9 个记录组成的查找表，其关键字分别为 3、9、13、20、19、17、32、24、43。选取关键字与记录位置间的散列函数为：$H(\text{key}) = \text{key mod } 9$，则确定的散列表如图 8.10 所示。

位 置	0	1	2	3	4	5	6	7	8
关键字	9	19	20	3	13	32	24	43	17

图 8.10 散列函数 $H(\text{key}) = \text{key mod } 9$ 确定的散列表

此表建好后，就可根据此表查出任一关键字值的对应位置。例如，要查关键字为 20 的记录，利用 $H(\text{key}) = \text{key mod } 9$ 就可立即知道它的散列地址为 2。

然而，在很多情况下关键字的分布并不像例 8.5 中那样均匀、连续，而且其数量没有达到散列表地址区间不可承受的地步。在实际问题中，往往关键字值分布的范围很大，而可能出现的关键字个数却又不多。

例 8.6 创建一张全国各省人口统计表，以地区名为关键字，并且地区名以汉语拼音的字符串表示。此时则不能简单地取散列函数 $H(\text{key}) = \text{key}$，而是首先将它们转化为数字，有时还要做简单处理。

我们可以建立如下的两个散列函数：

(1) 取关键字中第一个字母在字母表中的序号作为散列函数，记为 H_1，例如，Beijing 的散列函数值为字母"B"在字母表中的序号，等于 2；Guangdong 的散列函数值为 7。

(2) 取关键字中第一个字母和最后一个字母在字母表中的序号之和与 30 的余数作为散列函数，记为 H_2，例如，Beijing 的散列函数值为 $(2+7)\%30 = 9$；Guangdong 的散列函数值为 $(7+7)\%30 = 14$。

按照上述两种不同的散列函数，人口统计表中部分关键字的散列函数值如图 8.11 所示。

Key	Beijing（北京）	Hunan（湖南）	Guangdong（广东）	Henan（河南）	Sichuan（四川）	Shanghai（上海）	Shanxi（陕西）	Hubei（湖北）
$H_1(\text{key})$	2	8	7	8	19	19	19	8
$H_2(\text{key})$	9	22	14	22	3	27	27	17

图 8.11 不同散列函数对应的函数值

从例 8.5 和例 8.6 可见：

(1) 散列函数是一个映像，因此散列函数的设定很灵活，只要使得任何关键字值由此所得的散列函数值都落在散列表地址区间允许的范围之内即可。

(2) 经过散列函数变换后，可能将不同的关键字映射到同一个散列地址上，即 $K_1 \neq K_2$，而 $H(K_1) = H(K_2)$，这种现象称为散列冲突(Collision)。具有相同函数值的关键字值称该散列函数的同义词。例如，对于散列函数 H_1，湖南、湖北、河南三个省的散列函数值相同，它们是 H_1 的同义词，三个关键字值对应的散列地址均为 8；四川、上海、陕西也为同义词，三个关键字值对应的散列地址均为 19。对于散列函数 H_2，湖南、河南是同义词；上海、陕西是同义词。由此可见，不同的散列函数产生冲突的可能性是不同的，并且散列函数选择合适可以减少冲突。对于此例而言，因为省份只有 30 多个，通过仔细分析这个 30 多个关键字值的特征，可以选择一个比较好的散列函数来避免冲突的发生。

冲突不是我们所希望的，好的散列函数应使散列地址均匀地分布在散列表的整个地址区间内，这样可以避免或减少发生冲突。然而，这并非是件容易做到的事。在一般情况下，冲突只能尽可能地减少，而不能完全避免，因为，通常关键字的值域往往比散列表的长度大的多，因此散列函数是一种压缩映射，冲突是难免的，问题在于一旦发生了冲突应如何处理。

综上所述，散列法查找归结为要解决以下两个问题：

(1) 如何设计较好的散列函数。一个好的散列函数应该计算简单(加快转换速度)；并且冲突较少，使散列函数结果值能均匀分布在散列表的地址空间中。

(2) 如何处理冲突。

8.4.2 散列函数的构造方法

构造散列函数的方法很多，这里介绍几种常用的方法。以下假设散列地址是自然数，关键字值为正整数。

1. 直接定址法

取关键字或关键字的某个线性函数值为散列地址，即：

$$H(\text{key}) = \text{key} \quad \text{或} \quad H(\text{key}) = a \cdot \text{key} + b \quad (a \text{、} b \text{为常数})$$

例如，一组有 6 个记录的序列，其关键字分别为 10、32、50、65、88、95，选取散列函数为 $H(\text{key}) = \text{key}/10$("/"表示整除)，则散列地址分布如图 8.12 所示。

0	1	2	3	4	5	6	7	8	9
	10		32		50	65		88	95

图 8.12　直接定址法求散列地址

直接定址法的特点是：散列函数简单，并且对于不同的关键字不会产生冲突。但在实际问题中，由于关键字集中的记录很少是连续的，用该方法产生的散列表会造成空间的大量浪费。因此，这种方法很少使用。

2. 除留余数法

取关键字被某个不大于散列表表长 m 的质数 p 除后所得余数为散列地址，即对关键字进行取余运算：

$$H(k) = k \% p \quad (p \leqslant m)$$

这是一种最简单也最常用的构造散列函数的方法。值得注意的是,在使用此种方法时,对 p 的选择很重要。若 p 选得不好,容易产生冲突。理论分析和试验结果均证明,p 应取小于表长 m 的最大素数,才能达到使散列函数值均匀分布的目的。例 8.5 所示即采用这种散列函数。

例如,设有 6 个记录,其关键字值分别为 10、32、50、65、83、91,表长 $m=8$,用除留余数法求记录的散列地址。因 $m=8$,故取 $p=7$,则:$H(10)=10\%7=3$、$H(32)=32\%7=4$、$H(50)=50\%7=1$、$H(65)=65\%7=2$、$H(83)=83\%7=6$、$H(91)=91\%7=0$,如图 8.13 所示。

0	1	2	3	4	5	6	7
91	50	65	10	32		83	

图 8.13　除留余数法求散列地址

除留余数法是一种简单而行之有效的构造散列函数的方法。

3. 数字分析法

设关键字集合中,每个关键字均由 m 位组成,每位上可能有 r 种不同的符号。数字分析法根据 r 种不同的符号在各位上的分布情况,选取某几位,组合成散列地址。所选的位应是各种符号在该位上出现的频率大致相同。

例如,有一组关键字 K_1、K_2、K_3、K_4、K_5、K_6、K_7、K_8 如下:

K_1	7 6 7 0 5 1 4
K_2	7 6 9 1 4 8 7
K_3	7 6 8 2 6 9 6
K_4	7 6 8 5 2 7 0
K_5	7 6 8 8 3 0 5
K_6	7 6 9 8 0 5 8
K_7	7 6 7 9 6 7 1
K_8	7 6 7 3 9 1 9
	① ② ③ ④ ⑤ ⑥ ⑦

第 1、2 位均是"7 和 6",第 3 位也只有"7、8、9",因此,这几位不能用,余下四位分布较均匀,可作为散列地址选用。若散列地址是两位,则可取这四位中的任意两位组合成散列地址,也可以取其中两位与其他两位叠加求和后,取低两位作为哈希地址。如取第 4 位和第 6 位可得到这 8 个记录的关键字对应的散列地址如图 8.14 所示(假设散列表长为 97)。

地　址	01	…	18	…	29	30	31	…	57	…	60	…	85	…	97
关键字	K_1		K_2		K_3		K_8		K_4		K_5		K_6		K_7

图 8.14　数字分析法得到的散列地址

数字分析法适用于关键字集中的集合,且关键字是事先知道的,分析工作可编一个简单的程序在计算机上实现,无须人工完成。

4. 平方取中法

若已知关键字为数字,但预先不一定能知道关键字的全部情况,用数字分析法难以确定哪几位分布比较均匀时,可以先求出关键字的平方,然后取其中若干位作为散列地址。这是一种较常用的构造方法。关键字平方后的结果与关键字中每一位都相关,故不同关键字产生不同散列地址的概率较高。

例如,设查找表的关键字长度为 4 位十进制,散列表长为 100,取关键字平方值的 4、5 位作为散列地址,如图 8.15 所示给出了部分关键字值及采用平方取中法得到的散列地址。

关 键 字	平 方 值	散列地址
1010	1020100	01
2113	4464769	47
2314	5354596	45
3101	9616201	62

图 8.15　平方取中法得到的散列地址

8.4.3　处理冲突的方法

发生冲突是指由关键字得到的散列地址的位置上已经存有记录。而"处理冲突"就是为该关键字的记录找到一个"空"的散列地址。在找空的散列地址时,可能还会产生冲突,这就需要再找"下一个"空的散列地址,直到不产生冲突为止。

1. 开放定址法

开放定址法又称再散列法。其基本思想是:当关键字 key 的散列地址 $p = H(key)$ 出现冲突时,以 p 为基础产生另一个散列地址 p_1,如果 p_1 仍然冲突,再以 p_1 为基础产生另一个散列地址 p_2……直到找出一个不冲突的散列地址 p_i,将相应记录存入其中。这种方法有一个通用的再散列函数形式:

$$H_i = (H(key) + d_i) \% m \quad (1 \leqslant i < m)$$

其中,$H(key)$ 为散列函数,d_i 为增量序列,m 为散列表长度。根据 d_i 的取值方式不同,开放定址法也不同,主要有以下 3 种方式:

(1) 线性探测法。线性探测法是开放定址法处理冲突的一种最简单的探查方法。它从发生冲突的 d 单元起,依次探查下一个单元(当达到下标为 $m-1$ 的表尾时,下一个探查单元是下标为 0 的表首单元),直到碰到一个空闲单元为止。这种方法的探查序列为 $d, d+1,$ $d+2$……或表示为:

$$(d+i) \% m \quad (0 \leqslant i \leqslant m-1)$$

当然,这里的 i 在最坏的情况下才能取值到 $m-1$,一般只需取很少几次值就能够找到一个空闲单元。找到一个空闲单元后,把发生冲突的待插入记录存入该单元即可。

例如,一组记录的关键字为 45、7、30、14、27、92、28、8、3,散列表表长为 11,散列函数为 $H(key) = key \bmod 11$,用线性探测法处理冲突,其最终的散列地址表如图 8.16 所示。

0	1	2	3	4	5	6	7	8	9	10
	45		14	92	27	28	7	30	8	3

图 8.16　线性探测处理冲突的散列表

本例中,关键字 45、7、30、14、27、92、28 均是由散列函数得到没有冲突的散列地址而直接存入的。

$H(8)=8$,散列地址冲突,需寻找下一个空的散列地址:

由 $H_1=(H(8)+1) \bmod 11=9$,散列地址 9 为空,将关键字 8 存入 9 号地址单元。

$H(3)=3$,散列地址冲突,由线性探测法处理冲突。

$H_1=(H(3)+1) \bmod 11=4$　　仍然冲突,由线性探测法处理冲突。

$H_2=(H(3)+2) \bmod 11=5$　　仍然冲突,由线性探测法处理冲突。

$H_3=(H(3)+3) \bmod 11=6$　　仍然冲突,由线性探测法处理冲突。

$H_4=(H(3)+4) \bmod 11=7$　　仍然冲突,由线性探测法处理冲突。

$H_5=(H(3)+5) \bmod 11=8$　　仍然冲突,由线性探测法处理冲突。

$H_6=(H(3)+6) \bmod 11=9$　　仍然冲突,由线性探测法处理冲突。

$H_7=(H(3)+7) \bmod 11=10$　　找到空的散列地址,关键字存入 10 号单元。

线性探测法可能使第 i 个散列地址的同义词存入第 $i+1$ 个散列地址,这样本应存入第 $i+1$ 个散列地址的元素变成了第 $i+2$ 个散列地址的同义词……因此,可能出现很多元素在相邻的散列地址上"堆积"起来,造成堆积(又称为"聚集")现象,大大降低了查找效率。为此,可采用二次探测法,或双散列函数探测法,以改善"堆积"问题。

(2) 二次探测法(平方探测法)。二次探测法的探查序列为 $d,d+1^2,d-1^2,d+2^2,d-2^2,\cdots,d-k^2,d+k^2$,或表示为:

$$(d \pm i^2) \% m \quad (0 \leqslant i \leqslant m/2)$$

二次探测法是一种较好的处理冲突的方法,它能够减少堆积现象的发生。它的缺点是不能探查到散列表上的所有单元,但至少能探查到一半单元。不过在实际应用中,能探查到一半单元也就足够了。若探查到一半单元仍找不到一个空闲单元,表明此散列表太满,应该重新建立。

例如,一组记录的关键字为 45、7、30、14、27、92、28、8、3,散列表表长为 11,散列函数为 $H(\text{key})=\text{key} \bmod 11$,用二次探测法处理冲突,其最终的散列地址表如图 8.17 所示。

0	1	2	3	4	5	6	7	8	9	10
	45	3	14	92	27	28	7	30	8	

图 8.17　线性探测处理冲突的散列表

关键字 45、7、30、14、27、92、28 均是由散列函数得到没有冲突的散列地址而直接存入的。

$H(8)=8$,散列地址冲突,需寻找下一个空的散列地址:

由 $H_1=(H(8)+1^2) \bmod 11=9$,散列地址 9 为空,将关键字 8 存入 9 号地址单元。

$H(3)=3$,散列地址冲突,由二次探测法处理冲突。

$$H_1 = (H(3) + 1^2) \bmod 11 = 4 \qquad \text{仍然冲突,由二次探测法处理冲突。}$$

$$H_2 = (H(3) - 1^2) \bmod 11 = 2 \qquad \text{找到空的散列地址,关键字存入 2 号单元。}$$

(3) 双散列函数探测法。这种方法是同时构造多个不同的散列函数:

$$H_i = \text{ReH}_i(\text{key}) \quad (1 \leqslant i \leqslant k)$$

当散列地址 $H_i = \text{ReH}_1(\text{key})$ 发生冲突时,再计算 $H_i = \text{ReH}_2(\text{key})\cdots\cdots$直到冲突不再产生。这种方法不易产生聚集,但增加了计算时间。

2. 拉链法(链地址法)

拉链法(又叫链地址法)就是将所有关键字为同义词的记录组成一个链表,并将其链表的头节点指针挂接在相应的散列地址所指示的地址单元中。单链表中的节点可以是静态节点也可以是动态节点,相应的链接法被称为静态链接法和动态链接法。

假设某散列函数产生的散列地址在区间[0,$m-1$]上,则设立一个含有 m 个记录的指针数组 element * linkhash[m];其中 element 为记录类型,每个指针初始化为空。凡散列地址为 i 的记录都插入到头指针为 linkhash[i]的链表中。在链表中的插入位置可以在表头或表尾,也可以在中间,以保持同义词在同一线性链表中按关键字有序。

例如,一组记录的关键字为 42、7、30、14、25、92、28、8、3,散列表表长为 11,散列函数为 $H(\text{key}) = \text{key} \bmod 11$,用拉链法处理冲突,其最终结果如图 8.18 所示。

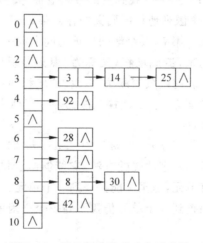

图 8.18　链地址法处理冲突示意图

3. 建立一个公共溢出区

这种方法的基本思想是将散列表分为基本表和溢出表两部分,凡是与基本表发生冲突的元素一律填入溢出表。

8.4.4　散列表的查找及分析

1. 基本思想及查找举例

散列查找是一种基于计算式的查找,其查找过程与散列表的创建过程是一致的。查找过程描述如下:

(1) 根据待查关键字 key,求散列地址 $p = H(\text{key})$。

(2) 若地址 p 中未存放任何记录,说明待查记录不存在,此时查找结束,返回查找失败信息；若地址 p 中存在记录，且关键字值等于 key，则查找成功；否则说明产生了冲突，需进行冲突处理，转步骤（3）。

（3）冲突处理按以下方式进行：

① 设置冲突处理次数 K，并初始化为 1。

② 根据冲突处理方法，求出下一个散列地址 p_k，若地址 p_k 中未存放任何记录，说明待查记录不存在，此时查找结束，返回查找失败信息；若地址 p_k 中存在记录，且关键字值等于key，则查找成功；否则说明产生了冲突，需继续进行冲突处理，转下一步。

③ 冲突次数 k 加 1，转步骤②。

例如，一组记录的关键字为 42、7、30、14、25、92、28、8、3，散列表表长为 11，散列函数为 $H(\text{key})=\text{key mod } 11$，用线性探测法处理冲突，其散列地址表如图 8.19 所示。

0	1	2	3	4	5	6	7	8	9	10
3			14	25	92	28	7	30	42	8

图 8.19　线性探测处理冲突的散列地址示意图

当查找关键字 key=8 时，查找过程如下：先根据散列函数求出散列地址 $p=8\%11=8$，第 8 号单元非空且关键字的值不等于 key，说明有可能产生冲突；根据冲突处理函数（此处为线性探测法）求得下一个散列地址 $p_1=(8+1)\%11=9$，第 9 号单元非空且关键字的值不等于 key，说明有可能产生冲突；根据冲突处理函数（此处为线性探测法）求得下一个散列地址 $p_2=(8+2)\%11=10$，此时第 10 号单元非空且关键字的值等于 key，查找成功并结束查找过程。

2. 算法实现

下面以除留余数法分配空间，以线性探测处理冲突，给出散列表查找的 C 语言程序。

【程序 8-4】

```
/* ========================================= */
/*      程序实例：8-4.c                        */
/*      散列表查找完整程序                       */
/* ========================================= */
#include<stdio.h>
#include<malloc.h>
typedef struct
{
    int key;                    /*记录的关键字域设为整型*/
    char data;                  /*数据元素信息域定义 */
}Record;

int hp(int m)                   /*求小于等于 m 的质数 p*/
{
    int i,p,flag;
    for(p=m;p>=2;p--)
    {
        for(i=2,flag=1;i<=p/2&&flag;i++)
```

```
            if(p % i == 0) flag = 0;
        if(flag == 1) break;
    }
    return p;
}


int hi(int key, int p)
{
    return key % p;                          /* 除留余数 */
}

void inputdata(Record ** r, int n)           /* 动态创建序列 */
{
    int i;
    ( * r) = (Record * )malloc(n * sizeof(Record));
    printf("请输入 % d 个待散列的数据: \n", n);
    for(i = 0; i < n; i++)
        scanf(" % d", &(( * r)[i].key));
}


void createhashtable(Record ** ht, Record * r, int n, int m, int p)
{
    int i, j;                                /* 通过除留余数法分配序列地址 */
    ( * ht) = (Record * )malloc(m * sizeof(Record));
    for(i = 0; i < m; i++)
        ( * ht)[i].key = 0;                  /* 存放关键字的数组初始化 */
    for(i = 0; i < n; i++)
    {
        j = hi(r[i].key, p);                 /* 以除留余数法得到 r[i].key 的地址 */
        while(( * ht)[j].key!= 0)            /* 线性探测法解决冲突 */
            j = (j + 1) % m;
        ( * ht)[j].key = r[i].key;
    }
}


int search(Record * ht, int key, int p, int * k)  /* 散列表的查找 */
{
    int i;
    * k = 1;
    i = hi(key, p);
    while(ht[i].key!= 0&&ht[i].key!= key)    /* 地址中有记录关键字但不等于待查关键字 */
    {
        i++;
        ++ * k;                              /* 比较次数加 1 */
    }
    if(ht[i].key == 0)                       /* 地址中无记录关键字,查找失败 */
        return - 1;
    else
        return i;               /* 地址中有记录关键字且等于待查关键字,查找成功,返回其地址 */
}
```

```
main()
{
    Record * r, * ht;
    int key,i,n,m,p,k;
    char ch;
    printf("\n输入记录个数 n 和散列表长度 m(n<=m): ");
    scanf(" % d % d",&n,&m);
    inputdata(&r,n);
    p = hp(m);                              /＊确定小于散列表长 m 的质数 p＊/
    printf("这个小于表长的质数是: % d",p);
    createhashtable(&ht,r,n,m,p);            /＊建立散列表＊/
    printf("\n得到的散列表为: ");
    printf("\n 位  置");
    for(i = 0;i < m;i++)
        printf(" % 5d",i);
    printf("\n 关键字");
    for(i = 0;i < m;i++)
        printf(" % 5d",ht[i].key);
    do{
        printf("\n 输入要查找的记录的关键字: "); /＊输入查找元素＊/
        scanf(" % d",&key);
        i = search(ht,key,p,&k);
        if(i!= - 1)
        {
            printf("查找成功,位置是: % d",i);    /＊输出查找成功的位置＊/
            printf("\n 比较次数是: % d\n",k);
        }
        else
        {
            printf("查找失败");
            printf("\n 比较次数是: % d\n",k);
        }
        ch = getchar();
    }while(ch == 'y'||ch == 'Y');                /＊是否继续?＊/
}
```

程序运行结果:

```
输入记录个数 n 和散列表长度 m(n<=m): 7 9(回车)
请输入 7 个待散列的数据:
14  21  50  24  36  68  80
这个小于表长的质数是: 7
得到的散列表为:
位  置  0  1  2  3  4  5  6  7  8
关键字 14  21  50  24  36  68  80  0  0
输入要查找的记录的关键字: 36(回车)
查找成功,位置是: 4
比较次数是: 4
```

若输入待查找记录的关键字为 37,则显示:

查找失败
比较次数是:6

3. 性能分析

虽然散列查找是一种基于计算式的查找方法,由于冲突的存在,散列法仍需进行关键字比较,因此仍需用平均查找长度来评价散列法的查找性能。散列法中影响关键字比较次数的因素有三个:散列函数、处理冲突的方法以及散列表的装填因子。散列表的装填因子 α 的定义如下:

$$\alpha = 表中已有的记录数/表的长度$$

α 可描述散列表的装满程度。显然,α 越小,发生冲突的可能性越小;而 α 越大,发生冲突的可能性也越大。假定散列函数是均匀的,则影响平均查找长度的因素只剩下两个:处理冲突的方法以及 α。以下按处理冲突的不同方法分别列出相应的平均查找长度。

(1)线性探测法处理冲突。

查找成功时的平均查找长度:$ASL \approx (1+1/(1-\alpha))/2$

查找失败时的平均查找长度:$ASL \approx (1+1/(1-\alpha)^2)/2$

(2)二次探测处理冲突,双散列函数处理冲突。

查找成功时的平均查找长度:$ASL \approx -(1/\alpha)\ln(1-\alpha)$

查找失败时的平均查找长度:$ASL \approx 1/(1-\alpha)$

(3)拉链法中平均查找长度。

查找成功时的平均查找长度:$ASL \approx 1+\alpha/2$

查找失败时的平均查找长度:$ASL \approx \alpha+e^{-\alpha}$

由上式可见,散列法的平均查找长度是装填因子的函数,不直接依赖于表长 n。这样一来,我们总可以选择一个适当的装填因子,以便将平均查找长度限定在一个范围内。

上 机 实 训

查找

1. 实验目的

(1)掌握查找的不同方法,并能用高级语言实现查找算法;

(2)熟练掌握二叉排序树的构造和查找方法;

(3)了解静态查找表及哈希表查找方法。

2. 实验内容

设计一个算法读入一串整数,然后构造二叉排序树,进行查找。

3. 实验步骤

(1)从空的二叉树开始,每输入一个节点数据,就建立一个新节点插入到当前已生成的二叉排序树中;

(2)在二叉排序树中查找某一节点;

（3）用其他查找算法进行排序（课后自己完成）。

4. 实现提示

```
typedef struct Node                                    /*二叉排序树节点结构*/
{
    KeyType key;                                       /*关键字值*/
    struct node * lchild, * rchild;                    /*左右指针*/
}BSTNode;

void InsertBST(BSTNode ** bst, int key)
    /*若在二叉排序树中不存在关键字等于key的记录,插入该记录*/
{
    BSTNode * s;
    if ( * bst == NULL)                                /*递归结束条件*/
    {
        s = (BSTNode * )malloc(sizeof(BSTNode));       /*申请新的节点s*/
        s -> key = key;
        s -> lchild = NULL;
        s -> rchild = NULL;
        * bst = s;
    }
    else
        if(key<( * bst) -> key)
            InsertBST(&(( * bst) -> lchild), key);      /*将s插入左子树*/
        else
            if(key>( * bst) -> key)
                InsertBST(&(( * bst) -> rchild), key);  /*将s插入右子树*/
}


void CreateBST(BSTNode ** bst)              /*从键盘输入记录的值,创建相应的二叉排序树*/
{
    int key;
    * bst = NULL;
    scanf("%d", &key);
    while (key!= 0)                                     /*输入0时结束*/
    {
        InsertBST(bst, key);
        scanf("%d", &key);
    }
}
BSTNode * SearchBST(BSTNode * bst, int key)
    /*在根指针bst所指二叉排序树中,递归查找某关键字等于key的记录,
    若查找成功,返回指向该记录节点指针,否则返回空指针*/
{
    if (!bst)
        return NULL;
    else
```

```
        if (bst -> key == key)
            return bst;                              /* 查找成功 */
        else
            if (bst -> key > key)
                return SearchBST(bst -> lchild, key); /* 在左子树继续查找 */
            else
                return SearchBST(bst -> rchild, key); /* 在右子树继续查找 */
}
```

5. 思考与提高

(1) 用其他的查找方法完成该算法。

(2) 比较各种算法的时间及空间复杂度。

习　　题

1. 名词解释

(1) 查找;

(2) 散列函数;

(3) 冲突;

(4) 平衡因子。

2. 判断题(下列各题,正确的请在前面的括号内打√;错误的打×)

(　　)(1) 二分查找法要求待查表的关键字的值必须有序。

(　　)(2) 散列法是一种将关键字转换为存储地址的存储方法。

(　　)(3) 在二叉排序树中,根节点的值都小于孩子节点的值。

(　　)(4) 对有序表而言,采用二分查找总比采用顺序查找法速度快。

(　　)(5) 二叉排序树是一种特殊的线性表。

(　　)(6) 散列表的查找效率主要取决于散列表构造时选取的散列函数和处理冲突的方法。

(　　)(7) 一般来说,用散列函数得到的地址,冲突不可能避免,只能尽可能减少。

(　　)(8) 对于满足二分查找和索引顺序查找条件的文件而言,无论它存放在何种介质上,均能进行顺序查找、折半查找和索引顺序查找。

3. 填空题

(1) 顺序查找法,表中元素可以_____存放,其平均查找长度为_____。

(2) 二分查找法,表中元素必须按_____存放。

(3) 二分查找的存储结构仅限于_____,且是_____的。

(4) 在索引顺序查找方法中,首先查找_____,然后再查找相应的_____。

(5) 在索引顺序查找方法中,表中每块内的元素可以_____;块与块之间必须按_____存放。

(6) 在散列函数 $H(\text{key}) = \text{key} \% P$ 中,P 一般应取_____。

(7) 散列表是按_____存储方式构造的存储结构。

(8) 散列法既是一种存储方法,又是一种_____方法。

(9) 散列查找是按键值的_____值确定散列表中的位置,然后进行存储或查找。

(10) 散列函数一般是_____对一的函数。

(11) 理想情况下,在散列表中查找一个元素的时间复杂度为_____。

(12) 处理冲突的两类主要方法是_____和_____。

(13) 顺序查找、二分查找、索引顺序查找都属于_____查找。

(14) 在查找过程中有插入元素或删除元素操作的,称为_____。

(15) 二叉排序树是一种_____查找表。

(16) 用来标识数据元素(或记录)的数据项称为_____。

(17) 二叉排序树中任意节点的关键字值_____于其左子树中各节点的关键字值;_____于其右子树中各节点的关键字值。

(18) 各节点左右子树深度之差的绝对值至多为_____的二叉树称为平衡二叉树。

4. 单项选择题

(1) 查找表是以( )为查找结构的。
    A. 集合   B. 图   C. 树   D. 文件

(2) 顺序查找法适合于存储结构为( )的线性表。
    A. 散列存储   B. 顺序存储或链接存储
    C. 压缩存储   D. 索引存储

(3) 对线性表进行二分查找时,要求线性表必须( )。
    A. 以顺序方式存储
    B. 以链接方式存储,且节点按关键字有序排序
    C. 以链接方式存储
    D. 以顺序方式存储,且节点按关键字有序排序

(4) 采用顺序查找方法查找长度为 n 的线性表时,每个元素的平均查找长度为( )。
    A. n B. $n/2$ C. $(n+1)/2$ D. $(n-1)/2$

(5) 采用二分查找方法查找长度为 n 的线性表时,每个元素的平均查找长度为( )。
    A. $O(n^2)$ B. $O(n\log_2 n)$ C. $O(n)$ D. $O(\log_2 n)$

(6) 有 1 个有序表为{1,3,9,12,32,41,45,62,75,77,82,95,100},当二分查找值为 82 的节点时,( )次比较后查找成功。
    A. 2   B. 3   C. 4   D. 5

(7) 设散列表长 $m=14$,散列函数 $H(\text{key})=\text{key}\%11$。表中已有 4 个节点:
    addr(15)=4
    addr(38)=5
    addr(61)=6
    addr(84)=7
其余地址为空。如用二次探测再散列处理冲突,关键字为 49 的节点的地址是( )。
    A. 8   B. 3   C. 5   D. 9

(8) 有一个长度为 12 的有序表,按二分查找法对该表进行查找,在表内各元素等概率情况下查找成功所需的平均比较次数为( )。

A. 35/12   B. 37/12   C. 39/12   D. 43/12

（9）如果要求一个线性表既能较快地查找，又能适应动态变化的要求，可以采用（　　）查找方法。

A. 分块   B. 顺序   C. 二分   D. 散列

（10）采用索引顺序查找时，若线性表共有625个元素，查找每个元素的概率相等，假设采用顺序查找来确定节点所在的块时，每块分（　　）个节点最佳。

A. 6   B. 10   C. 25   D. 625

（11）100个元素采用二分查找时，最大的比较次数是（　　）。

A. 25   B. 50   C. 7   D. 10

（12）衡量查找算法效率的主要标准是（　　）。

A. 元素个数   B. 平均查找长度   C. 所需的存储量   D. 算法难易程度

5. 简答和应用题

（1）对于给定节点的关键字集合 $K=\{5,7,3,1,9,6,4,8,2,10\}$：

① 试构造一棵二叉排序树；

② 求等概率情况下的平均查找长度 ASL。

（2）对于给定节点的关键字集合 $K=\{10,18,3,5,19,2,4,9,7,15\}$：

① 试构造一棵二叉排序树；

② 求等概率情况下的平均查找长度 ASL。

（3）对于给定节点的数据集合 $D=\{1,12,5,8,3,10,7,13,9\}$：

① 依次取出 D 中各数据，构成一棵二叉排序树 BT。

② 如何依据此二叉树得到 D 的有序序列？

③ 在二叉排序树 BT 中删除"12"后的树的结构。

（4）给定节点的关键字序列为：19,14,23,1,68,20,84,27,55,11,10,79。设散列表的长度为13，散列函数为：$H(K)=K \bmod 13$。

① 试画出线性探测再散列解决冲突时所构造的散列表；

0	1	2	3	4	5	6	7	8	9	10	11	12

② 试画出链地址法解决冲突时所构造的散列表，并求出其平均查找长度。

（5）将数据序列 25、73、62、191、325、138 依次插入如下所示的二叉排序树中，并画出最后的结果。

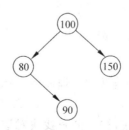

6. 算法设计题

（1）设单链表的节点是按关键字从小到大排列的，试写出对此链表的查找算法，并说明是否可以采用折半查找。

（2）试设计一个在用开放定址法解决冲突的散列表上删除一个指定节点的算法。

（3）设给定的散列表存储空间为 $H[1-m]$，每个单元可存放一个记录，$H[i]$ 的初始值为零，选取散列函数为 $H(R \cdot key)$，其中 key 为记录 R 的关键字，解决冲突的方法为线性探测法。编写一个函数将某记录 R 填入到散列表 H 中。

第 9 章　排　序

本章内容概要:

　　排序是数据处理中使用频率很高的一种操作,排序的目的之一就是方便数据的查找,是数据查找之前需要进行的一项基础性操作,是计算机程序设计中经常使用的一种运算,也是非常耗时的一项工作。操作系统中,队列与排序结合处理进程调度,因此,研究和掌握各种排序方法是非常必要的。排序分为内部排序与外部排序。本章将介绍几种常用的内部排序方法:插入排序、交换排序、选择排序、归并排序以及各种排序方法的比较。

9.1　基　本　概　念

　　排序(Sorting)是计算机程序设计中的一种重要操作。它的功能是将一组任意序列的数据元素(或记录)重新排列成一个按指定关键字排序的有序序列。排序时我们生活中经常面对的问题,比如同学们做操时会按照从矮到高排列;老师查看上课出勤情况时,会按学生学号顺序点名;高考录取时,会按总分降序依次录取等。排序的方法很多,本章只介绍一些常用的排序方法及实现算法。

　　排序(Sorting):假设含有 n 个记录的序列为 $\{R_1, R_2, \cdots, R_n\}$,其相应关键字的序列为 $\{K_1, K_2, \cdots, K_n\}$,需确定当前下标序列为 $1, 2, \cdots, n$ 的一种排列 $p_1, p_2, \cdots, p_n$,使其相应的关键字满足 $Kp_1 \leqslant Kp_2 \leqslant \cdots \leqslant Kp_n$(非递减或非递增)关系,即使得 n 个记录的无序序列成为一个新的按关键字有序的序列:$\{Rp_1, Rp_2, \cdots, Rp_n\}$。这样一种操作过程称为排序。

　　排序的基本操作:排序过程中有两种基本操作,一是比较两个关键字值的大小;二是根据比较结果,移动记录的位置。

　　对关键字排序的原则:对关键字进行排序有三个原则,当关键字值为数值型的,则按键值大小为依据;当关键字值为 ASCII 码,则按键值的内码编排顺序为依据;当关键字值为汉字字符串类型,则大多以汉字拼音的字典次序为依据。

　　稳定排序和不稳定排序:假定待排序的序列中存在多个记录具有相同的键值。若经过排序,这些记录的相对次序仍然保持不变,即对任意两个键值相同的记录在无序序列中 $K_i = K_j$,且 $i < j$,而在排序后的序列中 R_i 仍在 R_j 之前,则称这种排序方法是稳定的,否则称为不稳定的。例如,一组记录对应的关键字序列为(2,16,30,8,6,8),可以看出,关键字 8 的记录有两个(第二个加下画线以示区别)。若采用一种排序方法得到结果序列(2,6,8,8,16,30),那么这种排序方法是稳定的;若采用另一种排序方法得到结果序列(2,6,8,8,16,30),那么这种排序方法是不稳定的。

　　待排序记录的存储方式:待排序的元素有数组结构、链表结构和记录数组与地址数组相结合三种存储方式。

（1）数组结构：待排序记录存放在地址连续的一组存储单元上，类似于线性表的顺序存储。这种存储方式中，元素的次序关系由其存储位置决定，所以对基于这种存储结构的记录进行排序，排序过程中必须移动记录。

（2）链表结构：待排序记录存放在静态链表中。在这种方式中，元素的次序关系由指针来指示，所以对基于这种存储结构的记录进行排序，排序过程中只需修改指针，无须移动记录。

（3）记录数组与地址数组相结合：待排序记录存放在一组地址连续的存储单元，同时另设一个指示各个记录存储位置的地址数组。在这种存储方式下对记录进行排序，在排序过程中无须移动记录本身，只修改地址数组中所存放记录的地址，在排序结束后，再按照地址数组中的值调整记录的存储位置。

内部排序：整个排序过程都在内存进行，不需要访问外部存储器的排序。

外部排序：待排序的元素量较大，以致内存不能一次容纳全部记录，在排序过程中需要对外部存储器进行访问的排序。本书不讨论外部排序。

本书只研究内部排序，对于内部排序而言，排序算法的性能主要受3个方面的影响：

（1）时间性能：排序是数据处理中经常执行的一种操作，往往属于系统的核心部分，因此排序算法的时间开销是衡量其好坏的最重要的标志。在内部排序中，主要进行两种操作：比较和移动。比较是指关键字之间的比较，这是排序要做的最起码的操作。移动指记录从一个位置移动到另一个位置，事实上，移动可以通过改变记录的存储方式来予以避免。总之，高效率的内部排序算法应该是具有尽可能少的关键字比较次数和尽可能少的记录移动次数。

（2）辅助空间：评价排序算法的另一个主要标准是执行算法所需要的辅助存储空间。辅助存储空间是除了存放待排序所占用的存储空间外，执行算法所需要的其他存储空间。

（3）算法的复杂性：这里所指的算法复杂性，不是指算法的时间复杂度，而是指算法本身的复杂度。过于复杂的算法也会影响排序的性能。

我们接下来要研究的插入排序、交换排序、选择排序和快速排序等内部排序方法都是比较成熟的排序技术，已经广泛应用于许多程序设计语言或数据库当中，在很多软件开发平台上甚至都已经封装了关于排序算法的实现代码，只需要调用相应的排序函数即可实现我们所期望的功能。因此，我们学习这些排序算法的目的更多并不是为了去在现实中编程排序算法，而是通过学习来提高我们编写算法的能力，以便于去解决更多复杂和灵活的应用性问题。

9.2 插 入 排 序

插入排序（Insertion Sort）的基本思想是：每次将一个待排序的记录，按其关键字的大小插入到前面已经排好序的有序序列中的适当位置上，直到全部记录插入完成为止。

根据具体插入方法的不同，插入排序可分为好几种，本节介绍其中三种插入排序方法：直接插入排序、二分插入排序和希尔排序。

9.2.1 直接插入排序

1. 基本思想

直接插入排序(Straight Insertion Sort)是一种最简单的排序方法,它的基本思想是依次将记录序列中的每一个记录插入到已排好序的有序序列中,使有序序列的长度不断地扩大。具体实现过程是将第 i 个记录的关键字 K_i 依次与其前面已经排好序的 $i-1$ 个记录的关键字 $K_{i-1}, K_{i-2}, \cdots, K_1$ 进行比较,再将所有关键字大于 K_i 的记录依次向后移动一个位置,直到遇见一个关键字小于或者等于 K_i 的记录 $K_j(j<i)$,此时 K_j 后面必为空位置,将第 i 个记录插入此空位置即可。

在具体操作时,直接插入排序的过程是从 $i=2$ 开始的,即首先将待排序记录序列中的第一个记录作为一个有序序列,将记录序列中的第二个记录插入到上述有序序列中形成由两个记录组成的有序序列,再将记录序列中的第三个记录插入到这个有序序列中,形成由三个记录组成的有序序列,如此进行下去,直到最后一个记录也插入到有序序列中。这样,一共经过 $n-1$ 趟就可以将初始序列的 n 个记录重新排列成按关键字值大小排列的有序序列。

联想我们玩扑克牌的过程。在开始摸牌时,左手是空的,牌面朝下放在桌上。接着,一次从桌上摸起一张牌,并将它插入到左手一把牌中的正确位置上。为了找到这张牌的正确位置,要将它与手中已有的牌从右到左地进行比较。无论什么时候,左手中的牌都是排好序的。

假设现在你手里有黑桃 2、黑桃 4、黑桃 5、黑桃 10 且依次从左至右排列,现在抓到一张黑桃 7,也许你没有意识到,其实你的思考过程是这样的:把它和手里的牌从右到左依次比较,7 比 10 小,应该再往左插,7 比 5 大,好,就插这里。为什么比较了 10 和 5 就可以确定 7 的位置?为什么不用再比较左边的 4 和 2 呢?因为这里有一个重要的前提:手里的牌已经是排好序的。现在我插了 7 之后,手里的牌仍然是排好序的,下次再抓到的牌还可以用这个方法插入。编程对一个数组进行插入排序也是同样道理,但和插入扑克牌有一点不同,不可能在两个相邻的存储单元之间再插入一个单元,因此要将插入点之后的数据依次往后移动一个单元。

2. 直接插入排序举例

例 9.1 待排序序列有 9 个记录,其关键字依次为 38、18、50、80、75、6、15、45、18,用直接插入排序法按关键字从小到大的顺序对记录进行排序。

取第一个记录 38,作为第一个假设有序的记录;第二个取 18,因 18<38,则交换。此后,每取来一个记录就与有序表中最后一个关键字比较,若大于或等于最后一个关键字,则插入在其后;若小于最后一个关键字,则把取来的记录再与前一个关键字比较……直到遇到一个小于或等于该记录的关键字后,把该记录插入到所找到的关键字后面。其过程如图 9.1 所示,其中小括号中的记录为有序的。

排序以后,记录关键字相同的 18 和 18 与排序前的相对位置保持一致,即 18 仍然在 18 之前,所以直接插入排序算法是稳定的。由图 9.1 可知,对有 n 条记录的序列进行直接插入排序,需要进行 $n-1$ 趟(本例中 i 为 2~9)。

监视哨(哨兵)的作用:

(1) 在进入确定插入位置的循环之前,保存了插入值 r[i] 的副本,避免因记录的移动而

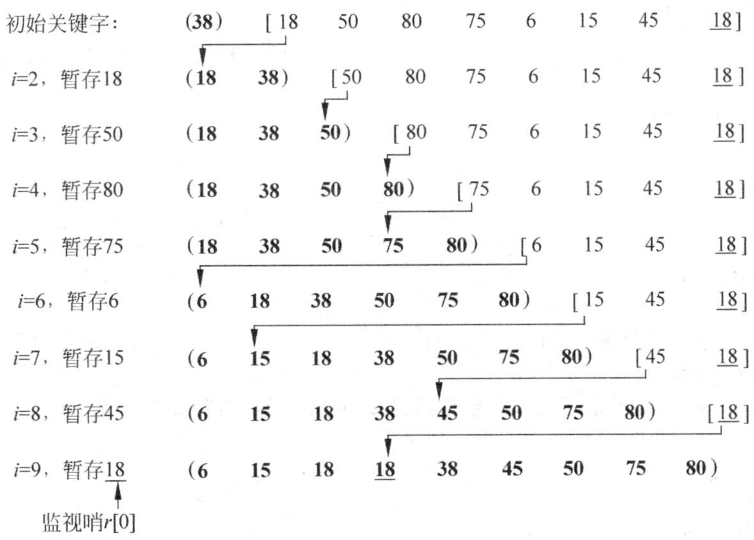

```
初始关键字：        (38)    [18  50   80   75    6   15   45    18]

i=2，暂存18        (18   38)  [50   80   75    6   15   45    18]

i=3，暂存50        (18   38   50)  [80   75    6   15   45    18]

i=4，暂存80        (18   38   50   80)  [75    6   15   45    18]

i=5，暂存75        (18   38   50   75   80)  [6   15   45    18]

i=6，暂存6         (6   18   38   50   75   80)  [15   45    18]

i=7，暂存15        (6   15   18   38   50   75   80)  [45    18]

i=8，暂存45        (6   15   18   38   45   50   75   80)  [18]

i=9，暂存18        (6   15   18   18   38   45   50   75   80)

        监视哨r[0]
```

图 9.1　直接插入排序过程示例

丢失 r[i] 中的内容。

（2）使内循环总能够结束，以免循环过程中数组下标越界。

3. 算法实现

直接插入排序的完整 C 语言程序如下：

【程序 9-1】

```
/* ====================================== */
/*     程序实例：9－1.c                    */
/*     直接插入排序的C语言程序              */
/* ====================================== */
# include < stdio. h >
typedef struct
{
    int key;                    /* 假设关键字的数据类型为整型 */
    int data;                   /* 假设记录的信息域的数据类型为字符型 */
}Record;

void insertSort(Record r[], int length)
    /* 对记录数组 r 做直接插入排序,length 为数组中待排序记录的数目 */
{
    int i,j;
    for (i = 2; i <= length; i++)
    {
        r[0] = r[i];                /* 将待插入记录存放到监视哨 r[0]中 */
        j = i - 1;
        while (r[0].key < r[j].key)  /* 寻找插入位置 */
        {
            r[j + 1] = r[j];
            j = j - 1;
```

```
        }
            r[j + 1] = r[0];                /* 将待插入记录插入到已排序的序列中 */
        }
    }

    void main()
    {
        int i,j;
        Record r[20];
        int len;
        printf("输入待排序记录的长度: ");
        scanf("%d",&len);
        printf("输入%d个记录的关键字值(数据之间用空格隔开): \n",len);
        for(i = 1;i < = len;i++)
        {
            scanf(" %d",&j);
            r[i].key = j;
        }
        insertSort(r,len);
        printf("直接插入排序输出: \n");
        for(i = 1;i < = len;i++)
            printf(" %d ",r[i].key);
        printf("\n");
    }
```

程序运行结果:

```
输入待排序记录的长度: 9(回车)
输入9个记录的关键字值(数据之间用空格隔开):
38  18  50  80  75  6  15  45  18(回车)
快速排序输出:
6  15  18  18  38  45  50  75  80
```

▲**思考**　监视哨(哨兵)在该程序中是如何避免循环过程中数组下标越界的?

4. 效率分析

从算法的空间复杂度来看,在整个排序过程只需一个记录的辅助空间,所以其空间复杂度为 $O(1)$。

从算法的时间复杂度来看,主要时间耗费在关键字比较和记录的移动上。对 n 个元素进行直接插入排序,需要进行 $n-1$ 趟(即程序中 for 循环的次数),而每一趟插入排序,关键字所需比较的次数与记录所需的移动次数(算法中 while 循环的次数)主要取决于待插记录与前 $i-1$ 个已排好序的记录的关键字的关系。分两种情况来考虑:

(1) 最佳情形,即原始序列中各记录已经按关键字递增的顺序有序排列(顺序)。在这种情况下,while 循环条件只比较一次,因此在一趟排序中,关键字的比较次数为 1,记录的移动次数为 $2(r[0]=r[i]$ 和 $r[j+1]=r[0]$,即设置监视哨一次,最后插入记录一次)。整个序列的 $n-1$ 趟排序所需的记录关键字比较次数以及记录的移动次数分别为:

总比较次数 $=n-1$

总移动次数＝$2(n-1)$

因此，最佳情形下直接插入排序的时间复杂度为 $O(n)$。

（2）最坏情形，即原始序列中各记录按关键字递减的顺序逆序排列（逆序）。在这种情况下，第 i 趟排序时，while 的循环条件比较 i 次，因此关键字的比较次数为 i，记录的移动次数为 $i+2$（即设置监视哨一次，最后插入记录一次，while 循环中记录移动 i 次）。整个序列的 $n-1$ 趟排序所需的关键字比较次数以及记录的移动次数分别为：

$$总比较次数 = \sum_{i=1}^{n-1} i = \frac{1}{2}n(n-1) \approx \frac{1}{2}n^2$$

$$总移动次数 = \sum_{i=1}^{n-1}(i+2) = \frac{1}{2}n(n-1) + 2(n-1) \approx \frac{1}{2}n^2$$

上述情况是最好和最坏的两种极端情况。可以证明，原始序列越接近有序，该算法的效率也越高。如果原始序列中各记录的排列次序是随机的，则关键字的期望比较次数和记录的期望移动次数均约为 $n^2/4$，因此，直接插入排序的时间复杂度为 $O(n^2)$。

直接插入排序是稳定的排序算法。

直接插入排序算法简便，比较适用于待排序记录数目较少且基本有序的情况。当待排记录数目较大时，直接插入排序的性能就不好。为此，可以对直接插入排序做进一步的改进。在直接插入排序法的基础上，从减少"比较关键字"和"移动记录"两种操作的次数着手来进行改进。

9.2.2 二分插入排序

1. 基本思想

二分插入排序（Binary Inserting Sort）是对直接插入排序的改进，它是利用二分查找来实现待排序记录插入位置的定位，然后再移动记录，空出插入位置，将相应记录插入。因为二分查找的效率比较高，因此可以减少排序过程中的比较次数，适用于待排序的记录数量较大的情况。二分插入排序也称折半插入排序，插入位置只能在记录的关键字是有序的序列中确定。

2. 二分插入排序举例

例 9.2 8 个记录的关键字已排序，用二分插入排序法插入新的关键字为 65 的记录。

序号：   1   2   3   4   5   6   7   8

          6   8   17   27   53   60   80   98

low=1   ①   ②   ③   high=8

$$m = (low+high)/2 = (1+8)/2 = 4$$

（1）取关键字 65，与序列中间位置①的关键字比较，65＞27，在后半区找继续；

（2）再与后半区中间位置②的关键字比较，65＞60，再继续在后半区找；

（3）再与后半区中间位置③的关键字比较，65＜98，经三次比较找到插入位置③，然后插入 65。

二分插入排序辅助空间和直接插入排序相同，为 $O(1)$。从时间上比较，二分插入仅减少了比较次数,而记录的移动次数不变,时间复杂度仍为 $O(n^2)$。

二分插入排序是稳定的排序。

3. 算法实现

二分插入排序的完整 C 语言程序如下:

【程序 9-2】

```
/* ======================================== */
/*      程序实例: 9 - 2.c                    */
/*      二分插入排序的完整程序                */
/* ======================================== */
# include < stdio. h >
typedef struct
{
    int key;                /* 假设关键字的数据类型为整型 */
    int data;               /* 假设记录的信息域的数据类型为字符型 */
}Record;

void BinsertSort(Record r[], int length)
    /* 对记录数组 r 进行折半插入排序,length 为数组的长度 */
{
    int i,j;
    Record x;
    int low,high,mid;
    for (i = 2; i <= length; ++i)
    {
        x = r[i];
        low = 1; high = i - 1;
        while (low <= high)     /* 确定插入位置 */
        {
            mid = (low + high) / 2;
            if (x.key < r[mid].key)
                high = mid - 1;
            else
                low = mid + 1;
        }
        for (j = i - 1;j >= low; -- j)
            r[j+1] = r[j];     /* 记录依次向后移动 */
        r[low] = x;            /* 插入记录 */
    }
}

void main()
{
    int i,j;
    Record r[20];
    int len;
    printf("输入待排序记录的长度: ");
    scanf(" % d",&len);
```

```
printf("输入%d个记录的关键字值(数据之间用空格隔开):\n",len);
for(i=1;i<=len;i++)
{
    scanf("%d",&j);
    r[i].key=j;
}
BinsertSort(r,len);
printf("二分插入排序输出:\n");
for(i=1;i<=len;i++)
    printf("%d ",r[i].key);
printf("\n");
}
```

程序运行结果:

```
输入待排序记录的长度:8(回车)
输入8个记录的关键字值(数据之间用空格隔开):
6  17  8  53  27  98  60  80 (回车)
二分插入排序输出:
6  8  17  27  53  60  80  98
```

▲思考　二分插入排序算法有何特点？为什么二分插入排序算法插入位置只能在记录的关键字是有序的序列中确定？

9.2.3　希尔排序

1. 基本思想

希尔排序(Shell's Sort)又称做缩小增量排序(Diminishing Increment Sort),是 D. L. Shell 在 1959 年提出的一种排序方法。从对直接插入排序的分析得知:原始序列接近有序,其时间复杂度可提高至 $O(n)$;当 n 的值较小时,效率也比较高。希尔排序正是从这两点分析出发对直接插入排序进行改进得到的一种插入排序方法。

基本思想是:先选取一个小于 n 的整数(称之为步长),然后将 n 个待排序的记录序列划分成 d_i 个子序列,从第一个记录开始,间隔为 d_i 的记录为同一个子序列,然后分别对每个子序列进行直接插入排序,这样分成若干子序列后,参与直接插入排序的数据量就减少了。一趟之后,间隔为 d_i 的记录有序,随着有序性的改善,继续减小步长 d_i,如此反复,直到 $d_i=1$,此时再对所有的记录进行一次直接插入排序后,所有的记录就被排列成有序序列了。

2. 希尔排序举例

例 9.3　待排序列有 10 个记录,其关键字分别是 40、30、60、80、70、10、20、40、50、05。用希尔排序法对记录按关键字递增的顺序进行排序,设步长取值依次为 5、3、1。

第一趟排序时,$d_1=5$,整个记录被分成 5 个子序列,分别为(40,10)、(30,20)、……、(70,05),各子序列中的第 1 个记录都自成一个有序区,我们依次将各子序列的第 2 个记录 10,20,…,05 分别插入到各子序列的有序区中,使记录的各子序列均是有序的,其结果如图 9.2 所示的第一趟排序结果。

第二趟排序时,$d_2=3$,整个记录分成三个子序列:(10,50,30,70)、(20,05,60)、(40,

40,80),各子序列的第1个记录仍自成一个有序区,然后依次将各子序列的第2个记录50、05、40分别插入到该子序列的当前有序区中,使得(10,50)、(20,05)、(40,40)均变为新的有序序列(10,50)、(05,20)、(40,40),接着依次将各子序列的第3个记录30、60、80分别插入到该子序列当前的有序区中,得到有序的子序列(10,30,50)、(05,20,60)、(40,40,80),最后将70插入到有序区(10,30,50)中就得到第二趟排序结果。

最后一趟排序时,$d_3=1$,即是对第二趟排序结果的记录序列做直接插入排序,其结果即为有序记录。希尔排序过程如图9.2所示。

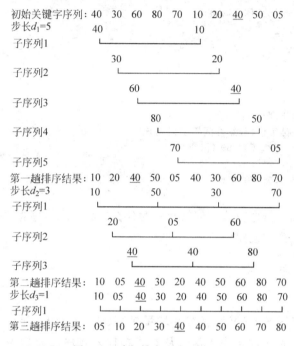

图 9.2 希尔排序过程示意图

▲思考 希尔排序时,若待排序序列的记录个数 n 为奇数,而步长 d 为偶数时(即 n/d 不等于整数时),如何划分子序列? 希尔排序是一种稳定的排序方法吗?

3. 算法实现

希尔排序的完整C语言程序如下:

【程序 9-3】

```
/* ======================================= */
/*    程序实例:9-3.c                        */
/*    希尔排序的完整程序                      */
/* ======================================= */
#include <stdio.h>
typedef struct
{
    int key;              /* 假设关键字的数据类型为整型 */
    int data;             /* 假设记录的信息域的数据类型为字符型 */
}Record;
```

```
void ShellInsert(Record r[], int length, int d)
    /* 对记录数组 r 做一趟希尔插入排序,length 为数组的长度,d 为增量 */
{
    int i,j;
    for(i = 1 + d; i <= length; i++)          /* 1 + d 为第一个子序列的第二个元素的下标 */
        if(r[i].key < r[i - d].key)
        {
            r[0] = r[i];                      /* 备份 r[i] (不做监视哨) */
            for(j = i - d; j > 0 && r[0].key < r[j].key; j -= d)
                r[j + d] = r[j];
            r[j + d] = r[0];
        }
}


void ShellSort(Record r[], int length, int d[], int n)
    /* 对记录数组 r 做希尔排序,length 为数组 r 的长度,d 为增量数组,n 为 d[] 的长度 */
{
    int i;
    for(i = 0; i <= n - 1; ++i)
        ShellInsert(r, length, d[i]);
}


void main()
{
    int i,j;
    Record r[20];
    int len,d[3] = {5,3,1};
    printf("输入待排序记录的长度: ");
    scanf("%d",&len);
    printf("输入 %d 个记录的关键字值(数据之间用空格隔开): \n",len);
    for(i = 1; i <= len; i++)
    {
        scanf("%d",&j);
        r[i].key = j;
    }
    ShellSort(r,len,d,3);
    printf("希尔排序输出\n");
    for(i = 1; i <= len; i++)
        printf("%d ",r[i].key);
    printf("\n");
}
```

程序运行结果:

```
输入待排序记录的长度: 10(回车)
输入 10 个记录的关键字值(数据之间用空格隔开):
40  30  60  80  70  10  20  40  50  5(回车)
希尔排序输出:
5  10  20  30  40  40  50  60  70  80
```

4. 效率分析

希尔排序算法的速度取决于所选增量 d_i。增量序列的选取到目前为止没有一个最佳值，但不管 d_i 的值如何选取，最后一个值必须是 1。因此，希尔排序算法的时间复杂度的估算比较复杂，大量研究说明，希尔排序算法的时间复杂度在 $O(n\lg n)\sim O(n^2)$ 之间。希尔排序适合于中等规模的记录序列进行排序的情况。由图 9.2 可知，希尔排序是一种不稳定的排序。

9.3 交 换 排 序

交换排序是通过比较待排序记录中两个记录的关键字，若发现两个记录的次序为逆序时，交换其存储位置，直到没有逆序的记录为止。常用的交换排序方法有冒泡排序和快速排序。

9.3.1 冒泡排序

1. 基本思想

冒泡排序（Bubble Sort）又称简单交换排序，是一种简单的排序方法。它的基本思想是对所有相邻记录的关键字值进行比较，如果是逆序（$r[i]>r[i+1]$），则交换其位置，经过多趟排序，最终使整个序列有序。

其具体处理过程为：

对有 n 个记录的序列，第一趟排序：从第一条记录 $r[1]$ 到最后一条记录 $r[n]$，对两两相邻的记录依次比较，若发现为逆序，则立即交换其位置，这样，一趟排序后，这 n 条记录中关键字最大的记录被交换到 $r[n]$，得到一个关键字最大的记录 $r[n]$，它不再参与下一趟排序；第二趟排序：从第一条记录 $r[1]$ 直到第 $n-1$ 条记录 $r[n-1]$，对两两相邻的记录依次比较，若发现为逆序，则立即交换其位置，这样，两趟排序后，这 n 条记录中具有次最大关键字的记录被交换到 $r[n-1]$，得到一个关键字次最大的记录 $r[n-1]$，它不参与下一趟排序。如此反复，最多经过 $n-1$ 趟冒泡排序，就可以使整个序列成为有序序列。

2. 冒泡排序举例

例 9.4 设有 9 个待排序记录，其关键字分别为 62、12、6、78、16、56、30、50、24，用冒泡排序法对记录按关键字由小到大进行排序。

第一趟排序的过程为：62 与 12 比较，因 62>12，所以两元素互换；然后比较 62 与 6，因 62>6，62 与 6 互换；接着比较 62 与 78，因 62<78，不需互换。接下来互换的元素有（78，16）、（78，56）、（78，30）、（78，50）、（78，24）。至此，第一趟排序结束，找到关键字值最大的记录 78，把它放在最下面的位置，过程如表 9.1 所示。

由表 9.1 可以看出，9 个元素，第一趟排序经过 8 次比较，得到关键字最大的记录 78。表 9.2 为记录的冒泡排序过程示意，其中粗体关键字表示相应的记录是有序的。由表 9.2 可知，每经过一趟冒泡排序，就有一个未排序的关键字最大的记录"沉底"。

一般情况下，对于有 n 个元素的记录进行冒泡排序，总共要进行 $n-1$ 趟（请思考是否绝对要进行 $n-1$ 趟才能完成排序）。第一趟需要比较 $n-1$ 次，第二趟需比较 $n-2$ 次，……，第 i 趟比较 $n-i$ 次。

表 9.1 第一趟冒泡排序过程示意图

比较次数 ＼ 移动次数	第一次	第二次	第三次	第四次	第五次	第六次	第七次	第八次	第九次
1	**62**	12	12	12	12	12	12	12	12
2	**12**	**62**	6	6	6	6	6	6	6
3	6	**6**	**62**	62	62	62	62	62	62
4	78	78	**78**	**16**	16	16	16	16	16
5	16	16	16	**78**	**56**	56	56	56	56
6	56	56	56	56	**78**	**30**	30	30	30
7	30	30	30	30	30	**78**	**50**	50	50
8	50	50	50	50	50	50	**78**	**24**	24
9	24	24	24	24	24	24	24	**78**	78

表 9.2 冒泡排序过程示意图

原始数据	第一趟	第二趟	第三趟	第四趟	第五趟	第六趟	第七趟	第八趟
62	12	6	6	6	6	6	6	6
12	6	12	12	12	12	12	12	**12**
6	62	16	16	16	16	16	**16**	**16**
78	16	56	30	30	24	**24**	24	24
16	56	30	50	24	**30**	30	30	30
56	30	50	24	**50**	50	50	50	50
30	50	24	**56**	56	56	56	56	56
50	24	**62**	62	62	62	62	62	62
24	**78**	78	78	78	78	78	78	78

▲思考 冒泡排序举例中记录的关键字序列并没有相同的关键字,因此从结果中看不出冒泡排序是否为一种稳定的排序算法。请读者自己分析确定冒泡排序的稳定性。

3. 算法实现

冒泡排序的完整 C 语言程序如下:

【程序 9-4】

```
/* ========================================== */
/*    程序实例:9-4.c                          */
/*    冒泡排序的完整程序                        */
/* ========================================== */
# include <stdio.h>
typedef struct
{
    int key;            /* 假设关键字的数据类型为整型 */
    int data;           /* 假设记录的信息域的数据类型为字符型 */
}Record;

void BubbleSort(Record r[], int length )
    /* 对记录数组 r 做冒泡排序,length 为数组的长度 */
```

```
{
    int n,i,j;
    Record temp;
    n = length;
    for (i = 1; i <= n - 1; ++i)
        for (j = 1; j <= n - i; ++j)
            if (r[j].key > r[j + 1].key)
            {
                temp = r[j];
                r[j] = r[j + 1];
                r[j + 1] = temp;
            }
}

void main()
{
    int i,j;
    Record r[20];
    int len;
    printf("输入待排序记录的长度:");
    scanf("%d",&len);
    printf("输入%d个记录的关键字值(数据之间用空格隔开):\n",len);
    for(i = 1; i <= len; i++)
    {
        scanf("%d",&j);
        r[i].key = j;
    }
    BubbleSort(r,len);
    printf("冒泡排序输出:\n");
    for(i = 1; i <= len; i++)
        printf("%d ",r[i].key);
    printf("\n");
}
```

程序运行结果:

```
输入待排序记录的长度:9(回车)
输入9个记录的关键字值(数据之间用空格隔开):
12  62  50  16  24  78  30  6  56(回车)
冒泡排序输出:
6  12  16  24  30  50  56  62  78
```

　　该程序中待排序的记录有9个,经过8趟排序后记录排序成功并输出结果。此时,细心的读者可能已经发现这9个记录在如表9.2所示的冒泡排序过程中经过五趟排序后,记录就已经有序,后面的第六趟、第七趟与第八趟排序是多余的?是否可以减少某些趟的排序呢?答案是肯定的。为了在冒泡排序过程中避免执行这些无效趟排序,可以设置一个标志位,通过标志位一旦发现某一趟没有进行交换操作,就表明此时待排序序列已经成为有序序列,冒泡排序再进行下去已经没有必要,应当立即退出排序过程。

我们对程序 9-4 的算法进行改进如下：

【程序 9-5】

```
/* ======================================== */
/*     程序实例: 9-5.c                        */
/*     改进后的冒泡排序的完整程序               */
/* ======================================== */
#include <stdio.h>
typedef struct
{
    int key;                    /* 假设关键字的数据类型为整型 */
    int data;                   /* 假设记录的信息域的数据类型为字符型 */
}Record;

void BubbleSort(Record r[], int length)
    /* 对记录数组 r 做冒泡排序,length 为数组的长度 */
{
    int n, i, j;
    int mark;
    Record temp;
    n = length;
    for (i = 1; i <= n - 1; ++i)
    {
        mark = 0;
        for (j = 1; j <= n - i; ++j)
            if (r[j].key > r[j + 1].key)
            {
                temp = r[j];
                r[j] = r[j + 1];
                r[j + 1] = temp;
                mark = 1;
            }
            if(mark == 0) break;
    }
}

void main()
{
    int i, j;
    Record r[20];
    int len;
    printf("输入待排序记录的长度: ");
    scanf(" %d", &len);
    printf("输入 %d 个记录的关键字值(数据之间用空格隔开): \n", len);
    for(i = 1; i <= len; i++)
    {
        scanf(" %d", &j);
        r[i].key = j;
    }
```

```
        BubbleSort(r,len);
        printf("改进算法的冒泡排序输出: \n");
        for(i=1;i<=len;i++)
            printf("%d ",r[i].key);
        printf("\n");
}
```

程序运行结果:

```
输入待排序记录的长度: 9(回车)
输入 9 个记录的关键字值(数据之间用空格隔开):
12  62  50  16  24  78  30  6  56(回车)
改进算法后的冒泡排序输出:
6  12  16  24  30  50  56  62  78
```

该程序中,mark 作为记录有无交换的标志,当 mark=1 时表示本趟排序中有记录交换(表示待排序记录尚未有序),当 mark=0 时表示本趟排序中无记录交换(即待排序记录已经有序,排序已经完成)。程序 9-5 中,在进行第五趟排序后,整个记录已经有序,但第五趟排序过程中有记录交换,即 mark=1,所以第五趟排序结束后,并未给出整个排序结束的信号,还需进行第六趟排序。第六趟排序无交换发生,此时 mark=0,给出整个排序结束信号,第七趟与第八趟排序就不用进行了。

4. 效率分析

从算法的空间复杂度来看,整个排序过程中,只需要一个记录的辅助空间,用于交换,故空间复杂度为 $O(1)$。

从算法的时间复杂度来看,对于含有 n 个元素的冒泡排序,需要经过 $n-1$ 趟排序,第 i 趟排序中关键字比较的次数为 $n-i$。故总的比较次数为:

$$总比较次数 = \sum_{i=1}^{n-1}(n-i) = \frac{1}{2}n(n-1)$$

在冒泡排序中,关键字除比较外,还要进行记录的移动,记录的移动分两种情况讨论:

在最好情况下,待排序记录按关键字顺序排列,记录的移动次数为 0 次。

在最坏情况下,待排序记录按关键字逆序排列,此时,关键字每比较 1 次,就需移动 3 次(内循环中记录交换的 3 条语句都要执行一次),因此记录总的移动次数为:

$$总移动次数 = \sum_{i=1}^{n-1}3(n-i) = \frac{3}{2}n(n-1)$$

因此该算法的时间复杂度为 $O(n^2)$。

冒泡排序法是一种稳定的排序。

9.3.2 快速排序

1. 基本思想

快速排序(Quick Sort)是对冒泡排序的一种改进。就排序时间而言,若快速排序用得恰到好处,它是迄今为止被认为是最好的一种内部排序方法。快速排序算法最早由图灵奖获得者 Tony Hoare 设计出来的,他在形式化方法理论以及 Algol 60 编程语言的发明中都有卓越贡献,是 20 世纪最伟大的计算机科学家之一,它的基本思想是:在待排序记录序列中选取一个记录(通常可选第一个记录)作为枢轴(支点)记录,通过一趟快速排序将待排序的记录序列分割成独立的两个部分,其中前一部分记录的关键字均比枢轴记录的关键字小,后一部分记录的关键字均比枢轴记录的关键字大,枢轴记录得到了它在整个序列中的最终位置并被存放好,这个过程称为一趟快速排序。第二趟再分别对分割成两部分的子序列再进行快速排序,这样,两部分子序列中的枢轴记录也得到了最终在序列中的位置而被存放好,并且它们又分别分割出独立的两个子序列。不断进行下去,直到每个待排序的子序列为空或只包含一个记录时,整个排序过程结束。显然,这是一个递归的过程。

这里有个问题,就是如何把一个记录组分成两个部分? 通常是以序列中第一个记录的关键字值作为枢轴记录。

一趟快速排序的具体过程如下:设待排序列的下界和上界分别为 low 和 high,$r[\text{low}]$ 是枢轴记录。

(1) 首先将 $r[\text{low}]$ 中记录的关键字值复制到 temp 变量中,用两个整型变量 i、j 分别指向 low 和 high 所在位置上的记录;

(2) 先从 j 所指的记录起自右向左逐一将关键字和 temp. key 进行比较,当找到第 1 个关键字小于 temp. key 的记录时,将此记录复制到 i 所指的位置上去;

(3) 然后从 $i+1$ 所指的记录起自左向右逐一将关键字和 temp. key 进行比较,当找到第 1 个关键字大于 temp 的记录时,将该记录复制到 j 所指的位置上去;

(4) 接着再从 $j-1$ 所指的记录重复以上的(2)、(3)两步,直到 $i=j$ 为止,此时将关键字为 temp 的记录放回到 i(或 j)的位置上,一趟快速排序完成。

一趟快速排序结束后,产生范围为 $(r[\text{low}],\cdots,r[i-1])$ 和 $(r[i+1],\cdots,r[\text{high}])$ 两个独立的待排子序列。

2. 快速排序举例

例 9.5 待排序列有 8 个记录,其关键字分别是 72、75、60、27、92、15、12、48,用快速排序法对记录按关键字递增的顺序进行排序,其过程如图 9.3 所示。

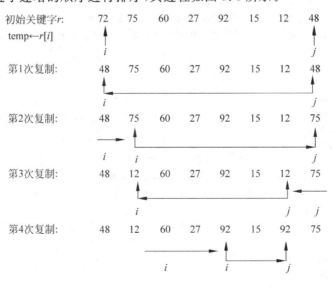

图 9.3 快速排序示例

第5次复制:	48	12	60	27	15	15	92	75

$i=j$ 48   12   60   27   15   15   92   75

$r[i]$ 或 $r[j]$←temp

完成一趟排序: [48   12   60   27   15]   72   [92   75]

递归进行快速排序 { [15   12   27]   48   [60]

[12]   15   [27]

[75]   92

整个排序完成: 12   15   27   48   60   72   75   92

图 9.3 （续）

3. 算法实现

快速排序的完整 C 语言程序如下：

【程序 9-6】

```
/* ===================================== */
/*     程序实例: 9-6.c                    */
/*     快速排序的完整程序                  */
/* ===================================== */
#include <stdio.h>
typedef struct
{
    int key;            /* 假设记录的关键字域的数据类型为整型 */
    char data;          /* 假设记录的信息域的数据类型为字符型 */
}Record;

int Partition(Record r[], int left, int right)
    /* 对记录数组 r 中的 r[left]至 r[right]部分进行一趟快速排序,并得到枢轴的位置,排序后
的结果满足其之后(前)的记录的关键字均不小于(大于)枢轴记录 */
{
    Record temp;
    int low, high;
    temp = r[left];         /* 选择枢轴记录 */
    low = left;
    high = right;
    while (low < high)
    {
        while (low < high && r[high].key >= temp.key)
            /* high 从右到左找小于 temp.key 的记录 */
            high -- ;
        if (low < high)         /* 找到小于 temp.key 的记录,则进行交换 */
        {
            r[low] = r[high];
            low++;
```

```
        }
        while (low < high && r[low].key < temp.key)
                        /* low 从左到右找大于 temp.key 的记录 */
            low++;
        if (low < high)                    /* 找到大于 temp.key 的记录,则交换 */
        {
            r[high] = r[low];
            high -- ;
        }
    }
    r[low] = temp;                        /* 将枢轴记录保存到 low = high 的位置 */
    return low;                           /* 返回枢轴记录的位置 */
}

void quicksort(Record r[], int low, int high)
                                    /* 对记录数组 r[low..high]用快速排序算法进行排序 */
{
    int pos;
    if(low < high)
    {
        pos = Partition(r, low, high); /* 调用一趟快速排序,将枢轴元素为界划分两个子表 */
        quicksort(r, low, pos - 1);    /* 对左部子表快速排序 */
        quicksort(r, pos + 1, high);   /* 对右部子表快速排序 */
    }
}


void main()
{
    int i, j;
    Record r[20];
    int len;
    printf("输入待排序记录的长度: ");
    scanf(" % d", &len);
    printf("输入 % d 个记录的关键字值(数据之间用空格隔开): \n", len);
    for(i = 1; i <= len; i++)
    {
        scanf(" % d", &j);
        r[i].key = j;
    }
    quicksort(r, 1, len);
    printf("快速排序输出: \n");
    for(i = 1; i <= len; i++)
        printf(" % d ", r[i].key);
    printf("\n");
}
```

程序运行结果：

输入待排序记录的长度：8(回车)
输入 8 个记录的关键字值(数据之间用空格隔开)：
72　75　60　27　92　15　12　48(回车)
快速排序输出：
12　15　27　48　60　72　75　92

4. 效率分析

从算法的空间复杂度来看，快速排序是递归的，每层递归调用时的指针和参数均要用栈来存放。其情形比较复杂，我们不予讨论，只给出结论，有兴趣的读者可以看小括号中的说明。理想情况下为 $O(\lg n)$（与具有 n 个节点的二叉树的深度一致，读者可思考其中原因）；最坏情况下为 $O(n)$（此时，与具有 n 个节点的是一个单链形态的二叉树的深度一致）。

从算法的时间复杂度来看，在最好的情况下，快速排序每次划分，正好分成两个等长的子序列，此时的时间复杂度为 $O(n\lg n)$；在最坏的情况下，快速排序每次划分，只得到一个子序列，这时快速排序蜕化为冒泡排序的过程（此时初始记录序列按关键字有序或基本有序），其时间复杂度为 $O(n^2)$。

当待排序的记录数为 n 且较大时，快速排序是目前为止在平均情况下速度最快的一种排序方法。

快速排序是不稳定的排序方法。

▲思考　待排序记录序列在什么情形下会出现快速排序每次划分只得到一个子序列？

9.4　选　择　排　序

选择排序(Selection Sort)的基本思想是：每一趟从待排序列中选取一个关键字最小的记录，顺序放在已排好序的子序列的最后，直到所有待排序记录选取完毕。常用的选择排序方法有简单选择排序和堆排序。

9.4.1　简单选择排序

1. 基本思想

简单选择排序(Simple Selection Sort)也称直接选择排序，它的基本做法是：每次从待排序序列中选一个关键字最小的记录，把它与当前序列的第一个记录交换位置。开始时待排序的序列为 $r[0],\cdots,r[n-1]$，经过选择和交换后，$r[0]$ 中存放关键字最小的记录；第二次待排序的序列为 $r[1],\cdots,r[n-1]$，经过选择和交换后，$r[1]$ 存放仅小于 $r[0]$ 的具有次最小关键字的记录。以此类推，经过 $n-1$ 次选择和交换之后，$r[0],\cdots,r[n-1]$ 成为按关键字有序的序列，排序完毕。

2. 简单选择排序举例

例 9.6　设有 8 个待排序记录，其关键字分别为 53、36、48、36、60、7、18、41，要求用简单选择排序对记录按关键字递增的顺序进行排序。

如图 9.4 所示给出了每次进行选择和交换后的记录排列情况。其中方括号内表示待排序序列,方括号前表示已排序序列。

初始关键字序列: [53   36   48   <u>36</u>   60   7   18   41]

第一次排序结果: (**7** [36   48   <u>36</u>   60   53   18   41]

第二次排序结果: (**7** **18**) [48   <u>36</u>   60   53   36   41]

第三次排序结果: (**7** **18** <u>**36**</u>) [48   60   53   36   41]

第四次排序结果: (**7** **18** <u>**36**</u> **36**) [60   53   48   41]

第五次排序结果: (**7** **18** <u>**36**</u> **36** **41**)   [53   48   60]

第六次排序结果: (**7** **18** <u>**36**</u> **36** **41** **48**)   [53   60]

第七次排序结果: (**7** **18** <u>**36**</u> **36** **41** **48** **53**)   [60]

最后结果: **7** **18** <u>**36**</u> **36** **41** **48** **53**   **60**

图 9.4　选择排序示例

3. 算法实现

简单选择排序的完整 C 语言程序如下:

【程序 9-7】

```
/* ======================================== */
/*     程序实例:9-7.c                       */
/*     简单选择排序的完整程序                 */
/* ======================================== */
#include <stdio.h>
typedef struct
{
    int key;              /* 假设关键字的数据类型为整型 */
    int data;             /* 假设记录的信息域的数据类型为字符型 */
}Record;

void SelectSort(Record r[], int length)
                          /* 对记录数组 r 做简单选择排序,length 为数组的长度 */
{
    int i,j,k;
    int n;
    Record temp;
    n = length;
    for (i = 1;i <= n - 1;++i)
    {
        k = i;
        for (j = i + 1;j <= n;++j)
            if (r[j].key < r[k].key)
                k = j;
        if (k!= i)
```

```
            {
                temp = r[i];
                r[i] = r[k];
                r[k] = temp;
            }
        }
}

void main()
{
    int i,j;
    Record r[20];
    int len;
    printf("输入待排序记录的长度: ");
    scanf(" % d",&len);
    printf("输入 % d个记录的关键字值(数据之间用空格隔开): \n",len);
    for(i = 1;i < = len;i++)
    {
        scanf(" % d",&j);
        r[i].key = j;
    }
    SelectSort(r,len);
    printf("简单选择排序输出: \n");
    for(i = 1;i < = len;i++)
        printf(" % d ",r[i].key);
    printf("\n");
}
```

程序运行结果:

```
输入待排序记录的长度: 8(回车)
输入 8 个记录的关键字值(数据之间用空格隔开):
53  36  48  36  60  7  18  41(回车)
简单选择排序输出:
7  18  36  36  41  48  53  60
```

4. 效率分析

从算法的空间复杂度来看,简单选择排序只需要一个用于交换的辅助空间,故其空间复杂度为 $O(1)$。

从算法的时间复杂度来看,简单选择排序过程中需要进行的比较次数与初始状态下待排序的记录序列的排列情况无关。当 $i=1$ 时,需进行 $n-1$ 次比较;当 $i=2$ 时,需进行 $n-2$ 次比较;以此类推,共需要进行的比较次数是:

$$总比较次数 = \sum_{i=1}^{n-1} n-i = n(n-1)/2 \approx n^2/2$$

即时间复杂度为 $O(n^2)$。

简单选择排序是不稳定的排序方法。

9.4.2 堆排序

简单选择排序的每次排序除了找到当前关键字最小的记录外,还产生了许多比较结果信息,这些信息在以后的排序中还有用。但由于没有保存这些信息,因此每次排序都要对剩余的全部记录的关键字重新进行一遍比较,这样大大增加了时间开销。堆排序(Heap Sort)是针对简单选择排序所存在的上述问题而形成的一种改进方法。它在寻找当前关键字最小的记录的同时,还保存了本趟排序过程所产生的其他比较信息。

堆排序法是利用堆(Heap Tree)来进行排序的方法。堆是具备以下特征的一种特殊二叉树:

(1) 是一棵完全二叉树。

(2) 每一个节点的值均小于(大于)或等于它的两个孩子节点(如果存在)的值。

(3) 树根节点(称为堆顶元素)的值最小(称为小顶堆)或最大(称为大顶堆)。

由堆的定义可以看出,堆顶元素(即第一个元素)必为最大值(或最小值)。

如图 9.5 所示,其中图 9.5(a)是堆树,图 9.5(b)则不是。

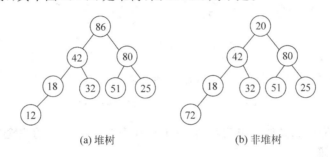

图 9.5 堆树与非堆树

▲思考 图 9.5(a)是大顶堆还是小顶堆? 请读者根据定义画一个小顶堆。

1. 基本思想

堆排序的基本思想是:堆排序中的元素采用数组方式存储,只是将数组存储的记录看成一棵完全二叉树的节点,并利用完全二叉树中双亲节点与左、右孩子节点的内在关系来进行排序。具体过程是,对一组用数组存储的待排序的记录,首先把它们按堆的定义建成一个堆,将堆顶元素取出;然后把剩下的记录再建成堆,取出堆顶元素;以此进行下去,直到取出全部元素,从而将全部记录排成一个有序序列。

由堆的定义和堆排序的思路,实现堆排序需要解决以下几个问题:

(1) 将用顺序结构存储的待排序记录转换成一棵完全二叉树。

(2) 将完全二叉树调整为堆(建堆)。

(3) 在输出堆顶记录后,调整剩余记录使之成为一个新堆。

本节将以小顶堆为例进行讨论。

2. 堆排序举例

例 9.7 设待排序记录序列的关键字分别为 42、36、56、78、67、11、27、36,要求用堆排序对记录按关键字递增的次序进行排序。

(1) 序列转换为完全二叉树:将待排序记录序列的关键字转换为完全二叉树,对于任一位置,若父节点的位置为 i,则它的两个子节点分别位于 $2i$ 和 $2i+1$。所以根据其顺序存储结构的记录关键字及其位置可得如图 9.6(a)所示的完全二叉树。

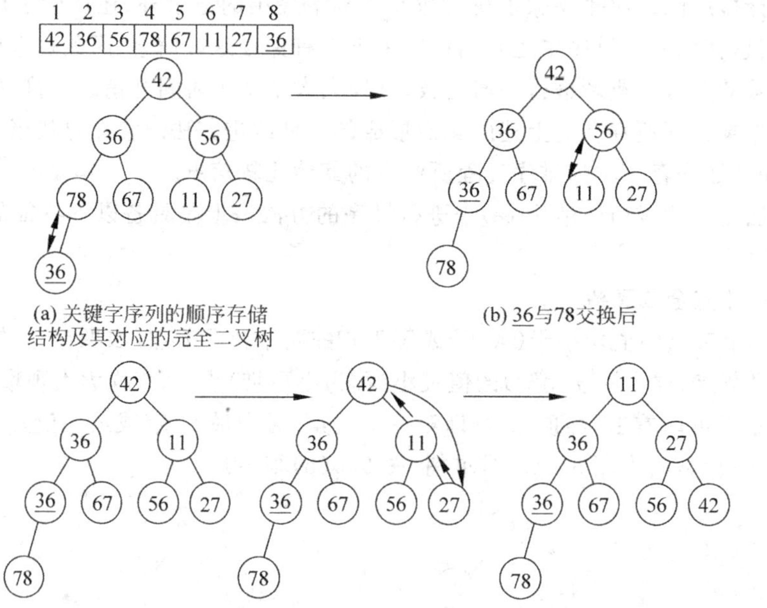

(a) 关键字序列的顺序存储结构及其对应的完全二叉树

(b) 36 与 78 交换后

(c) 56 与 11 交换后　(d) 36 与 36 比较,但不交换　(e) 42 与 11 交换,42 与 27 交换后

图 9.6　完全二叉树的建堆过程示意图

(2) 建堆(将完全二叉树调整为堆):对于有 n 个节点(记录)的完全二叉树,可按如下步骤,使其调整为堆。

① 从中间(位置为 $\lfloor n/2 \rfloor$,可以证明为最后一个非叶子节点)节点(记录)开始调整。

② 找出以此节点作为父节点的两个孩子节点的较小值(若建大顶堆则选较大值),并与父节点比较,若小于(大于)父节点,则与父节点进行交换。然后,以交换后的子节点作为新的父节点。重复此步骤直到没有子节点(即叶子节点)。

③ 把步骤②中原来父节点的位置往前推一个位置,作为新的父节点。重复步骤②,直到根节点为止,此时完全二叉树将成为一个堆。

如图 9.6(b)~图 9.6(e)所示为如图 9.6(a)所示完全二叉树建成小顶堆的过程。

本例所给记录的关键字序列进行堆排序的具体过程如图 9.7(a)~图 9.7(o)所示,其中箭头所指节点为堆底节点。

(3) 堆排序:输出堆顶元素后,并调整剩余 $n-1$ 个节点(记录),使其按关键字成为一个新堆。具体步骤如下:

① 输出堆顶节点(记录),将堆顶元素与堆底(即最后一个叶子节点)节点交换。

② 从根节点(堆顶)开始,重复第(2)步中的步骤②。

③ 转步骤①,共进行 $n-1$ 次,直到只剩下根节点并把该根节点输出为止。

对一个堆经过步骤①②③后,堆排序即完成。

这种从根节点(堆顶)到叶子节点(堆底)的调整,使其成为一个新堆的过程成为"筛选"。

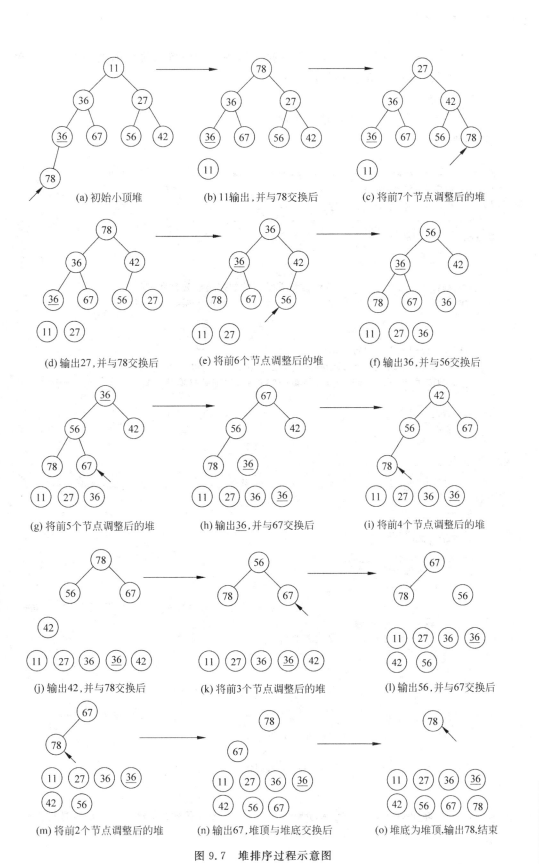

图 9.7　堆排序过程示意图

▲**思考** 从图 9.7 可以看出,36 和<u>36</u>排序后的相对位置与排序前的相对位置一致,能否据此断定堆排序为稳定的排序算法?

3. 算法实现

实现小顶堆堆排序的完整 C 语言程序如下:

【程序 9-8】

```
/* ======================================= */
/*    程序实例: 9-8.c                       */
/*    小顶堆堆排序的完整程序                 */
/* ======================================= */
#include <stdio.h>
typedef struct
{
    int key;                 /* 假设关键字的数据类型为整型 */
    int data;                /* 假设记录的信息域的数据类型为字符型 */
}Record;

void sift(Record r[], int k, int m)
    /* 假设 r[k..m]是以 r[k]为根的完全二叉树,且分别以 r[2k]和 r[2k+1]为
    左、右子树的小顶堆,调整 r[k],使整个序列 r[k..m]满足堆的性质 */
{
    Record t;
    int i,j;
    int x;
    int finished;
    t = r[k];                /* 暂存"根"记录 r[k] */
    x = r[k].key;
    i = k;
    j = 2 * i;
    finished = 0;
    while(j <= m&&!finished)
    {
        if(j < m&&r[j].key > r[j+1].key)
            j = j+1;         /* 若存在右子树,且右子树根的关键字小,则沿右分支"筛选" */
        if (x <= r[j].key)
            finished = 1;    /* 筛选完毕 */
        else
        {
            r[i] = r[j];
            i = j;
            j = 2 * i;
        }                    /* 继续筛选 */
    }
    r[i] = t;                /* r[k]填入到恰当的位置 */
}

void createheap(Record r[], int length)        /* 对记录数组 r 建堆,length 为数组的长度 */
{
```

```
    int i,n;
    n = length;
    for(i = n/2;i >= 1; -- i)              /* 自第[n/2]个记录开始进行筛选建堆 */
        sift(r,i,n);
}


void HeapSort(Record r[],int length)
    /* 对 r[1..n]进行堆排序,执行本算法后,r 中记录按关键字由大到小有序排列 */
{
    int i,n;
    Record b;
    creatheap(r, length);
    n = length;
    for (i = n;i >= 2; -- i)
    {
        b = r[i];                          /* 将堆顶记录和堆中的最后一个记录互换 */
        r[i] = r[1];
        r[1] = b;
        sift(r,1,i-1);                      /* 进行调整,使 r[1..i-1]变成堆 */
    }
}


void main()
{
    int i,j;
    Record r[20];
    int len;
    printf("输入待排序记录的长度:");
    scanf("%d",&len);
    printf("输入%d个记录的关键字值(数据之间用空格隔开):\n",len);
    for(i = 1;i <= len;i++)
    {
        scanf(" %d",&j);
        r[i].key = j;
    }
    HeapSort(r,len);
    printf("堆排序输出:\n");
    for(i = 1;i <= len;i++)
        printf("%d ",r[i].key);
    printf("\n");
}
```

程序运行结果:

```
输入待排序记录的长度:8(回车)
输入8个记录的关键字值(数据之间用空格隔开):
53   36   48   36   60   7   18   41(回车)
堆排序输出:
60   53   48   41   36   36   18   7
```

▲**思考**　请读者修改程序9-8,使其对大顶堆进行堆排序。图9.7以小顶堆进行堆排序的演示得到的结果序列为递增,而程序9-8的输出结果为递减,请分析原因。

4. 效率分析

从算法的空间复杂度来看,堆排序只需要一个用于交换的辅助空间,故其空间复杂度为$O(1)$。

从算法的时间复杂度来看,堆排序所消耗的时间主要在建堆和调整堆的反复筛选操作上。其时间复杂度分析比较复杂,在此我们不做讨论,仅给出结论。对n个记录进行堆排序的时间复杂度为$O(n\log_2 n)$,在最差情况下,其时间复杂度仍然是$O(n\log_2 n)$,这是堆排序的最大优点。堆排序适合于待排序的记录较多的情况。

堆排序是不稳定的排序方法。

9.5　归　并　排　序

归并排序是将两个或两个以上的有序序列合并成一个新的有序序列。

1. 基本思想

归并排序(Merging Sort)的基本思想是:将两个有序的序列合并成一个有序的序列。如果无序序列中有n个记录,则可以把它看成n个有序的子序列,每个子序列只包含一个记录,归并排序先将每个相邻的两个子序列合并,得到$n/2$个有序子序列,每个子序中包含2个或1个记录,然后再将这些子序列中相邻的子序列两两归并,以此类推,直到合并成一个有序的序列为止。由于在排序过程中,子序列总是两两归并,因此归并排序也称为二路归并排序。根据每次"归并"的有序序列数目不同,归并排序还有多路归并排序。这里仅对二路归并方法进行讨论。

2. 归并排序举例

例9.8　设待排序记录序列的关键字分别为36、28、43、65、56、5、18、12,要求用归并排序对记录按关键字递增的次序进行排序,其过程如图9.8所示。

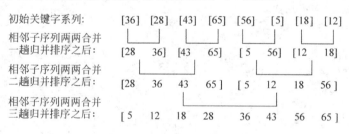

图9.8　二路归并排序示例

3. 算法实现

下面讨论两个有序的子序列合并成一个有序序列的算法(二路归并排序算法)。

设$r[\text{low}\cdots\text{high}]$由两个有序子表$r[\text{low}\cdots\text{mid}]$和$r[\text{mid}+1\cdots\text{high}]$组成(low≤mid≤high),可通过如下算法将它们合并成一个有序序列。算法中,设i、j两个整型指针初始分别指向两个有序子序列的起始位置low和mid+1;设一个和r类型相同的辅助数组$r1$,设k整型指针指向向量数组r的起始位置。

合并时比较 $r[i]$ 和 $r[j]$ 的关键字，取消的记录存放到 $r1[k]$，k 指针加 1 并对 i 指针或 j 指针加 1。

重复上述过程，直到 $i>\text{mid}$ 或 $j>\text{high}$，将某子序序列中剩余部分复制到 $r1$ 序列的末尾，合并。

最后将 $r1$ 数组复制到 r 数组中。

实现二路归并排序的完整 C 语言程序如下：

【程序 9-9】

```
/ *  ========================================  * /
/ *    程序实例: 9 - 9. c                       * /
/ *    二路归并排序的完整程序                    * /
/ *  ========================================  * /
# include < stdio. h >
typedef struct
{
    int key;                  / * 设关键字的数据类型为整型 * /
    char data;                / * 设记录的信息域的数据类型为字符型 * /
}Record;

void Merge(Record r1[], int low, int mid, int high,Record r2[])
    / * 已知 r1[low..mid]和 r1[mid + 1..high]分别按关键字有序排列,
    将它们合并成一个有序序列,存放在 r2[low..high] * /
{
    int i,j,k;
    i = low;
    j = mid + 1;
    k = low;
    while ((i < = mid)&&(j < = high))
    {
        if (r1[i].key < = r1[j].key)
        {
            r2[k] = r1[i];
            ++i;
        }
        else
        {
            r2[k] = r1[j];
            ++j;
        }
        ++k;
    }
    while(i < = mid)
    {
        r2[k] = r1[i];
        k++;
        i++;
    }
    while(j < = high)
```

```
        {
            r2[k] = r1[j];
            k++;
            j++;
        }
} /* Merge */

void MSort(Record r1[], int low, int high, Record r3[])
    /* r1[low..high]经过排序后放在 r3[low..high]中,r2[low..high]为辅助空间 */
{
    int mid;
    Record r2[20];
    if (low == high)
        r3[low] = r1[low];
    else
    {
        mid = (low + high)/2;
        MSort(r1,low, mid, r2);
        MSort(r1,mid + 1, high, r2);
        Merge (r2,low,mid,high, r3);
    }
}

void MergeSort(Record r[], int n)
    /* 对记录数组 r[1..n]做归并排序 */
{
    MSort(r,1,n,r);
}

void main()
{
    int i,j;
    Record r[20];
    int len;
    printf("输入待排序记录的长度: ");
    scanf(" % d",&len);
    printf("输入 % d个记录的关键字值(数据之间用空格隔开): \n",len);
    for(i = 1;i <= len;i++)
    {
        scanf(" % d",&j);
        r[i].key = j;
    }
    MergeSort(r, len);
    printf("二路归并排序输出: \n");
    for(i = 1;i <= len;i++)
        printf(" % d ",r[i].key);
    printf("\n");
}
```

程序运行结果：

输入待排序记录的长度：8(回车)
输入8个记录的关键字值(数据之间用空格隔开)：
36 28 43 65 56 5 18 12(回车)
归并排序输出：
5 12 18 28 36 43 56 65

4. 效率分析

归并排序法的时间复杂度为 $O(n\log_2 n)$。归并排序是一种稳定的排序方法，这是它与快速排序和堆排序相比的最大特点。一般情况下，由于要求附加与待排记录等数量的辅助空间，因此归并排序较少用于内部排序，而主要用于外部排序。

9.6 各种排序方法的比较

排序在计算机程序设计中非常重要。本章介绍的各种排序方法各有优缺点，适用的场合也不同，没有哪一种排序方法绝对最优，事实上，目前还没有十全十美的排序算法，有优点就会优缺点，即使是快速排序法，也只是在整体性能上优越，它也存在排序不稳定、需要大量辅助空间、对少量数据排序无优势等不足。在不同的应用条件下可选择较合适的不同方法，甚至可将多种方法结合使用。常见的各种排序的最坏时间复杂度、平均时间复杂度、所需辅助空间以及稳定性如表 9.3 所示。

表 9.3 常见排序方法性能比较

排序类型	排序法	最坏时间复杂度	平均时间复杂度	稳　定　性	所需的额外空间
插入类排序	直接插入	$O(n^2)$	$O(n^2)$	稳定	$O(1)$
	二分插入	$O(n^2)$	$O(n^2)$	稳定	$O(1)$
	希尔排序	$O(n^2)$	$O(n^{1.3})$	不稳定	$O(1)$
交换类排序	冒泡排序	$O(n^2)$	$O(n^2)$	稳定	$O(1)$
	快速排序	$O(n^2)$	$O(n\log_2 n)$	不稳定	$O(\log_2 n)$
选择类排序	选择排序	$O(n^2)$	$O(n^2)$	稳定	$O(1)$
	堆排序	$O(n\log_2 n)$	$O(n\log_2 n)$	不稳定	$O(1)$
归并类排序	归并排序	$O(n\log_2 n)$	$O(n\log_2 n)$	稳定	$O(n)$

从算法的简单性来看，我们将 8 种算法分为两类：

(1) 简单算法：冒泡、选择、直接插入。

(2) 改进算法：二分插入、希尔、堆、归并、快速。

从平均情况来看，显然最后 3 种改进算法要胜过希尔排序和二分插入排序，并远远胜过前 3 种简单算法。

从最好的情况看，反而冒泡和直接插入排序更胜一筹，也就是说，如果你的待排序序列总是基本有序，反而不应该考虑 5 种复杂的改进算法。

从最坏情况看，堆排序与归并排序又强过快速排序以及其他简单排序。

从时间复杂度的数据对比中，我们可以得出这样一个认识。堆排序和归并排序就像两个参加奥数考试的优等生，心理素质好，发挥稳定。而快速排序就像很情绪化的天才，心情好的时候表现极佳，碰到较糟糕的环境会变得差强人意。如果都来比赛计算个位数的加减法，它们反而算不过成绩极普通的冒泡和直接插入。

从稳定性来看，归并排序独占鳌头，我们前面也说过，对于非常在乎排序稳定性的应用中，归并排序是个好算法。

从待排序记录的个数上来说，待排序的个数 n 越小，采用简单排序方法越合适。反之，n 越大，采用改进排序方法越合适。

总之，在选择排序方法时需要考虑的因素有：待排序的记录数目 n 的大小；记录本身数据量的大小，也即记录除关键字外其他信息量的大小；关键字的结构及其分布情况；对排序稳定性的要求。

依据这些条件，可以得出如下几点结论：

（1）当待排序的节点数 n 较大、关键字分布比较均匀且对算法的稳定性不做要求时，宜选择快速排序法。

（2）当待排序的节点数 n 较大、关键字分布可能出现正序或逆序的情况且对算法的稳定性不做要求时，宜采用堆排序或归并排序。

（3）当排序的节点数 n 较大、内存空间较大且要求算法稳定时，宜采用归并排序。

（4）当待排序的节点数 n 较小，对排序的稳定性不做要求时，宜采用直接选择排序。若关键字不接近逆序，也可采用直接插入排序。

（5）当待排序的节点数 n 较大，关键字基本有序或分布较均匀且要求算法稳定时，采用直接插入排序。

在实际应用中，可根据实际要求进行选择。

上 机 实 训

排序

1．实验目的

（1）掌握常用的排序方法，并掌握用高级语言实现排序算法的方法；

（2）深刻理解排序的定义和各种排序方法的特点，并能加以灵活应用；

（3）了解各种方法的排序过程及其时间复杂度的分析方法。

2．实验内容

统计成绩。给出 n 个学生的考试成绩表，每条信息由姓名和分数组成，试设计一个算法：

（1）按分数高低次序，打印出每个学生在考试中获得的名次，分数相同的为同一名次；

（2）按名次列出每个学生的姓名与分数。

3．实验步骤

（1）定义结构体；

（2）定义结构体数组；

（3）编写主程序，对数据进行排序。

4. 实现提示

```
#define n 30
typedef struct student
{
    char name[8];
    int score;
}
student R[n];

main()
{
    int num = 1, i, j, max, temp;
    printf("\n 请输入学生成绩: \n");
    for(i = 0;i < n;i++)
    {
        printf ("姓名: ");
        scanf ("%s", &stu[i].name);
        scanf ("%4d", &stu[i].score);
    }
    for (i = 0; i < n; i++)
    {
        max = i;
        for (j = i + 1; j < n; j++)
            if(R[j].score > R[max].score)
                max = j;
        if (max!= i)
        {
            temp = R[max];
            R[max] = R[i];
            R[i] = temp;
        }
        if((i > 0)&&(R[i].score < R[i - 1].score))
            num = num + 1;
        printf("%4d%s%4d", num, R[i].name, R[i].score);
    }
}
```

5. 思考与提高

(1) 快速排序算法解决本问题。

(2) 比较各种排序算法的优缺点。

(3) 使用其他排序算法实现该问题(直接插入排序、希尔排序、简单选择排序、堆排序等)。

习　　题

1. 名词解释

(1) 排序;

(2) 内排序;

（3）外排序；

（4）稳定排序；

（5）堆。

2. 判断题（下列各题，正确的请在前面的括号内打√；错误的打×）

（　　）(1) 大多数排序算法都有比较关键字大小和改变指向记录的指针或移动记录本身两种基本操作。

（　　）(2) 快速排序在任何情况下都比其他排序方法速度快。

（　　）(3) 快速排序算法在每一趟排序中都能找到一个元素放在其最终位置上。

（　　）(4) 如果某种排序算法不稳定，则该排序方法就没有实际应用价值。

（　　）(5) 对 n 个记录进行快速排序，所需的平均时间是 $O(n\log_2 n)$。

（　　）(6) 冒泡排序是不稳定的排序。

（　　）(7) 堆排序所需的时间与待排序的记录个数无关。

（　　）(8) 当待排序的元素个数很多时，为了交换元素的位置要占用较多的时间，这是影响时间复杂度的主要因素。

（　　）(9) 对 n 个记录的集合进行归并排序，所需要的空间复杂度是 $O(n)$。

（　　）(10) 对快速排序来说，初始序列为正序或反序都是最坏的情况。

3. 填空题

（1）评价排序算法优劣的主要标准是_____。

（2）根据被处理的数据在计算机中使用不同的部件，排序可分为_____。

（3）在对一组记录(54,38,96,23,15,72,60,45,83)进行直接插入排序时，当把第 7 个记录 60 插入到有序表时，为寻找插入位置需比较_____次。

（4）在插入排序、希尔排序、选择排序、快速排序、归并排序中，排序是不稳定的有_____。

（5）在插入排序、希尔排序、选择排序、快速排序、堆排序、归并排序中，平均比较次数最少的排序是_____。

（6）在插入排序和选择排序中，若初始数据基本正序，则选用_____较好。

（7）n 个关键字进行冒泡排序，时间复杂度为_____；其可能的最小比较次数为_____次。

（8）若原始数据接近无序，则选用_____最好。

（9）两个序列分别为：

$L_1 = \{25,57,48,37,92,86,12,33\}$

$L_2 = \{25,37,33,12,48,57,86,92\}$

用冒泡排序法对 L_1 和 L_2 进行排序，交换次数较少的序列是_____。

（10）快速排序是对_____排序的一种改进。

4. 选择题

（1）在所有排序方法中，关键字比较的次数与记录的初始排序次序无关的是（　　）。

    A. 希尔排序　　　　B. 冒泡排序　　　　C. 插入排序　　　　D. 选择排序

（2）在待排序的元素序列基本有序的前提下，效率最高的排序方法是（　　）。

    A. 直接插入　　　　B. 冒泡排序　　　　C. 希尔排序　　　　D. 选择排序

(3) 一组记录的排序码为(25,48,16,35,79,82,23,40,36,72),其中含有 5 个长度为 2 的有序表,按归并排序的方法对该序列进行一趟归并后的结果为(   )。

    A. 16 25 35 48 23 40 79 82 36 72　　　　B. 16 25 35 48 79 82 23 36 40 72

    C. 16 25 48 35 79 82 23 36 40 72　　　　D. 16 25 35 48 79 23 36 40 72 82

(4) 排序方法中,从未排序序列中依次取出元素与已排序序列(初始时为空)中的元素进行比较,将其放入已排序序列的正确位置上的方法,称为(   )。

    A. 希尔排序　　　　B. 起泡排序　　　　C. 插入排序　　　　D. 选择排序

(5) 排序方法中,从未排序序列中挑选元素,并将其依次放入已排序序列(初始时为空)的一端的方法,称为(   )。

    A. 希尔排序　　　　B. 归并排序　　　　C. 插入排序　　　　D. 选择排序

(6) 下述几种排序方法中,平均查找长度最小的是(   )。

    A. 插入排序　　　　B. 选择排序　　　　C. 快速排序　　　　D. 归并排序

(7) 下述几种排序方法中,要求内存量最大的是(   )。

    A. 插入排序　　　　B. 选择排序　　　　C. 快速排序　　　　D. 归并排序

(8) 快速排序方法在(   )情况下最不利于发挥其长处。

    A. 要排序的数据量太大

    B. 要排序的数据中含有多个相同值

    C. 要排序的数据已基本有序

    D. 要排序的数据个数为奇数

(9) 用直接插入排序法对下面的四个序列进行由小到大的排序,元素比较次数最少的是(   )。

    A. 94,32,40,90,80,46,21,69　　　　B. 21,32,46,40,80,69,90,94

    C. 32,40,21,46,69,94,90,80　　　　D. 90,69,80,46,21,32,94,40

(10) 每次把待排序方的区间划分为左、右两个区间,其中左区间中元素的值不大于基准元素的值,右区间中元素的值不小于基准元素的值,此种排序方法叫做(   )。

    A. 冒泡排序　　　　B. 堆排序　　　　C. 快速排序　　　　D. 归并排序

(11) 堆的形状是一棵(   )。

    A. 二叉排序树　　　　B. 满二叉树　　　　C. 不是二叉树　　　　D. 完全二叉树

(12) 用快速排序法对 n 个元素进行排序时,最坏情况下的执行时间为(   )。

    A. $O(n^2)$　　　　B. $O(\log_2 n)$　　　　C. $O(n\log_2 n)$　　　　D. $O(n)$

(13) 在排序方法中,关键字比较次数与记录的初始排列无关的是(   )。

    A. 希尔排序　　　　B. 归并排序　　　　C. 插入排序　　　　D. 选择排序

(14) 设有 1000 个无序元素,希望用最快的速度挑选出其中前 10 个最大的元素,最好选用(   )排序法。

    A. 冒泡排序　　　　B. 堆排序　　　　C. 快速排序　　　　D. 归并排序

(15) 用某种排序方法对关键字序列(25,84,21,47,15,27,68,35,20)进行排序时,序列的变化情况如下:

20,15,21,25,47,27,68,35,84

15,20,21,25,35,27,47,68,84

15,20,21,25,27,35,47,68,84

则所采用的排序方法是(　　)。

　　A. 选择排序　　　　B. 希尔排序　　　　C. 归并排序　　　　D. 快速排序

5. 排序过程分析

(1) 已知序列{17,18,60,40,7,32,73,65,85}。请写出采用冒泡排序法对该序列进行升序排序时每一趟的结果。

(2) 已知序列{10,1,15,18,7,15},写出采用下列算法排序时,第一趟结束时的结果。

① 直接插入法;

② 希尔排序($d=3$);

③ 快速排序。

(3) 已知序列{10,18,4,3,6,12,9,15,8},写出采用下列算法排序的全过程。

① 希尔排序;

② 归并排序。

6. 算法设计题

(1) 设计一个函数修改冒泡排序过程以实现双向冒泡排序。

(2) 以单链表为存储结构,写一个简单选择排序算法。

(3) 以单链表作为存储结构实现直接插入排序算法。

(4) 设计一个算法,使得在尽可能少的时间内重排数组,将所有取负值的关键字放在所有取非负值的关键字之前。

附录 设计性上机实训

内容概要：

    课程设计是应用型人才培养非常重要的教学环节，是学完一门课程后应用该课程知识及以前的知识积累进行综合性、开放性的训练。通过课程设计，使学生得到系统的技能训练，巩固和加强所学的专业理论知识，培养学生工程意识、创新能力、团队精神等综合素质，提高学生的设计和解决实际问题的能力。

课程设计指导

一、课程设计的目的

1. 训练学生灵活运用数据结构知识解决实际问题的能力。

2. 加强学生的动手能力，提高学生的算法设计的能力。

3. 巩固和深化学生的理论知识，提高编程水平，并在此过程中培养学生严谨的科学态度和良好的工作作风。

二、课程设计的要求

    学会从问题入手，分析研究数据结构中数据表示和数据处理的特性，以便为所涉及的数据选择和设计适当的逻辑结构、存储结构及其相应的操作算法，并初步掌握时间和空间复杂度分析技术。要求学生书写符合软件工程规范的文档，编写的程序代码应结构清晰、正确易读，能上机调试并排除错误。

三、课程设计的步骤

1. 上机前要求认真分析题目要求，完成书面的总体设计和详细设计。

2. 完成程序设计并调试正确后，应请指导教师检查并得到认可。全部完成后应写出完整的课程设计报告，并装订成册，连同源代码交给指导教师。

四、考核形式

1. 在机器上运行程序，演示程序的正确执行情况和每个任务的完成情况。

2. 课程设计答辩。

五、考核成绩

    考核成绩为优、良、中、及格和不及格。考核方法以平时表现、实验报告和实验质量为考核依据。

1. 独立完成设计任务占 20%。

2. 设计方案明确、数据结构设计合理、算法及其实践性能合理、程序调试成功占 40%。

3. 创新与发挥占 10%。

4. 答辩占 30%。

课程设计参考题目

课程设计题一：学生成绩管理系统

设计目的：

1. 掌握线性链表的建立。

2. 掌握线性链表的基本操作。

3. 掌握查找的基本算法。

设计内容：

利用线性链表实现学生成绩管理系统，具体功能：输入、输出、插入、删除、查找、追加、读入、显示、保存、拷贝、排序、索引、分类合计、退出，并能在屏幕上输出操作前后的结果。

设计要求：

1. 写出系统需求分析，并建模。

2. 编程实现，界面友好。

3. 输出操作前后的结果。

课程设计题二：停车场管理系统

设计目的：

1. 掌握栈和队列的建立。

2. 掌握栈和队列的基本操作。

3. 深入了解栈和队列的特性，以便在解决实际问题中灵活运用它们。

4. 加深对栈和队列的理解和认识。

设计内容：

设有一个可以停放 n 辆汽车的狭长停车场，只有一个大门可以供车辆进出。车辆按到达停车场时间的早晚依次从停车场最里面向大门口处停放(最先到达的第一辆车放在停车场的最里面)。如果停车场已放满 n 辆车，则后来的车辆只能在停车场大门外的便道上等待，一旦停车场内有车开走，则排在便道上的第一辆车就进入停车场。停车场内如有某辆车要开走，在它之后进入停车场的车都必须先退出停车场为它让路，待其开出停车场后，这些车辆在依原来的次序进场。每辆车在离开停车场时，都应依据它在停车场内停留的时间长短交费。如果停留在便道上的车未进停车场就要离去，允许其离去，不收停车费，并且仍然保持在便道上等待的车辆的次序。编写一程序模拟该停车场的管理。

设计要求：

1. 以栈模拟停车场，以队列模拟车场外的便道，按照从终端读入的输入数据序列进行模拟管理。

2. 每一组输入数据包括三个数据项：汽车"到达"或"离去"信息、汽车牌照号码以及到达或离去的时刻。

3. 对每一组输入数据进行操作后的输出信息为：若是车辆到达，则输出汽车在停车场或便道上的停车位置；若是车辆离去，则输出汽车在停车场内停留的时间和应交纳的费用

（在便道上停留的时间不收费，功能可自己添加）。

课程设计题三：约瑟夫（Joseph）环

设计目的：

1. 掌握单向循环链表的建立。

2. 掌握单向循环链表的操作。

设计内容：

编号是 $1,2,\cdots,n$ 的 n 个人按照顺时针方向围坐一圈，每个人只有一个密码（正整数）。一开始任选一个正整数作为报数上限值 m，从第一个仍开始顺时针方向自 1 开始顺序报数，报到 m 时停止报数。报 m 的人出列，将他的密码作为新的 m 值，从他在顺时针方向的下一个人开始重新从 1 报数，如此下去，直到所有人全部出列为止。请设计一个程序求出出列顺序。

设计要求：

1. 利用单向循环链表存储结构模拟此过程，按照出列的顺序输出各个人的编号。

2. 测试数据：m 的初值为 20，$n=7$，7 个人的密码依次为 3,1,7,2,4,7,4，首先 $m=6$，则正确的输出是什么？

3. 输入数据：建立输入函数处理输入的数据，输入 m 的初值 n，输入每个人的密码，建立单向循环链表。

4. 输出形式：建立一个输出函数，将正确的出列顺序输出。

课程设计题四：文学研究助手的实现

设计目的：

1. 熟悉串类型的实现方法和文本匹配方法。

2. 熟悉一般文字处理软件的设计方法。

设计内容：

文学研究人员需要统计某篇英文小说中某些形容词的出现次数和位置。试写一个实现这一目标的文字统计系统，称为"文学研究助手"。

设计要求：

1. 英文小说存于一个文本文件中。

2. 待统计的词汇集合要一次输入完毕。

3. 程序的输出结果是每个词的出现次数和出现位置所在行的行号，格式自行设计。

课程设计题五：一元稀疏多项式计算器

设计目的：

1. 掌握稀疏矩阵的相关运算。

2. 掌握广义表的操作。

设计内容：

设计一个一元稀疏多项式简单计算器。

设计要求：

一元稀疏多项式简单计算器的基本功能是：

1. 输入并建立多项式。

2. 输出多项式,输出形式为整数序列:$n, c1, e1, c2, e2, \cdots, cn, en$,其中 n 是多项式的项数,ci 和 ei 分别是第 i 项的系数和指数,序列按指数降序排列。

3. 多项式 a 和 b 相加,建立多项式 $a+b$。

4. 多项式 a 和 b 相减,建立多项式 $a-b$。

课程设计题六:哈夫曼树及其应用

设计目的:

1. 熟悉树的各种存储结构及其特点。

2. 掌握建立哈夫曼树和哈夫曼编码的方法及带权路径长度的计算。

设计内容:

欲发一封内容为 AABBCAB ……(共长 100 字符,其中:A、B、C、D、E、F 分别有 7、9、12、22、23、27 个)的电报报文,实现哈夫曼编码。

设计要求:

1. 分析系统需求。

2. 建立哈夫曼树。

3. 进行哈夫曼编码,并求出平均编码长度。

4. 编程实现步骤 2、步骤 3。

课程设计题七:哈夫曼编/译码器

设计目的:

1. 掌握建立哈夫曼树和哈夫曼编码的方法。

2. 掌握哈夫曼编码的实际应用方法。

设计内容:

利用哈夫曼编码进行通信可以大大提高信道利用率,缩短信息传输时间,降低传输成本。但是,这要求在发送端通过一个编码系统对待传数据预先编码,在接收端将传来的数据进行译码。对于双工信道(即可以双向传输信息的信道),每端都需要一个完成的编/译码系统。试为这样的信息收发站写一个哈夫曼的编/译码系统。

设计要求:

1. 初始化。从终端读入字符集大小 n,以及 n 个字符和 n 个权值,建立哈夫曼树。

2. 编码。利用已建好的哈夫曼树,对正文进行编码。

3. 译码。对编码好的内容进行译码。

4. 打印编码。

5. 打印哈夫曼树。

课程设计题八:图的遍历演示

设计目的:

1. 理解图的基本概念,熟悉图的各种存储结构及其构造算法。

2. 掌握图的遍历方法。

设计内容:

实现图的深度优先、广度优先遍历算法,并输出原图结构及遍历结果。

设计要求:

1. 两种遍历方法必须都要实现,写出画图的思路。

2. 界面友好,函数功能要划分合理。

3. 总体设计应画一个流程图。

4. 程序要加必要的注释。

5. 提供程序测试方案。

课程设计题九:交通咨询系统设计

设计目的:

1. 熟练掌握迪杰斯特拉算法和弗洛伊德算法,能够利用它们解决最短路径问题。

2. 能够解决工程项目实施过程中的关键路径问题。

设计内容:

设计一个交通咨询系统,能让旅客咨询从任一个城市定点到另一个城市定点之间的最短路径或最低花费或最少时间等问题。对于不同的咨询要求、可输入城市间的路程或所需时间或所需花费。

设计要求:

1. 建立交通网络网的存储结构。

2. 总体设计要画流程图。

3. 提供程序测试方案。

4. 界面友好。

课程设计题十:航班信息的查询与检索

设计目的:

1. 深刻理解排序的定义和各种排序方法的特点,并能灵活应用;

2. 掌握描述查找过程的判定树的构造方法。

设计内容:

设计民航售票处的计算机系统可以为客户提供下列各项服务:

1. 查询航线:根据旅客提出的终点站名输出下列信息:航班号、飞机号、星期几飞行、最近一天航班的日期和余票额;

2. 承办订票业务:根据客户提出的要求(航班号、订票数额)查询该航班票额情况。

设计要求:

1. 对飞机航班信息进行排序和查找。可按航班的航班号、起点站、到达站、起飞时间以及到达时间等信息进行查询。

2. 采用基数排序法对一组具有结构特点的飞机航班号进行排序。

3. 利用二分查找法对排好序的航班记录按航班号实现快速排序。

4. 每个航班记录包括八项,分别为:航班号、起点站、终点站、班期、起飞时间、到达时间、飞机型号以及票价等。

课程设计(实训)报告参考格式

线性表的应用

系　别：_____　　　班　级：_____

时　间：_____　　　学　号：_____

姓　名：_____　　　分　数：_____

一、实验目的

1. 掌握线性表的概念。

2. 掌握线性表的各种基本操作。

3. 理解线性表的顺序、链式存储。

二、实验内容

1. 从键盘输入 10 个整数，设计算法，实现线性结构上的顺序表的产生以及元素的查找、插入与删除。

2. 从键盘输入 5 个整数，设计算法，实现线性结构上的单链表的产生以及元素的查找、插入与删除。

三、实验要求

1. 在程序的运行过程中给出以下提示信息以供选择数字，从而进行相应的操作。

0——EXIT 表示退出程序。

1——INSERT 表示插入节点。需从键盘上输入插入的位置和元素的值(都是整数)。

2——DELETE 表示要删除元素的位置，执行后返回元素的值。

3——LOCATE 要求输入要查找元素的值，执行后返回该元素在表中的位置。

2. C 完成算法设计和程序设计并上机调试通过。

3. 撰写实验报告，提供实验结果和数据。

4. 分析算法，要求给出具体的算法分析结果，包括时间复杂度和空间复杂度，并简要给出算法设计小结和心得。

四、算法设计

1. 单链表的存储结构。

```
typedef struct LNode
{
    int data;
    struct LNode * next;
}LNode, * LinkListl;
```

2. 基本操作。

```
InitLinkList(&L)
```

操作结果：构造一个空的单链表 L。

```
InsLinkList(&L,pos,e)
```

初始条件：单链表 L 已存在。

操作结果：将元素 e 插入到单链表 L 的 pos 位置。

```
DelLinkList(&L,pos,&e)
```

初始条件：单链表 L 已存在。

操作结果：将单链表 L 中 pos 位置的元素删除,元素值置入 e 中返回。

```
LocLinkList(L,e)
```

初始条件：单链表 L 已存在。

操作结果：单链表 L 中查找是否元素 e,若存在,返回元素在表中的位置;若不存在,返回−1。

```
Menu()
```

操作结果：在屏幕上显示操作菜单。

3. 需要设计的函数。

① 主函数 main()。

② 初始化单链表函数 InitLinkList()。

③ 显示操作菜单函数 menu()。

④ 显示单链表内容函数 dispLinkList()。

⑤ 插入元素函数 InsLinkList()。

⑥ 删除元素函数 DelLinkList()。

⑦ 查找元素函数 LocLinkList()。

各个函数之间的关系如下：

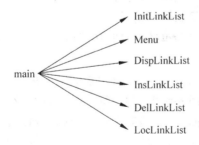

五、程序实现

写出每个操作的算法(操作过程)。

```
bool InitLinkList(LinkList &L)
{
    //伪码算法
    L = (LinkList)malloc(sizeof(LNode));
        L->next = NULL;
            ……
}
```

设计性上机实训

```
void DispLinkList(LinkList L)
{
    //伪代码算法
}
void menu()
{
    //伪代码算法
}
bool InsLinkList(LinkList &L, int pos, int e)
{
    //伪代码算法
}
bool DelLinkList(LinkList &L, int pos, int &e)
{
    //伪代码算法
}
int LocLinkList(LinkList L, int e)
{
    //伪代码算法
}
```

六、运行结果

1. 建立单链表：

＞＞选择 1,分别输入(0,11),(0,12),(0,13),(0,14)(0,15),得到单链表(15,14,13,12,11)

2. 插入：

＞＞选择 1 输入(1,100),得到单链表(15,100,14,13,12,11)

＞＞选择 1 输入(−1,2),显示输入错误

＞＞选择 1 输入(7,2),显示输入错误

＞＞选择 1 输入(6,2),得到单链表(15,100,14,13,12,11,2)

3. 删除：

＞＞选择 2,输入 1。返回 e＝100,得到单链表(15,14,13,12,11,2)

＞＞选择 2,输入 0。返回 e＝15,得到单链表(14,13,12,11,2)

＞＞选择 2,输入 4。返回 e＝2,得到单链表(14,13,12,11)

＞＞选择 2,输入 5。返回输入错误

4. 查找

＞＞选择 3,输入 14。返回 pos＝0

＞＞选择 3,输入 100。返回输入错误

七、存在的问题

(略)

八、源程序清单

(略)

参 考 文 献

［1］ 文益民.数据结构基础教程.北京：清华大学出版社,2005.

［2］ 陈元春.实用数据结构基础(第二版).北京：中国铁道出版社,2007.

［3］ 刘振鹏,张晓莉.数据结构.北京：中国铁道出版社,2003.

［4］ 安训国,刘俞.数据结构(第三版).大连：大连理工大学出版社,2003.

［5］ 张世和,徐继延.数据结构(第2版).北京：清华大学出版社,2007.

［6］ 谭浩强.C程序设计(第三版).北京：清华大学出版社,2005.

［7］ 乌云高娃,温希东,王明福.C语言程序设计.北京：高等教育出版社,2007.

［8］ 耿国华.数据结构——C语言描述.西安：西安电子科技大学出版社,2006.

［9］ 刘喜勋.数据结构(C语言).西安：西安电子科技大学出版社,2003.

［10］ 张群哲.数据结构(C语言).西安：西安电子科技大学出版社,2007.

［11］ 杨晓光.数据结构实例教程[M].北京：清华大学出版社,2008.

［12］ 程杰.大话数据结构[M].北京：清华大学出版社,2011.

教 学 资 源 支 持

敬爱的教师：

感谢您一直以来对清华版计算机教材的支持和爱护。为了配合本课程的教学需要，本教材配有配套的电子教案（素材），有需求的教师请到清华大学出版社主页（http://www.tup.com.cn）上查询和下载，也可以拨打电话或发送电子邮件咨询。

如果您在使用本教材的过程中遇到了什么问题，或者有相关教材出版计划，也请您发邮件告诉我们，以便我们更好地为您服务。

我们的联系方式：

地　　址：北京海淀区双清路学研大厦 A 座 707

邮　　编：100084

电　　话：010－62770175－4604

课件下载：http://www.tup.com.cn

电子邮件：weijj@tup.tsinghua.edu.cn

教师交流 QQ 群：136490705

教师服务微信：itbook8

教师服务 QQ：883604

（申请加入时，请写明您的学校名称和姓名）

用微信扫一扫右边的二维码，即可关注计算机教材公众号。

扫一扫
课件下载、样书申请
教材推荐、技术交流